高等职业教育系列教材

UG NX 10.0 多轴数控编程与加工案例教程

主　编　易良培　张　浩
副主编　朱　鸿　李望飞　段　军　张　超
参　编　魏向京　陈在良

机 械 工 业 出 版 社

本书由浅入深地将UG数控多轴编程技术，特别是车铣复合加工技术所使用的各项功能进行了比较全面的分析和讲解，同时介绍了Vericut仿真软件的使用方法、UG后处理器的构建方法。本书共分为3个模块，8个项目。主要内容包括旋转座3+2编程与加工、转子四轴联动编程与加工、叶轮五轴联动编程与加工、传动轴车削编程与加工、桨杯车铣复合编程与加工、双头锥度蜗杆车铣复合编程与加工、Vericut数控加工仿真、构建五轴机床UG NX后处理器。本书将数控加工工艺与CAD/CAM技术融合后，以UG软件为载体，通过6个典型案例的编程与加工，详细地展现了不同类型零件的数控多轴加工程序编制的全过程，同时以Vericut软件为载体，介绍了数控多轴加工设备的使用和参数设置的全过程。

本书可作为高职高专院校机械类专业的教材，也可供机械工程技术人员、车间数控加工编程及操作人员、继续学历教育者和再就业者参考使用。

本书配套资源包括UG文件、操作视频、配套课件、Vericut仿真源文件和仿真程序等内容，需要的教师可登录机械工业出版社教育服务网www.cmpedu.com免费注册后下载，或联系编辑索取（微信：13261377872，电话：010-88379739）。

图书在版编目（CIP）数据

UG NX 10.0多轴数控编程与加工案例教程／易良培，张浩主编．—北京：机械工业出版社，2015.12（2024.1重印）
高等职业教育系列教材
ISBN 978-7-111-52407-6

Ⅰ.①U…　Ⅱ.①易…②张…　Ⅲ.①数控机床-加工-计算机辅助设计-应用软件-高等职业教育-教材　Ⅳ.①TG659-39

中国版本图书馆CIP数据核字（2015）第300803号

机械工业出版社（北京市百万庄大街22号　邮政编码　100037）
策划编辑：曹帅鹏
责任编辑：曹帅鹏
责任校对：张艳霞
责任印制：李　昂
北京捷迅佳彩印刷有限公司印刷
2024年1月第1版·第8次印刷
184mm×260mm·11.75印张·285千字
标准书号：ISBN 978-7-111-52407-6
定价：35.00元

电话服务
客服电话：010-88361066
　　　　　010-88379833
　　　　　010-68326294
封底无防伪标均为盗版

网络服务
机　工　官　网：www.cmpbook.com
机　工　官　博：weibo.com/cmp1952
金　　书　　网：www.golden-book.com
机工教育服务网：www.cmpedu.com

前　　言

UG NX是目前世界上最先进的、面向制造业的高端软件之一，在全球拥有众多客户，广泛应用于汽车、航空航天、机械、医药、电子工业等领域。

近年来，我国的模具和数控行业发展迅速，许多地区都已经接受和使用UG NX软件进行编程与加工。UG NX 10.0软件提供了强大的数控加工功能，从三轴到五轴铣削加工，从车削到车铣复合加工，UG都提供了车、铣所需的完美解决方案。

目前，社会上急需一大批优秀的数控编程人员，特别是多轴编程的应用型技术人才。许多企业一诺千金，高薪聘请而难以找到合适人选，给企业带来了很多困难。针对这种情况，并结合目前市场上多轴编程的教材，特编写了此书。

全书分3个模块，8个学习项目。模块一以旋转座、转子、叶轮的铣削加工为例，详细介绍了UG NX 10.0软件多轴数控铣削加工的编程方法；模块二以传动轴、桨杯、双头锥度蜗杆为例，详细介绍了UG NX 10.0软件数控车削及车铣复合加工的编程方法；模块三主要讲解了Vericut软件的基本操作方法和程序验证的实际操作过程以及构建五轴机床西门子840D操作系统的UG NX 10.0后处理器。

本书由一线教师及校企合作单位数控技术骨干人员合作编写。项目1由朱鸿编写；项目2由段军编写；项目3、项目6、项目8由易良培编写；项目4由张超编写；项目5由李望飞编写；项目7、Vericut程序验证文件、所有操作视频由张浩编写和录制。魏向京、陈在良参与全书案例的工艺制定及UG模型文件的修改工作。全书由张浩统稿。

本书项目5的桨杯模型文件，由晨航数控技术中心林盛老师提供，在此深表谢意。

由于编者水平有限，欠妥之处在所难免，恳请读者批评指正。同时欢迎通过电子邮件（591233010@qq.com或1400390782@qq.com）方式与编者进行交流。

编　者

目　录

模块二　车铣复合编程与加工

模块三　Vericut仿真与构建后处理器

模块一　铣削编程与加工

本模块以旋转座、转子、叶轮三种产品为例，详细介绍了 UG NX 10.0 3 +2 轴、四轴、五轴联动的编程方法及常用参数的设置方法。通过本模块的学习，学生能完成零件铣削的多轴编程与加工。

项目1　旋转座3 +2编程与加工

【教学目标】

知识目标： 掌握型腔铣粗加工的参数设置方法。
掌握3 +2定轴铣的特点。
掌握用平面铣精加工侧壁的方法。
掌握用区域轮廓铣加工曲面的参数设置方法。
掌握表面粗糙度的处理方法。

能力目标： 能运用 UG NX 软件完成旋转座的编程与后处理、仿真加工和程序验证。

素质目标： 培养学生创新意识和团队合作意识，通过模拟加工，让学生体验学习成就感，激发学生的学习积极性。

【教学重点与难点】

- 3 +2 定轴铣的特点。
- 平面铣加工侧壁的方法。
- 曲面表面粗糙度的处理技巧。

【项目导读】

旋转座为加工船舶类箱体零件时，用到的复合夹具中的定位装置零件，形体相对较简单，但有较高的几何公差要求，需要一次装夹零件完成全部加工区域，如图 1–1 所示。

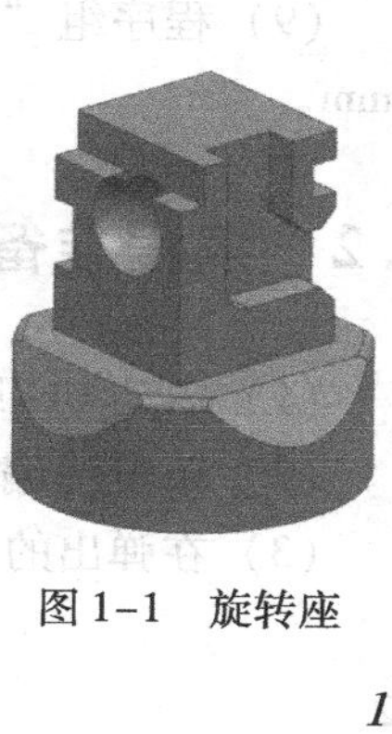

图 1–1　旋转座

【项目实施】

制定合理的加工工艺，完成旋转座的刀具路径设置及仿真加工，将程序进行后处理并导入 Vericut 验证。

1.1 工艺分析及刀路规划

1. 零件分析

该零件虽无复杂的曲面，但各面之间的垂直度、平行度、位置度有严格的要求，用普通三轴加工的方法较难保证几何公差。本项目用五轴机床，采用 3 +2 模式一次装夹零件完成全部加工。旋转座外圆尺寸、底面轴承孔及螺纹孔已先期加工完成，利用轴承孔和螺纹辅助装夹旋转座。

2. 毛坯选用

毛坯选用 45 钢，棒料尺寸为：Φ110 mm × 110 mm。

3. 添加标识符号

为方便描述，分别将旋转座各个方向设为 A、B、C、D、E、F、G 作标识，如图 1–2 所示。

图 1–2　编程序号标识

4. 刀路规划

（1）程序组“第一次粗加工”：型腔铣开粗，刀具为 ED21R0.8 飞刀，加工余量为壁 0.3 mm，底 0.2 mm。

（2）程序组“第二次粗加工”：型腔铣粗加工，刀具为 ED12R0.4 飞刀，加工余量为壁 0.3 mm，底 0.2 mm。

（3）程序组“A 方向精加工”：用面铣精加工，刀具为 ED10，加工余量为 0 mm。

（4）程序组“B 方向精加工”：用面铣、平面铣及区域轮廓铣精加工，刀具为 ED10、R5，加工余量为 0 mm。

（5）程序组“C 方向精加工”：用面铣和平面铣精加工，刀具为 ED10，加工余量为 0 mm。

（6）程序组“D 方向精加工”：用面铣和平面铣精加工，刀具为 ED10、ED8，加工余量为 0 mm。

（7）程序组“E 方向精加工”：用面铣精加工，刀具为 ED10，加工余量为 0 mm。

（8）程序组“倒斜角面精加工”：用面铣精加工，刀具为 ED10，加工余量为 0 mm。

（9）程序组“倒圆角面精加工”：用区域轮廓铣精加工，刀具为 R5，加工余量为 0 mm。

1.2 编程准备

（1）启动 UG NX 10 软件，单击【文件】|【打开】命令，打开旋转座图形。

（2）单击【编辑】|【特征】|移除参数按钮，选择旋转座图形，如图 1–3 所示。

（3）在弹出的【移除参数】对话框中，单击【是】按钮，如图 1–4 所示。

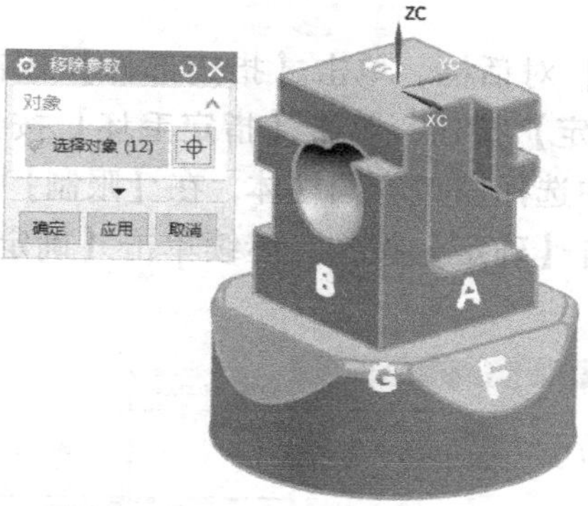

图 1-3　选择移除参数对象

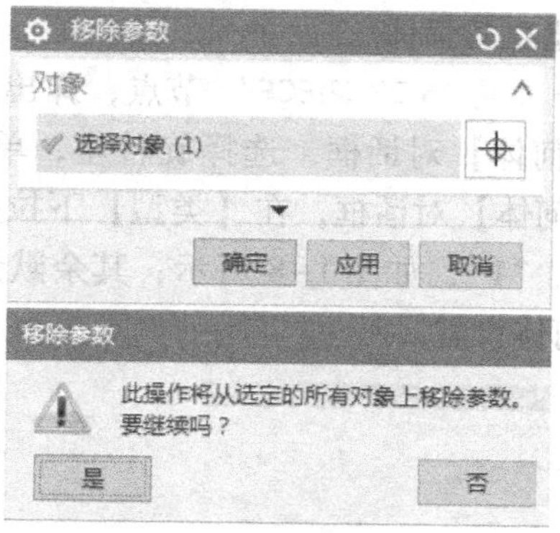

图 1-4　确认移除参数

1.3　创建程序

1.3.1　进入加工模块

1. 设置加工环境

单击【启动】|加工按钮，在弹出的【加工环境】对话框中，按如图 1-5 所示选择，单击【确定】按钮。

2. 建立加工坐标系和设置安全高度

在加工工序导航器空白处右击，在弹出的快捷菜单中，选择几何视图，单击 MCS_MILL 前的“+”将其展开，双击“MCS_MILL”节点，在【机床坐标系】|【指定 MCS】中单击【CSYS】按钮，弹出【CSYS】对话框，旋转坐标系，使加工坐标系与工件坐标系保持一致，如图 1-6 所示，单击【确定】按钮。

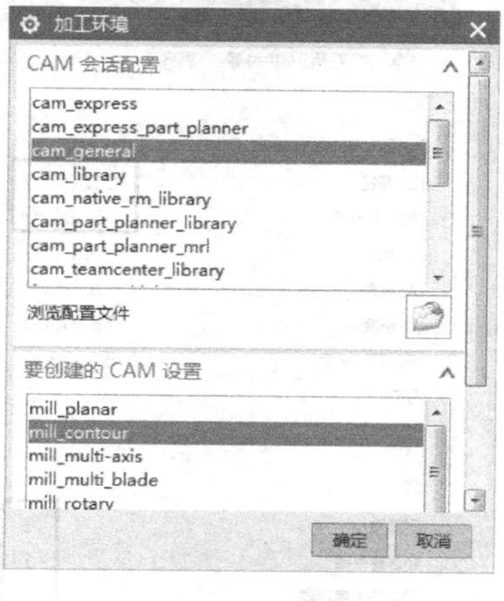

图 1-5　选择加工环境

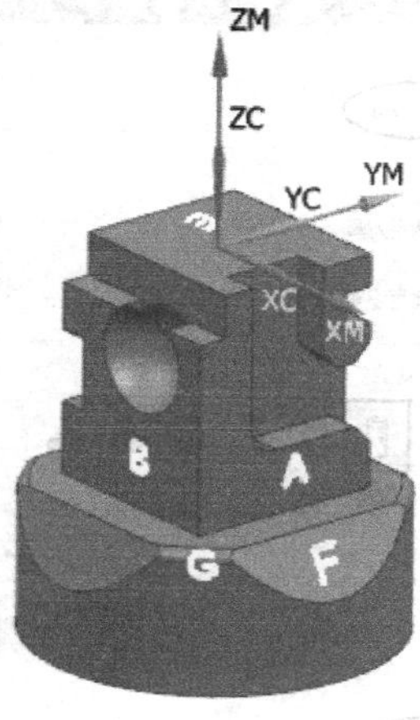

图 1-6　设置加工坐标系

在【安全设置选项】中选择【自动平面】，在【安全距离】中输入“10”，如图 1-7 所示，其余默认，单击【确定】按钮。

3. 建立几何体

双击“WORKPIECE”节点，弹出【工件】对话框，单击【指定部件】按钮，弹出【部件几何体】对话框，选择旋转座，单击【确定】按钮；单击【指定毛坯】按钮，弹出【毛坯几何体】对话框，在【类型】下拉列表框中选择包容圆柱体，在【限制】|【ZM +】框里输入“1”，如图 1-8 所示，其余默认，单击【确定】按钮。继续单击【确定】按钮，完成几何体设置。

图 1-7　设置安全平面

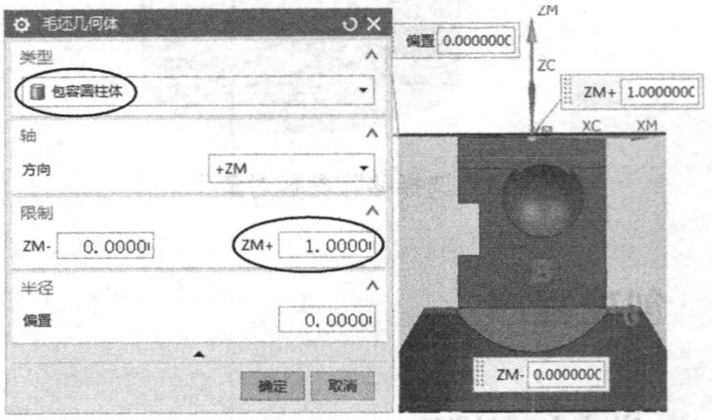

图 1-8　设置毛坯参数

4. 创建刀具

(1) 创建 ED21R0. 8 飞刀。

在加工工序导航器空白处右击，在弹出的快捷菜单中，选择机床视图，单击【插入】| 刀具按钮，弹出【创建刀具】对话框，在【类型】下拉列表中选择“mill_contour”，在【刀具子类型】中选择铣刀，在【名称】中输入“ED21R0. 8”，如图 1-9 所示；单击【确定】按钮，弹出【铣刀_5 参数】对话框，在【直径】中输入“21”，【下半径】中输入“0. 8”，【编号】中全部输入“1”，其余默认，如图 1-10 所示，单击【确定】按钮。

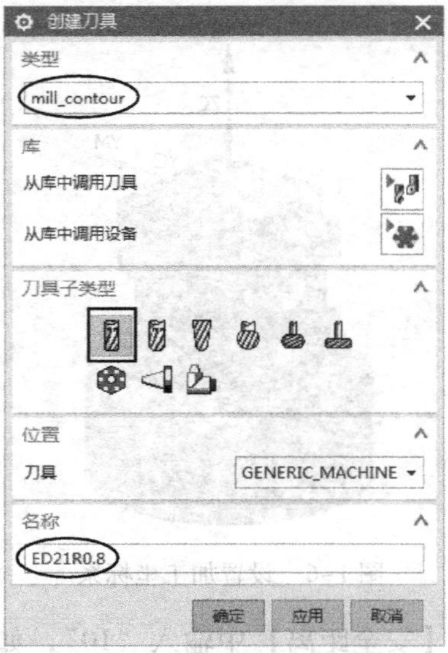

图 1-9　创建刀具

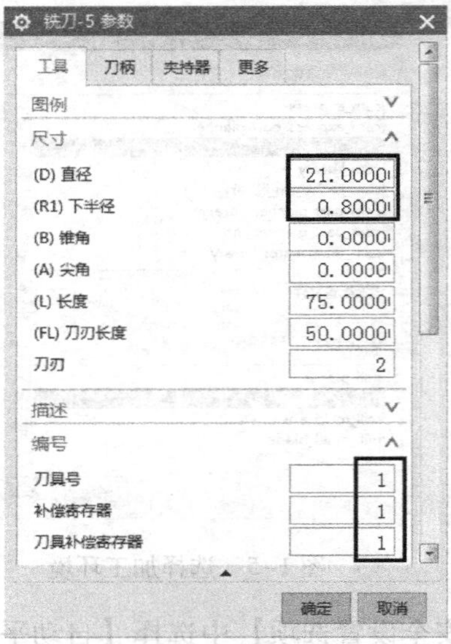

图 1-10　设置刀具参数

（2）用同样的方法创建以下刀具。

① ED12R0.4 飞刀，直径为 12 mm，下半径为 0.4 mm，刀具号为 2，其余默认。

② ED10 合金铣刀，直径为 10 mm，下半径为 0 mm，刃长为 25，刀具号为 3，其余默认。

③ ED8 合金铣刀，直径为 8 mm，下半径为 0 mm，刃长为 20，刀具号为 4，其余默认。

④ R5，直径为 10 mm，刀刃长度为 18 mm，刀具号为 5，其余默认。

5. 建立加工程序组

（1）在加工工序导航器空白处右击，在弹出的快捷菜单中，选择程序顺序视图，在工具条中单击创建程序按钮，在【创建程序】|【名称】中输入“第一次粗加工”，如图 1-11 所示，其余默认，两次单击【确定】按钮，完成程序组的创建。

（2）用同样的方法继续创建以下程序组：第二次粗加工程序组，A、B、C、D、E 方向精加工程序组，倒斜角面精加工程序组，倒圆角面精加工程序组，如图 1-12 所示。

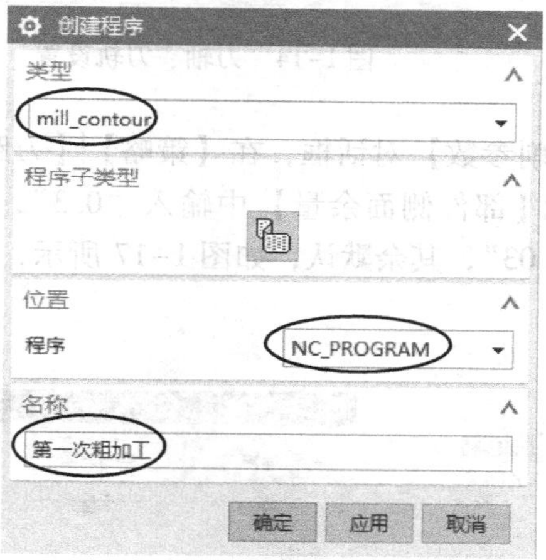

图 1-11　创建程序组

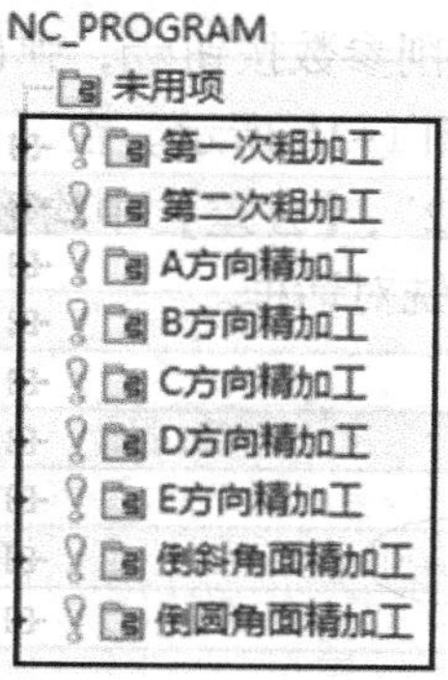

图 1-12　所有程序组

1.3.2　创建第一次粗加工程序

1. 创建 A 方向第一次粗加工程序

（1）右击“第一次粗加工”程序组，在弹出的对话框中，单击【插入】|工序按钮，弹出【创建工序】对话框，在【类型】下拉列表中选择“mill_contour”，【工序子类型】中选择型腔铣，【刀具】选择“ED21R0.8”，【几何体】选择“WORKPIECE”，【方法】选择“MILL_ROUGH”，【名称】输入“AC1”，如图 1-13 所示，单击【确定】按钮。

（2）在【型腔铣】对话框【刀轴】|【轴】中选择“指定矢量”，在【指定矢量】中选择“XC”；在【刀轨设置】|【切削模式】中选择跟随周边，【最大距离】中输入“0.5”，如图 1-14 所示。

（3）单击切削层按钮，弹出【切削层】对话框，在【范围类型】中选择“单个”，选择如图 1-15 所示平面，其余默认，单击【确定】按钮。

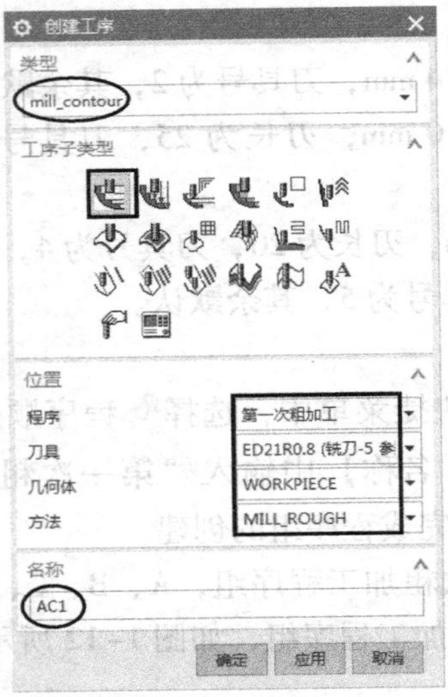

图 1–13　创建型腔铣

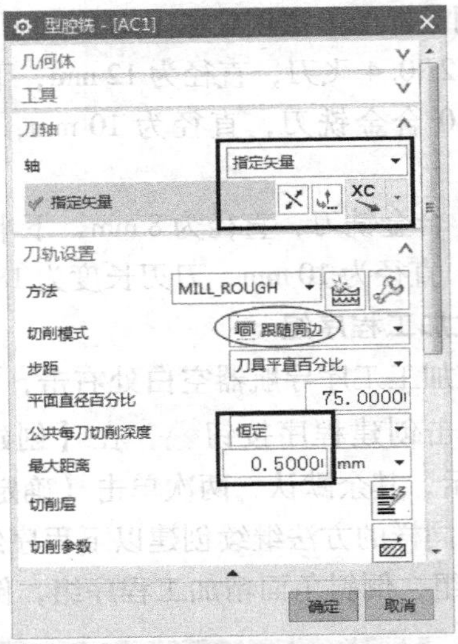

图 1–14　刀轴、刀轨设置

（4）单击切削参数按钮，弹出【切削参数】对话框，在【策略】|【刀路方向】中选择“向内”，如图 1–16 所示。在【余量】|【部件侧面余量】中输入“0. 3”，【部件底面余量】中输入“0. 2”，【公差】中均输入“0. 03”，其余默认，如图 1–17 所示，单击【确定】按钮，返回型腔铣对话框。

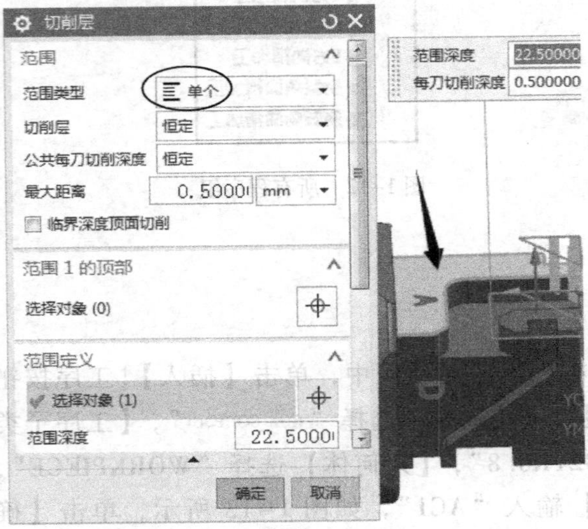

图 1–15　切削层设置

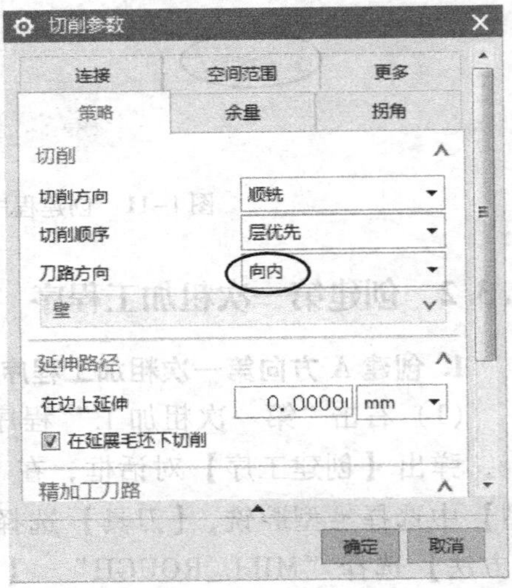

图 1–16　切削方向设置

（5）单击非切削移动按钮，弹出【非切削移动】对话框，在【进刀】|【封闭区域】|【进刀类型】中选择“沿形状斜进刀”，【斜坡角】中输入“3”，【高度】中输入“1”；【开放区域】|【进刀类型】中选择“与封闭区域相同”，如图 1–18 所示。

在【转移/快速】|【区域内】|【转移类型】中选择“直接”，其余采用默认，如图 1–19

所示；在【起点/钻点】|【选择点】中单击“⊥”按钮，在弹出的点对话框中，输入“50，0，30”坐标值，如图 1–20 所示，单击【确定】按钮，返回型腔对话框。

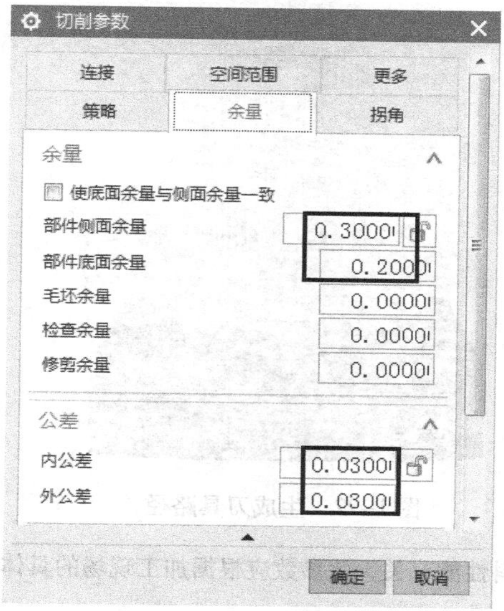

图 1–17　余量及公差设置

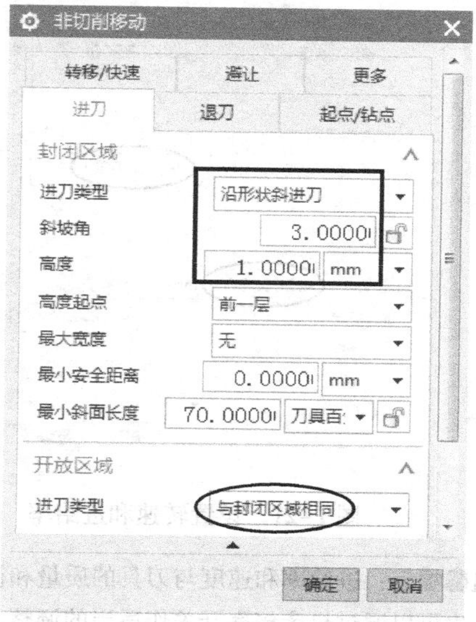

图 1–18　进刀参数设置

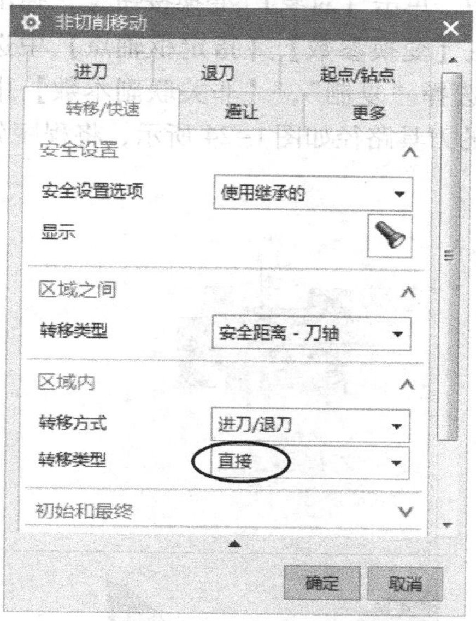

图 1–19　转移设置

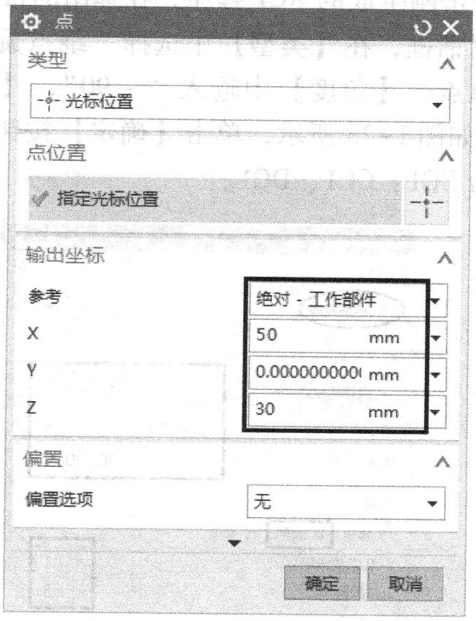

图 1–20　进刀点设置

温馨提示：设置进刀点的目的，是基于切削安全考虑，刀具在工件以外进刀。

（6）单击进给率和速度按钮，弹出【进给率和速度】对话框，在【主轴速度】中输入“2000”，在【进给率】|【切削】中输入“2200”，如图 1–21 所示，单击【确定】按钮，返回【型腔铣】对话框。

（7）单击生成按钮，生成的刀具路径如图 1–22 所示。

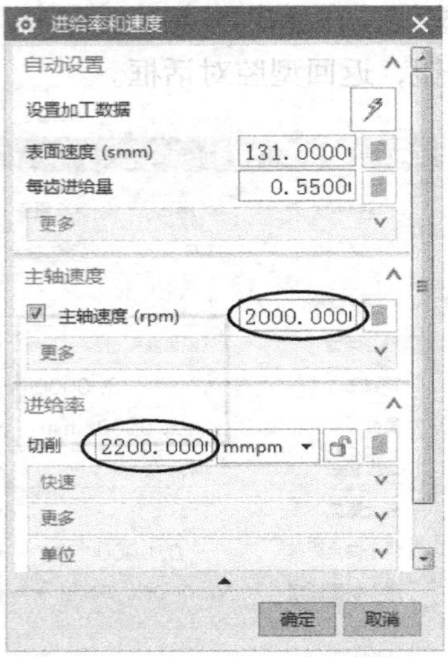

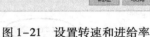

图 1-21　设置转速和进给率

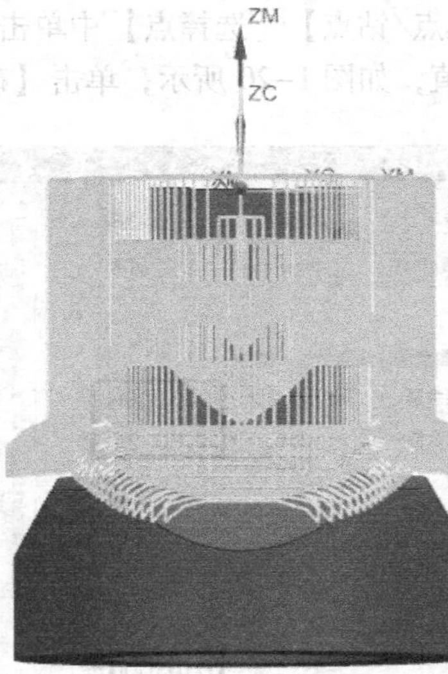

图 1-22　生成刀具路径

温馨提示：进给率和速度与刀具的质量和被加工材料性能有关，此参数应根据加工现场的具体情况来确定，也可以通过机床倍率开关作适当的调整。

2. 创建 B、C、D 方向的第一次开粗程序

右击刚生成的 AC1 程序，在弹出的快捷菜单中，单击【对象】|变换按钮，弹出【变换】对话框，在【类型】中选择“绕点旋转”，在【变换参数】|【指定枢轴点】中选择坐标系原点，【角度】中输入“-90”，【结果】选择“复制”，【非关联副本数】中输入“3”，如图 1-23 所示，单击【确定】按钮，生成的刀具路径如图 1-24 所示，将程序分别重命名为 BC1、CC1、DC1。

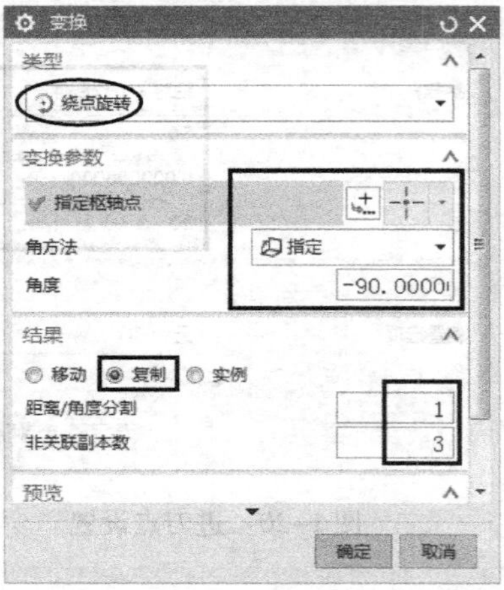

图 1-23　变换设置

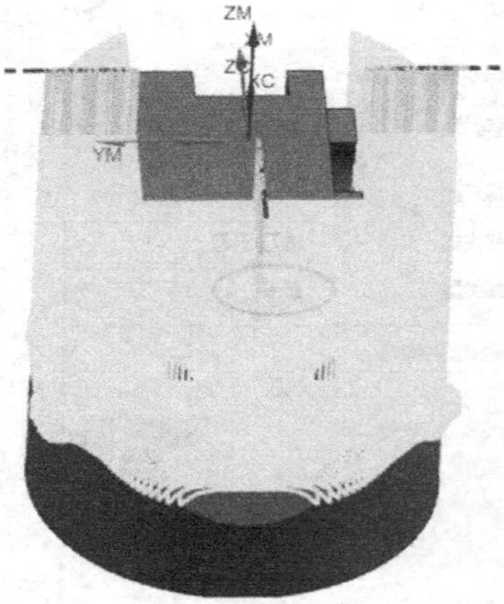

图 1-24　复制刀具路径

3. 创建 E 方向粗加工程序

（1）右击“AC1”程序，在弹出的快捷菜单中选择“复制”，再右击“DC1”程序，在弹出的快捷菜单中选择“粘贴”，将程序重命名为“EC1”。

（2）双击“EC1”程序，在【刀轴】|【轴】下拉列表中选择“+ZM 轴”，在弹出的【警告】对话框中单击【确定】按钮，在【刀轨设置】|【切削模式】中选择“往复”，如图1-25所示；在【切削层】|【范围定义】中选择如图1-26所示的E面，其余采用默认，单击【确定】按钮。

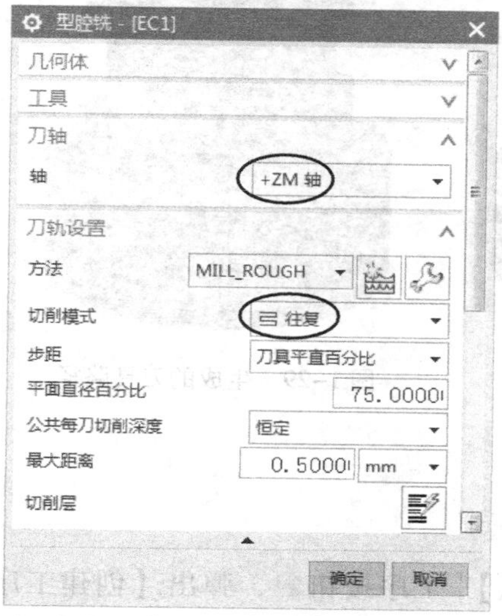

图1-25　刀轨设置

图1-26　设置切削层

（3）单击切削参数按钮，弹出【切削参数】对话框，在【策略】|【与XC的夹角】中输入“0”，其余默认，如图1-27所示，单击【确定】按钮，返回【型腔铣】对话框。

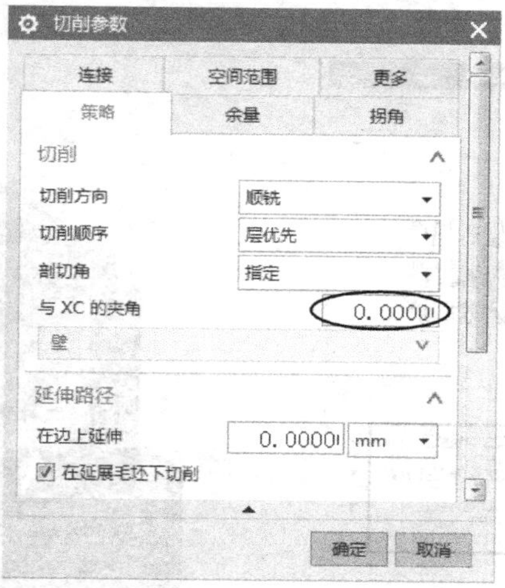

图1-27　策略设置

（4）单击【几何体】|【指定修剪边界】中选择或编辑修剪边界按钮，弹出【修剪边界】对话框，在【边界】|【选择方法】中选择“点”，【修剪侧】选择“外部”；在【边界】|【指定点】中，选择如图1-28所示的四个直角点，单击【确定】按钮。

（5）单击生成按钮，生成的刀具路径如图1-29所示。

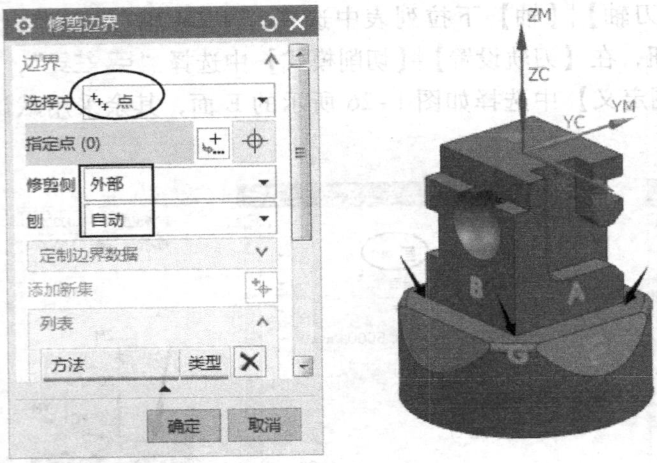

图 1-28　修剪边界设置

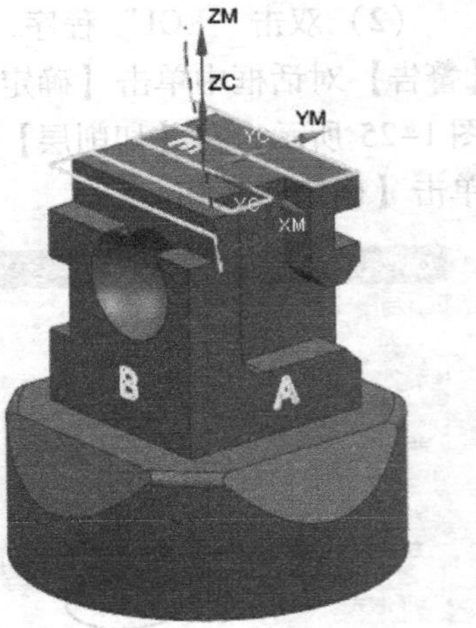

图 1-29　生成的刀具路径

1.3.3　创建二次开粗程序

1. 在 A 方向创建二次开粗程序

（1）右击“第二次粗加工”程序组，单击【插入】|工序按钮，弹出【创建工序】对话框，在【类型】中选择“mill_contour”，【工序子类型】中选择型腔铣，【刀具】中选择“ED12R0.4”，【几何体】中选择“WORKPIECE”，【方法】中选择“MILL_ROUGH”，【名称】输入“AC2”，如图 1-30 所示，单击【确定】按钮。

（2）在【型腔铣】对话框的【几何体】|【指定切削区域】中选择如图 1-31 所示的底面和侧壁。

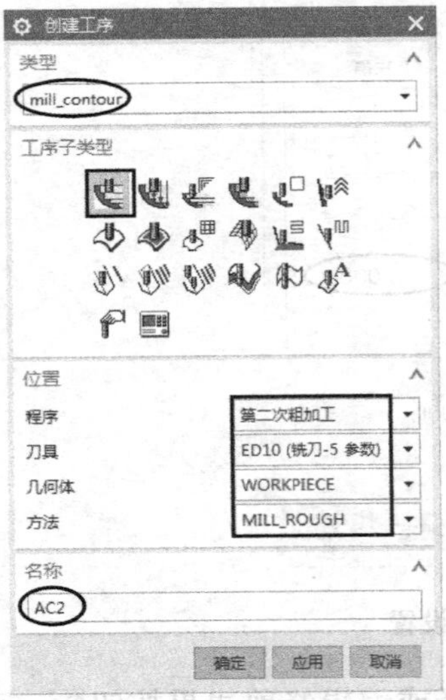

图 1-30　创建工序

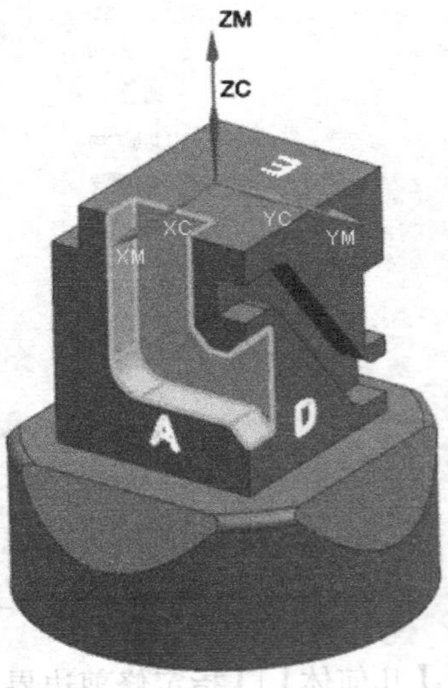

图 1-31　指定切削区域

（3）在【刀轴】|【轴】中选择“指定矢量”，在【指定矢量】中选择“XC”，在【刀轨设置】|【切削模式】选择跟随周边，【公共每刀切削深度】选择“恒定”，在【最大距

离】中输入“0.3”，其余默认，如图 1-32 所示。

（4）单击切削层按钮，弹出【切削层】对话，在【范围类型】中选择“单个”，在【范围 1 的顶部】中选择如图 1-33 所示平面，其余默认，单击【确定】按钮。

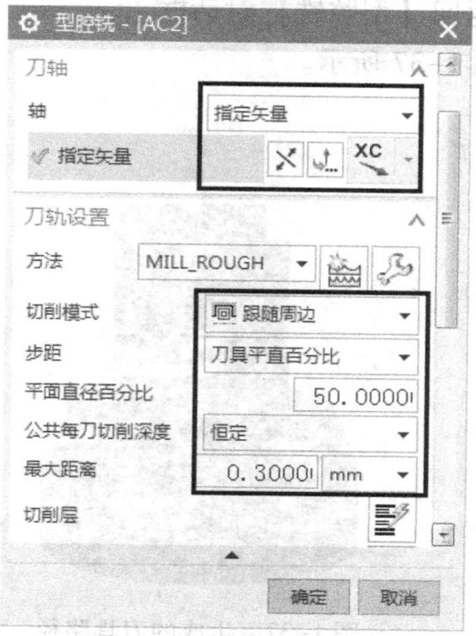

图 1-32　刀轴、刀轨设置

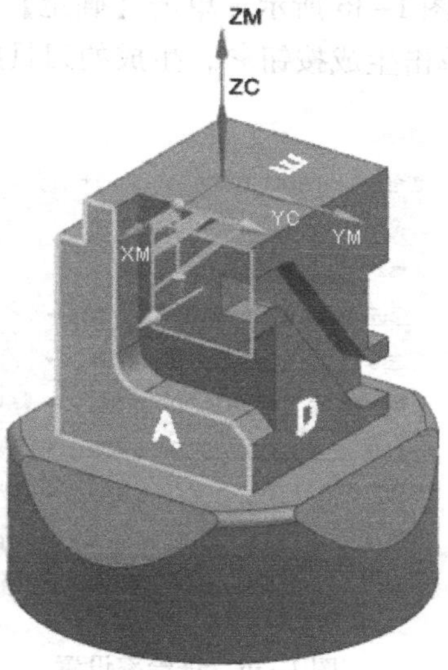

图 1-33　切削层设置

（5）单击切削参数按钮，弹出【切削参数】对话框，在【余量】|【部件侧面余量】中输入“0.3”，【部件底面余量】中输入“0.2”，其余默认，如图 1-34 所示，单击【确定】按钮，返回【型腔铣】对话框。

（6）单击非切削移动按钮，弹出【非切削移动】对话框，在【进刀】|【封闭区域】|【进刀类型】中选择“与开放区域相同”；在【开放区域】|【进刀类型】中选择“线性”，如图 1-35 所示。在【转移/快速】|【区域内】|【转移类型】中选择“直接”，其余采用默认，单击【确定】按钮，返回【型腔铣】对话框。

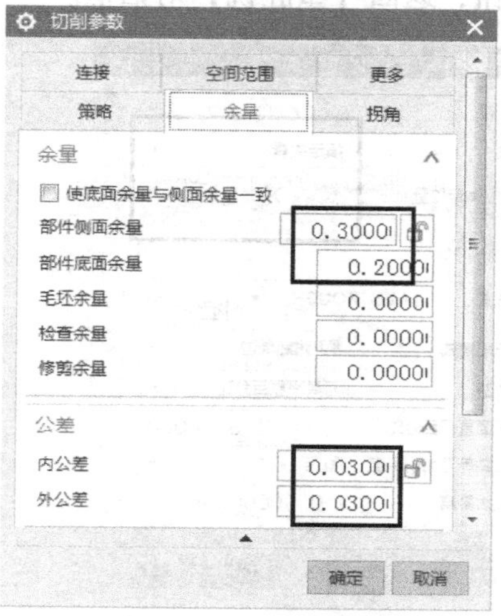

图 1-34　切削参数设置

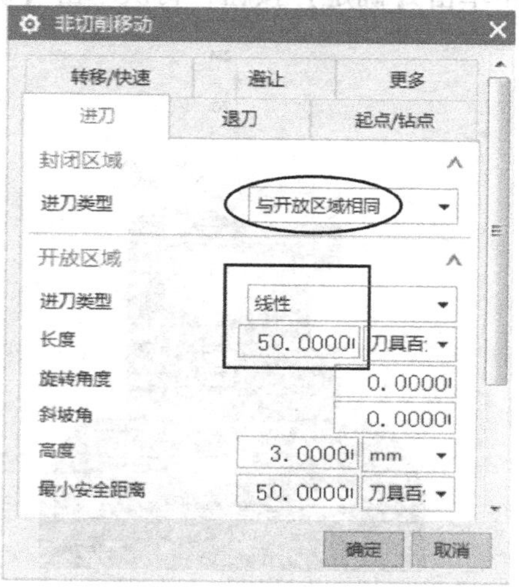

图 1-35　进刀设置

（7）单击进给率和速度按钮，在【主轴速度】中输入“2200”，在【进给率】|【切削】中输入“1800”；【进给率】|【更多】|【逼近】中选择“切削百分比”，并输入“100”；【移刀】中选择“切削百分比”，并输入“100”；【离开】中选择“切削百分比”，并输入“100”，如图 1-36 所示，单击【确定】按钮，返回【型腔铣】对话框。

（8）单击生成按钮，生成的刀具路径如图 1-37 所示。

图 1-36　进给率设置

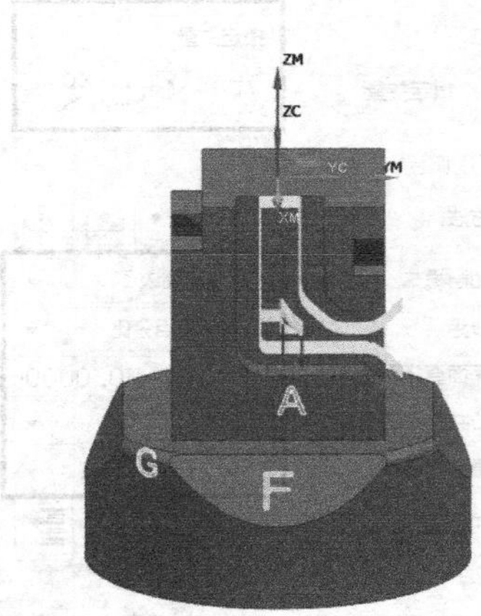

图 1-37　生成的刀具路径

温馨提示：此处设置逼近和离开百分比，是基于在窄槽区域加工时，刀具在非切削移动过程中的安全考虑。

2. 创建 B 方向二次开粗程序

（1）右击刚创建的 AC2 程序，在弹出的快捷菜单中选择“复制”，再次右击 AC2 程序，在弹出的快捷菜单中选择“粘贴”，将程序重命名为“BC2”。

（2）双击 BC2 程序，在【型腔铣】|【几何体】|【指定切削区域】中删除原来的区域，选择如图 1-38 所示区域，单击【确定】按钮。

（3）在【型腔铣】|【刀轴】|【指定矢量】中选择“－YC”，如图 1-39 所示，在弹出的对话框中单击【确定】按钮，再次单击【确定】按钮，返回【型腔铣】对话框。

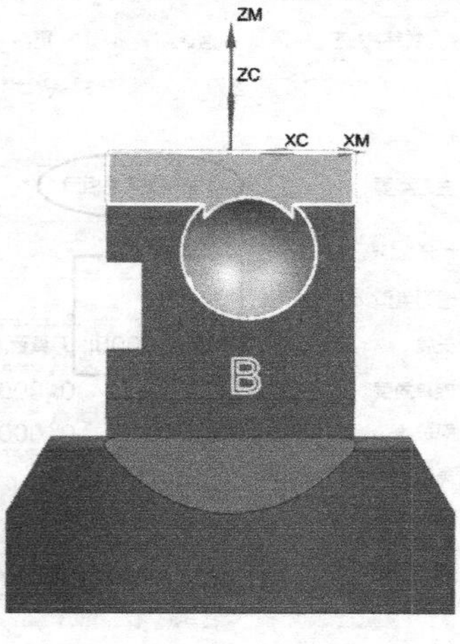

图 1-38　指定切削区域

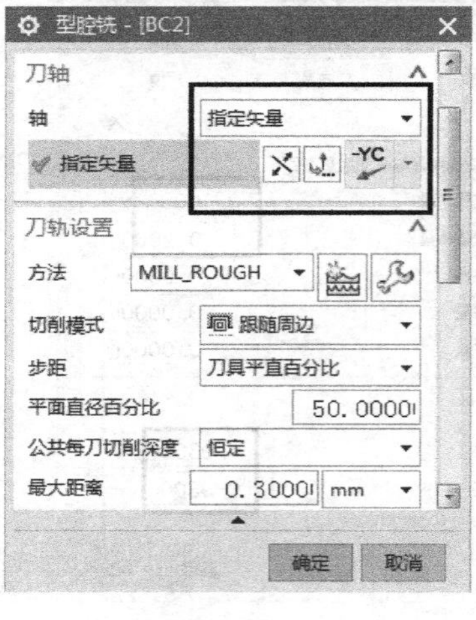

图 1-39　指定矢量

（4）单击切削层按钮，在【范围 1 的顶部】选择如图 1-40 所示平面，其余默认，单击【确定】按钮。

（5）单击生成按钮，生成的刀具路径如图 1-41 所示。

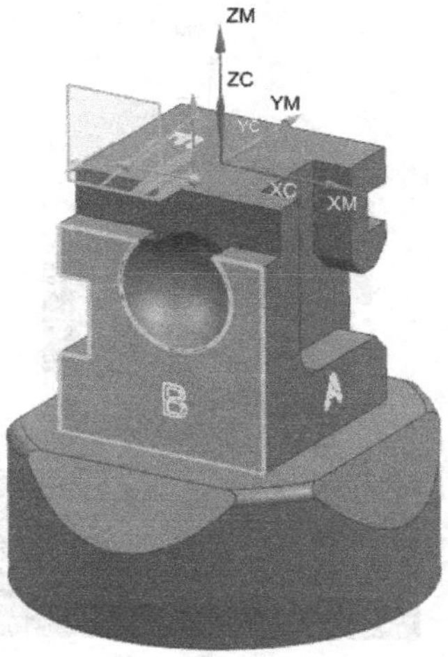

图 1-40　切削层设置

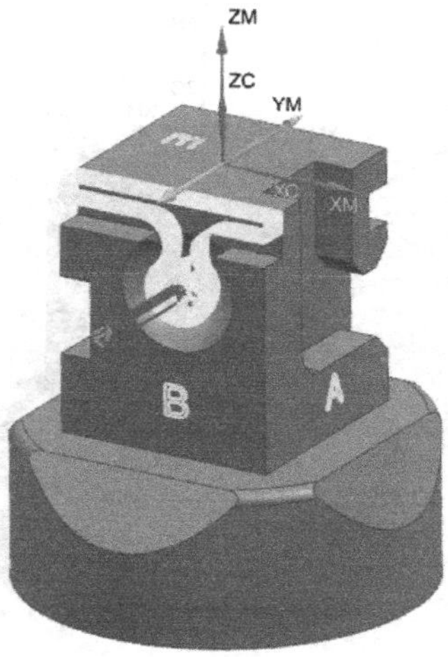

图 1-41　生成的刀具路径

3. 创建 C 方向的二次开粗程序

（1）右击刚创建的 BC2 程序，在弹出的快捷菜单中选择“复制”，再次右击 BC2 程序，在弹出的快捷菜单中选择“粘贴”，将程序重命名为“CC2”。

（2）双击 CC2 程序，在【型腔铣】|【几何体】|【指定切削区域】中删除原来的区域，选择如图 1-42 所示区域。

（3）在【型腔铣】|【刀轴】|【指定矢量】中选择“-XC”，如图 1-43 所示，在弹出的对话框中单击【确定】按钮，再次单击【确定】按钮，返回型腔铣对话框。

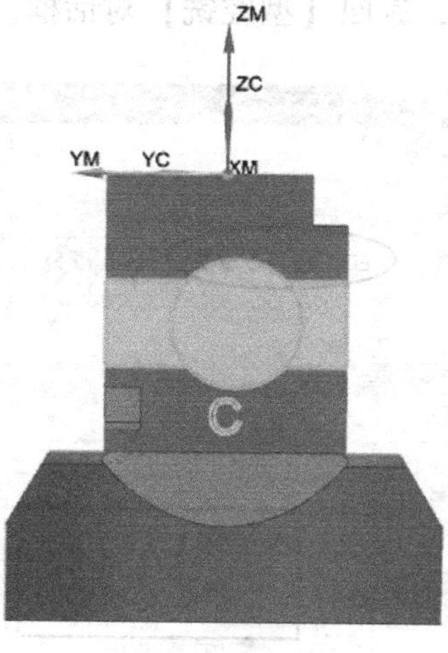

图 1-42　指定切削区域

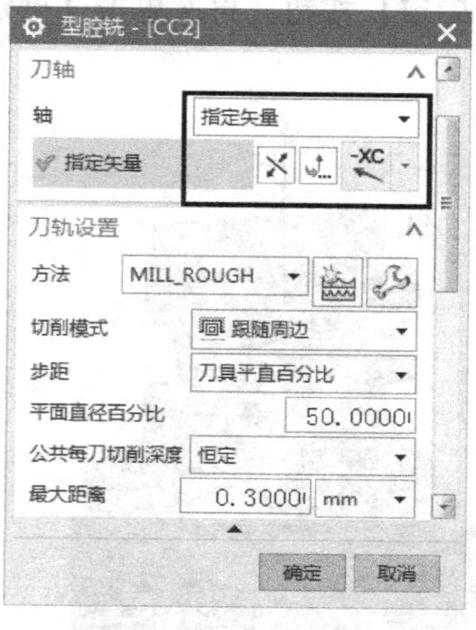

图 1-43　指定矢量

（4）单击切削层按钮，在【范围 1 的顶部】选择如图 1-44 所示平面，其余默认，单击【确定】按钮。

（5）单击非切削移动按钮，弹出【非切削移动】对话框，在【进刀】|【封闭区域】|【进刀类型】中选择“插削”，其余默认，单击【确定】按钮。

（6）单击生成按钮，生成的刀具路径如图 1-45 所示。

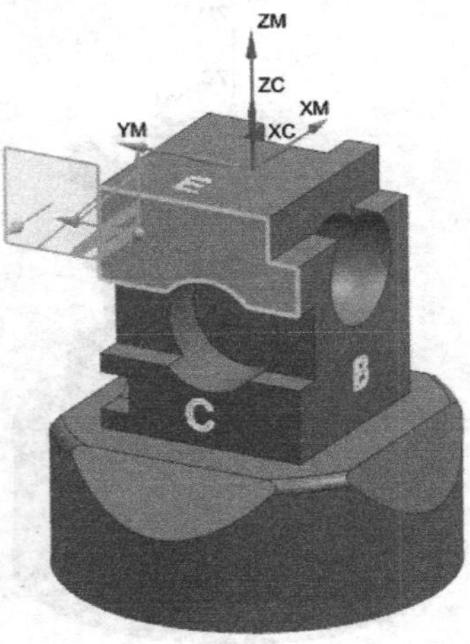

图 1-44　切削层设置

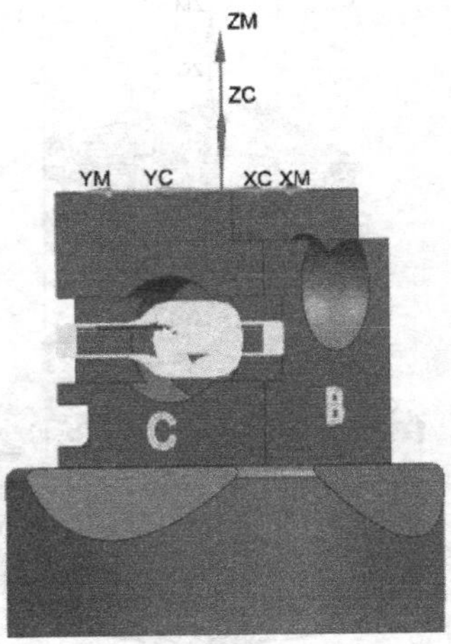

图 1-45　生成的刀具路径

4. 创建 D 方向的二次开粗程序

（1）右击刚创建的 CC2 程序，在弹出的快捷菜单中选择“复制”，再次右击 CC2 程序，在弹出的快捷菜单中选择“粘贴”，将程序重命名为“DC2”。

（2）双击 DC2 程序，在【型腔铣】|【几何体】|【指定切削区域】中删除原来的区域，选择如图 1-46 所示区域。

（3）在【型腔铣】|【工具】|【刀具】中选择“ED8”。

（4）在【型腔铣】|【刀轴】|【指定矢量】中选择“YC”，如图 1-47 所示，在弹出的对话框中单击【确定】按钮，再次单击【确定】按钮，返回【型腔铣】对话框。

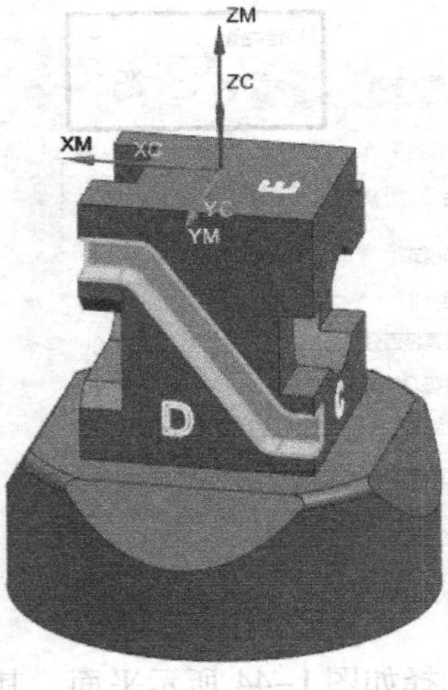

图 1-46　指定切削区域

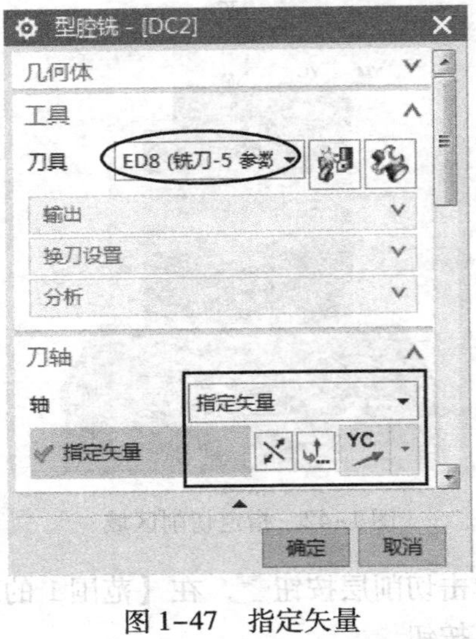

图 1-47　指定矢量

（5）单击切削层按钮，在【范围 1 的顶部】选择如图 1-48 所示平面，其余默认，单击【确定】按钮。

（6）单击进给率和速度按钮，在【主轴速度】中输入“3000”，其余默认。

（7）单击生成按钮，生成的刀具路径如图 1-49 所示。

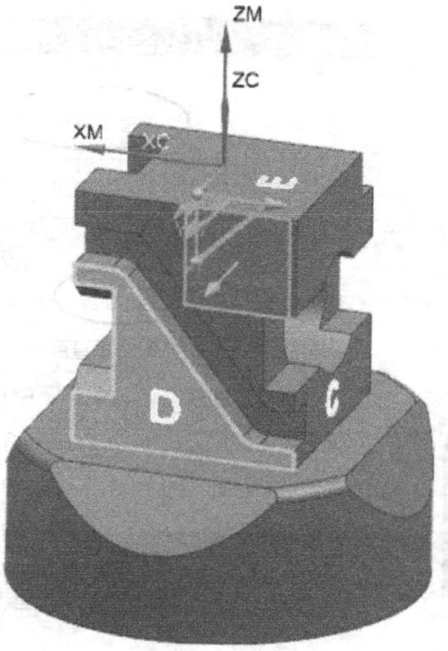

图 1-48　切削层设置

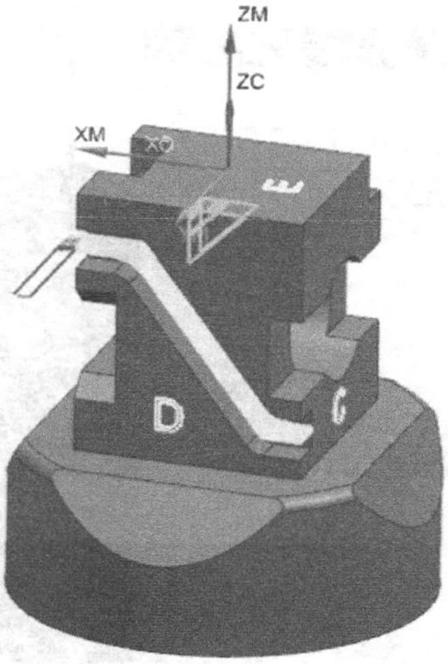

图 1-49　生成的刀具路径

1.3.4　创建 A 方向精加工程序

1. 创建 A 方向两个顶平面精加工程序

（1）右击“A 方向精加工”程序组，在弹出的快捷菜单中，单击【插入】|工序按钮，在【创建工序】对话框【类型】中选择“mill_planar”，【工序子类型】选择使用边界面铣削，【刀具】选择“ED10”，【几何体】选择“WORKPIECE”，【名称】输入“AJ1”，如图 1-50 所示，单击【确定】按钮。

（2）在【几何体】|【指定面边界】中选择 A 方向的大平面，如图 1-51 所示。

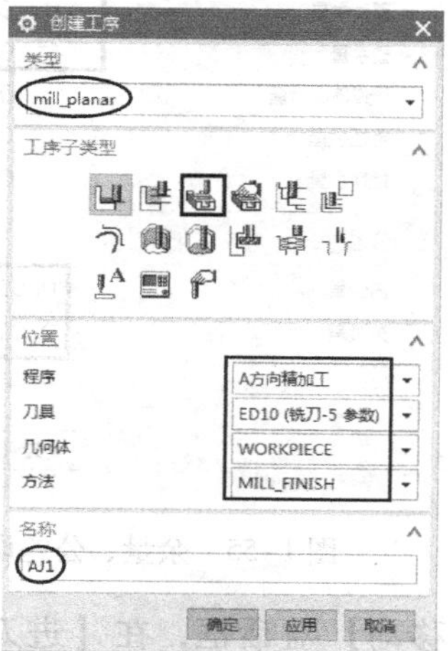

图 1-50　创建面铣加工工序

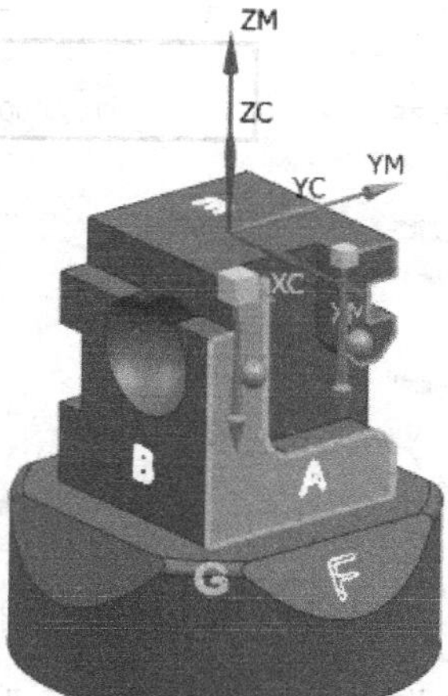

图 1-51　选择面边界

(3) 在【添加新集】中单击按钮，选择如图 1-52 所示的小平面，单击【确定】按钮。

(4) 在【刀轴】|【轴】中选择“垂直于第一个面”，在【刀轨设置】|【切削模式】中选择“往复”，【平面百分比】中输入“50”，其余默认，如图 1-53 所示。

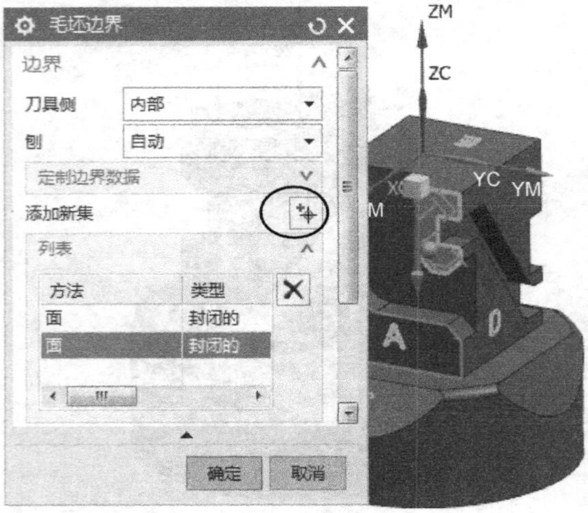

图 1-52　添加小平面

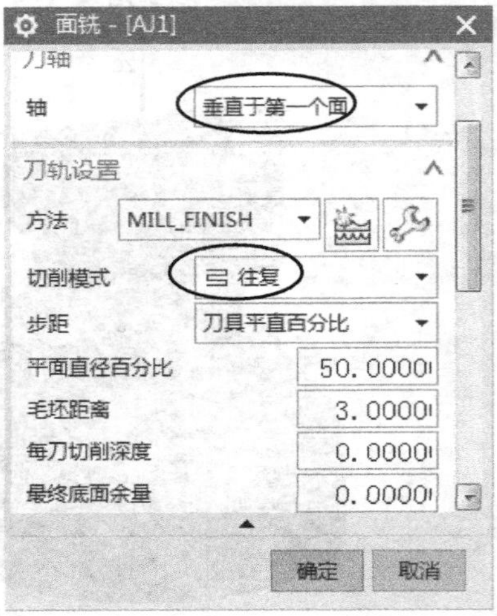

图 1-53　刀轴、刀轨设置

(5) 单击切削参数按钮，弹出【切削参数】对话框，在【策略】|【剖切角】中选择“指定”，在【与 XC 的夹角】中输入“90”，如图 1-54 所示。在【部件余量】中输入“0.5”，【壁余量】中输入“0.5”，内、外公差都输入“0.01”，如图 1-55 所示，其余默认，单击【确定】按钮。

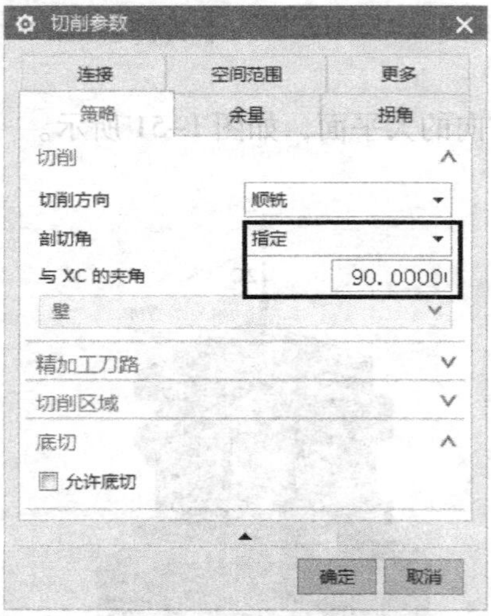

图 1-54　策略设置

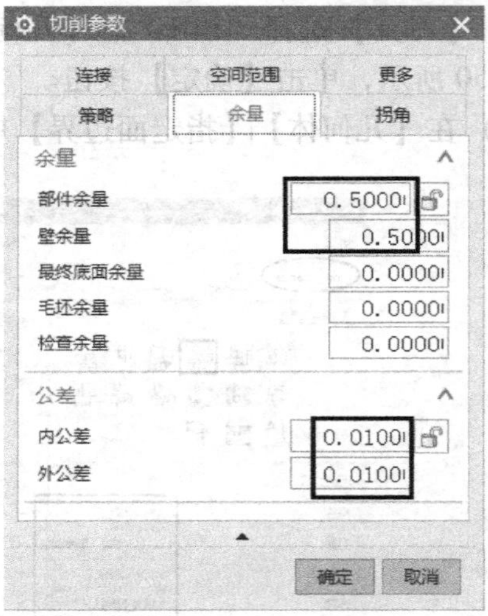

图 1-55　余量、公差设置

(6) 单击非切削移动按钮，弹出【非切削移动】对话框，在【进刀类型】中选择“沿形状斜进刀”，在【斜坡角】中输入“3”，【高度】中输入“1”，其余默认，如图 1-56

所示。

（7）单击进给率和速度按钮，在【主轴速度】中输入“2500”，在【进给率】|【切削】中输入“1000”，单击【确定】按钮，返回【型腔铣】对话框。

（8）单击生成按钮，生成的刀具路径如图 1-57 所示。

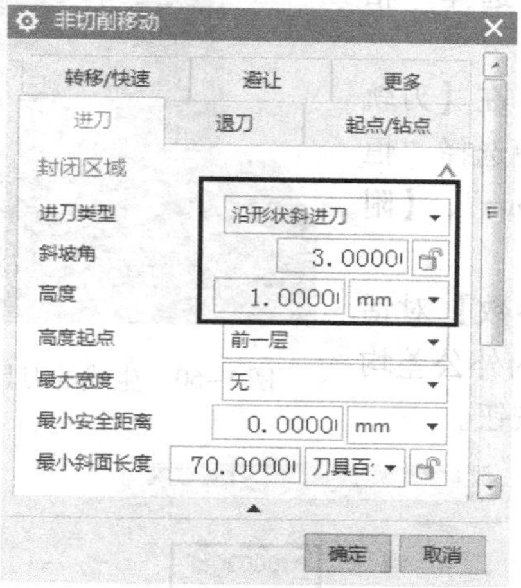

图 1-56　进刀设置

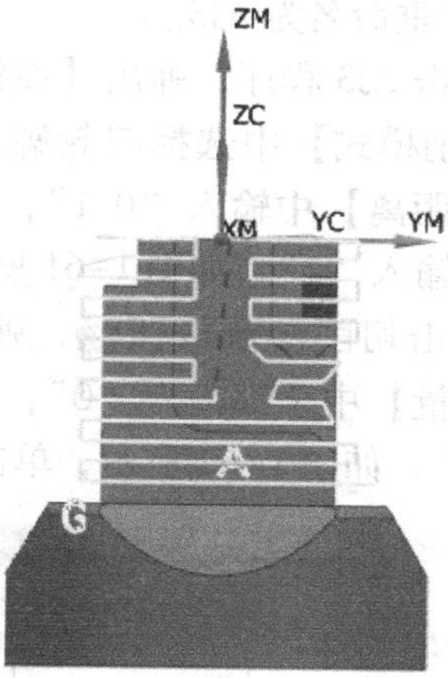

图 1-57　生成的刀具路径

2. 创建 A 方向槽底平面精加工程序

（1）右击刚创建的 AJ1 程序，在弹出的快捷菜单中选择“复制”，再次右击 AJ1 程序，在弹出的快捷菜单中选择“粘贴”，将程序重命名为“AJ2”。

（2）双击 AJ2 程序，在【几何体】|【指定面边界】中删除原来的边界，选择如图 1-58 所示的面，单击【确定】按钮。

（3）在【刀轨设置】|【切削模式】中选择跟随周边，如图 1-59 所示。

图 1-58　指定面边界

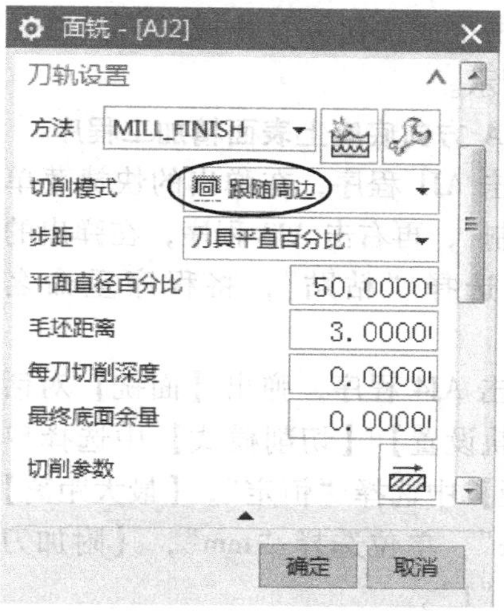

图 1-59　设置切削模式

(4) 单击生成按钮，生成的刀具路径如图 1-60 所示。

3. 创建 A 方向槽底侧壁精加工程序

(1) 右击 AJ2 程序，在弹出的快捷菜单中选择“复制”，再次右击 AJ2 程序，在弹出的快捷菜单中选择“粘贴”，将程序重命名为 AJ3。

(2) 双击 AJ3 程序，弹出【面铣】对话框，在【刀轨设置】|【切削模式】中选择轮廓，【步距】中选择“恒定”，【最大距离】中输入“0.1”，单位选择“mm”，【附加刀路】中输入“1”，如图 1-61 所示。

(3) 单击切削参数按钮，弹出【切削参数】对话框，在【余量】中全部输入“0”，【公差】中内外公差均输入“0.01”，如图 1-62 所示，单击【确定】按钮。

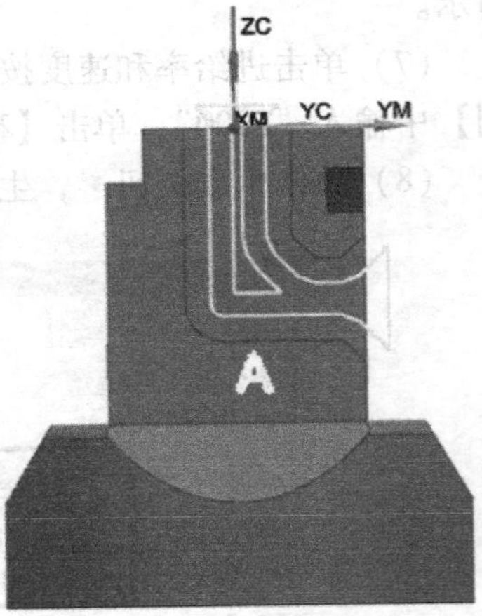

图 1-60 生成的刀具路径

图 1-61 刀轨设置

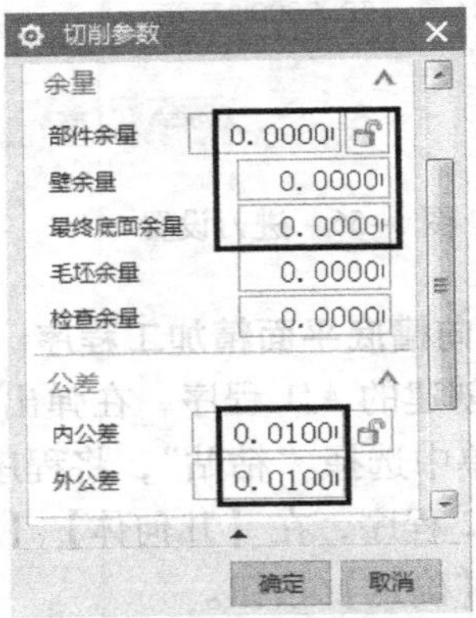

图 1-62 余量、公差设置

(4) 单击生成按钮，生成的刀具路径如图 1-63 所示。

4. 创建 A 方向底座上表面精加工程序

(1) 右击 AJ1 程序，在弹出的快捷菜单中选择“复制”，再右击 AJ3 程序，在弹出的快捷菜单中选择“粘贴”，将程序重命名为 AJ4。

(2) 双击 AJ4 程序，弹出【面铣】对话框，在【刀轨设置】|【切削模式】中选择轮廓，【步距】中选择“恒定”，【最大距离】中输入“0.1”，单位选择“mm”，【附加刀路】中输入“1”。

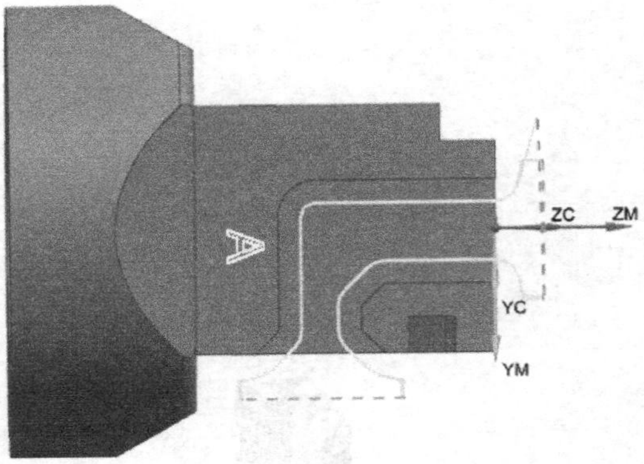

图 1-63 生成的刀具路径

(3) 单击切削参数按钮，弹出【切削参数】对话框，在【余量】中全部输入“0”，【公差】中内、外公差均输入“0.01”，单击【确定】按钮。

（4）单击非切削移动按钮，弹出【非切削移动】对话框在【进刀】|【开放区域】|【进刀类型】中选择“线性”，【长度】中输入“110”，单位选择“刀具百分比”，如图1-64所示，在【转移/快速】|【区域内】|【转移类型】中选择“安全距离—刀轴”，其余默认，单击【确定】按钮。

（5）单击生成按钮，生成的刀具路径如图1-65所示。

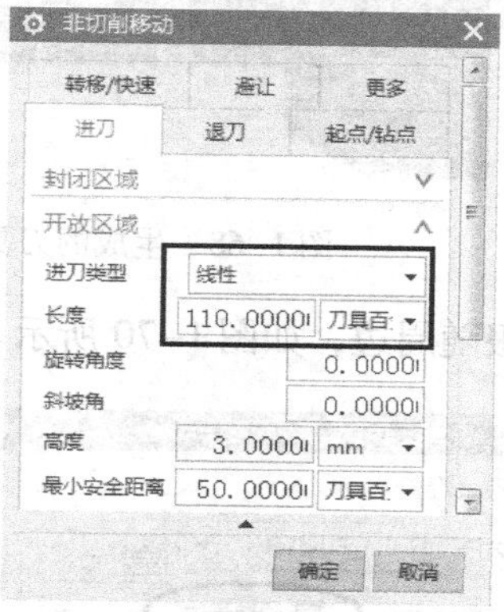

图1-64　进刀设置

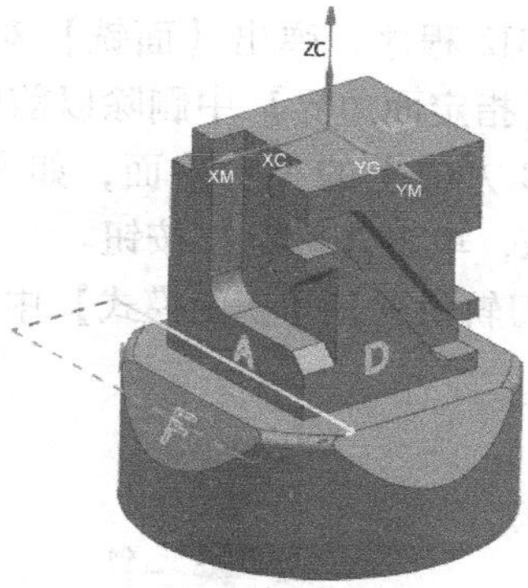

图1-65　生成的刀具路径

温馨提示：设置刀具百分比为“110”的目的是延长刀具进刀和结束时的刀具轨迹，使底座上表面能一次加工完成。

1.3.5　创建B方向精加工程序

1. 创建B方向大平面精加工程序

（1）右击AJ1程序，在弹出的快捷菜单中选择“复制”，右击“B方向精加工”程序组，在弹出的快捷菜单中选择“内部粘贴”，将程序重命名为BJ1。

（2）双击BJ1程序，弹出【面铣】对话框，在【几何体】|【指定面边界】中删除以前的边界，重新选择B方向上的大平面，如图1-66所示，其余默认，单击【确定】按钮。

（3）单击切削参数按钮，弹出【切削参数】对话框，在【策略】|【切削】|【与XC的夹角】中输入“0”，如图1-67所示，其余默认，单击【确定】按钮。

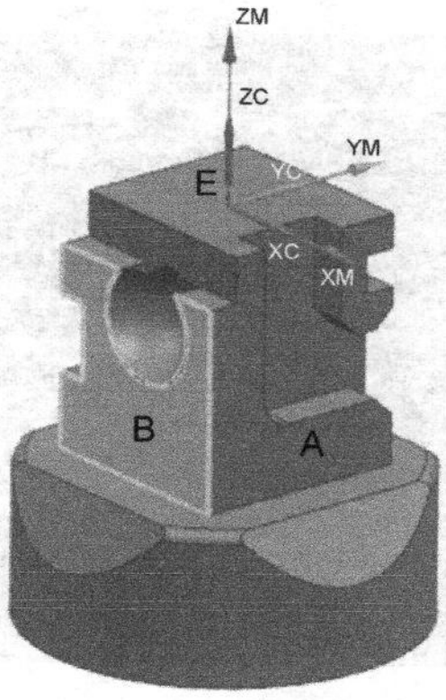

图1-66　指定面边界

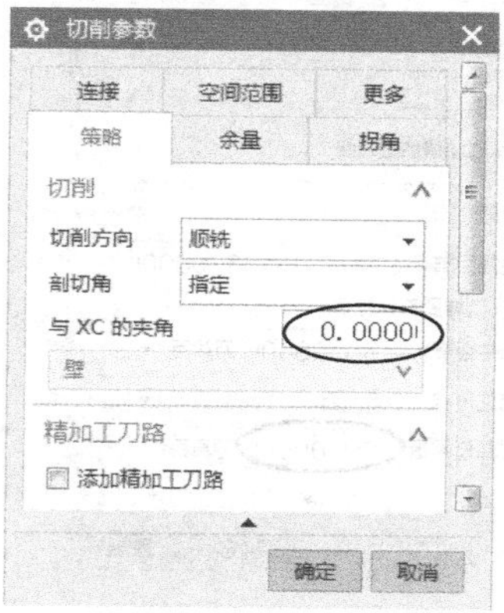

图1-67　策略设置

（4）单击生成按钮，生成的刀具路径如图 1–68 所示。

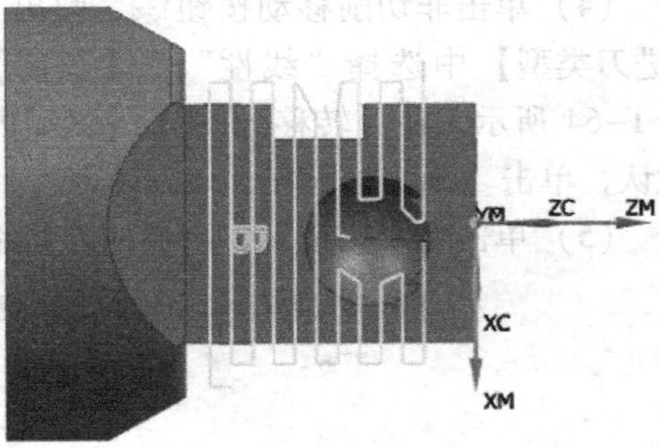

图 1–68　生成的刀具路径

2. 创建 B 方向小台阶面的精加工程序

（1）右击 BJ1 程序，在弹出的快捷菜单中选择“复制”，再次右击 BJ1 程序，在弹出的快捷菜单中选择“粘贴”，将程序重命名为 BJ2。

（2）双击 BJ2 程序，弹出【面铣】对话框，在【几何体】|【指定面边界】中删除以前的面边界，重新选择 B 方向上的小台阶面，如图 1–69 所示，其余默认，单击【确定】按钮。

（3）在【刀轨设置】|【切削模式】中选择跟随周边，如图 1–70 所示。

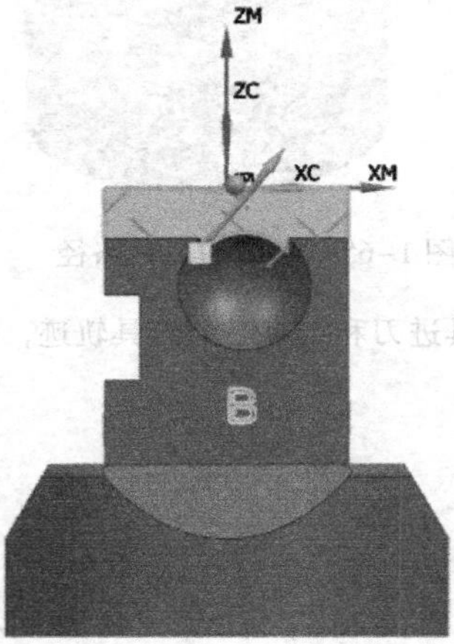

图 1–69　指定面边界

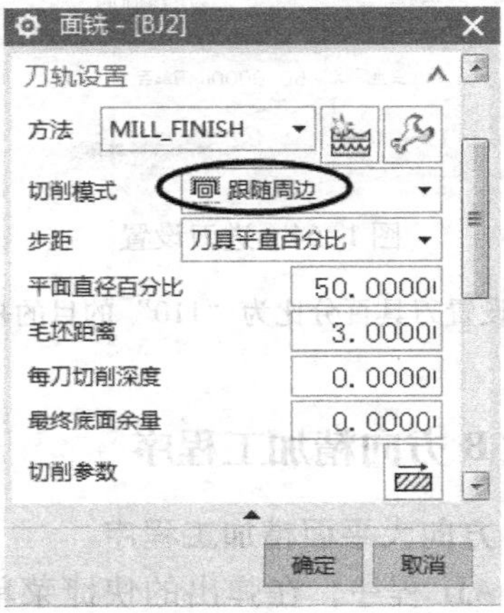

图 1–70　设置切削模式

（4）在【策略】|【切削区域】|【刀具延伸量】中输入“60”，如图 1–71 所示。

（5）单击生成按钮，生成的刀具路径如图 1–72 所示。

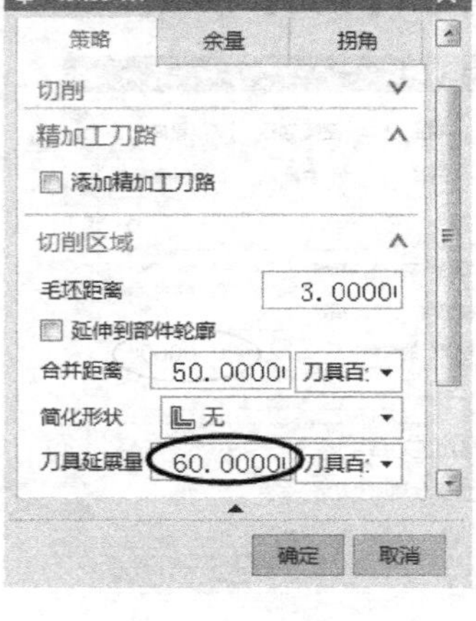

图 1–71　设置刀具延伸量

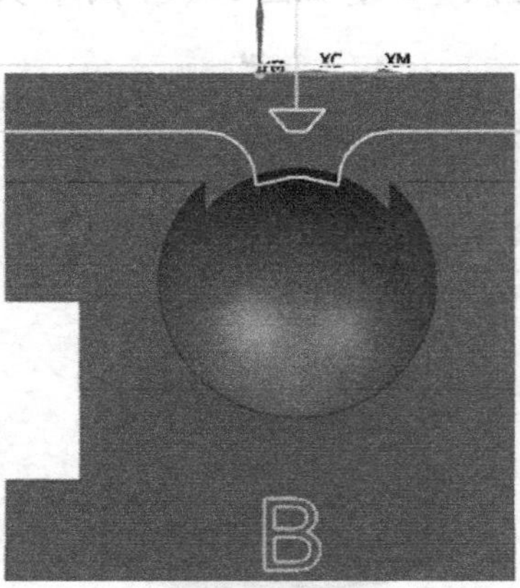

图 1–72　生成的刀具路径

3. 创建B方向底座上表面精加工程序

（1）右击AJ4程序，在弹出的快捷菜单中选择“复制”，右击“B方向精加工”程序组，在弹出的快捷菜单中选择“内部粘贴”，将程序重命名为BJ3。

（2）双击BJ3程序，弹出【面铣】对话框，在【几何体】|【指定面边界】中删除以前的边界，重新选择如图1-73所示的面，其余默认，单击【确定】按钮。

（3）单击生成按钮，生成的刀具路径如图1-74所示。

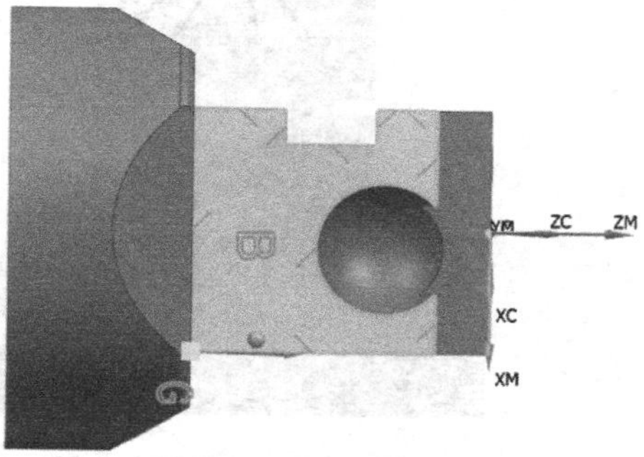

图1-73 选择边界

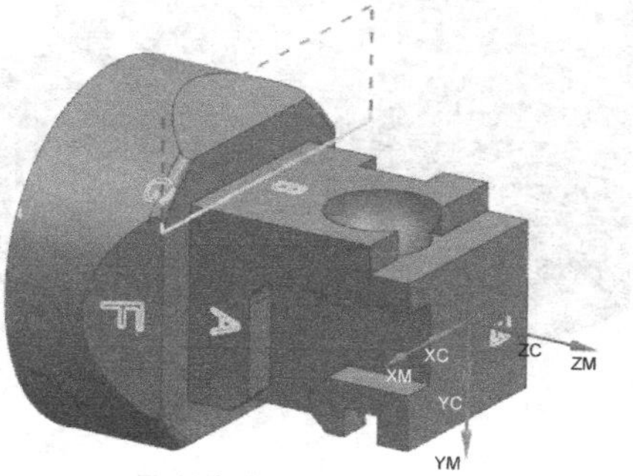

图1-74 生成的刀具路径

4. 创建B方向小台阶侧壁精加工程序

（1）右击“B方向精加工”程序组，在弹出的快捷菜单中，单击【插入】|工序按钮，弹出【创建工序】对话框，在【类型】中选择“mill_planar”，【工序子类型】中选择平面铣，【位置】|【刀具】中选择“ED10”，【几何体】选择“WORKPIECE”，【名称】中输入“BJ4”，如图1-75所示，单击【确定】按钮。

（2）单击【几何体】|【指定部件边界】中的选择或编辑部件边界按钮，弹出【边界几何体】对话框，在【模式】中选择“曲线/边”，【类型】中选择“开放”，【材料侧】选择“右”，其余默认，如图1-76所示，单击【确定】按钮。

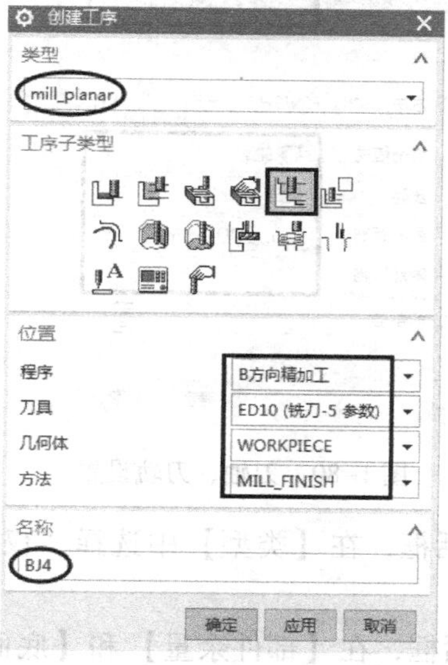

图1-75 创建平面铣

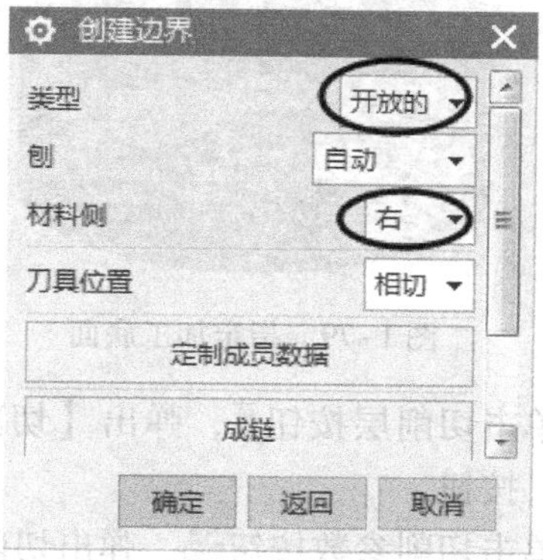

图1-76 边界设置

选择如图 1-77 所示边，单击【创建下一个边界】按钮，再选择另外两条边，结果如图 1-78 所示。

图 1-77　选择边界

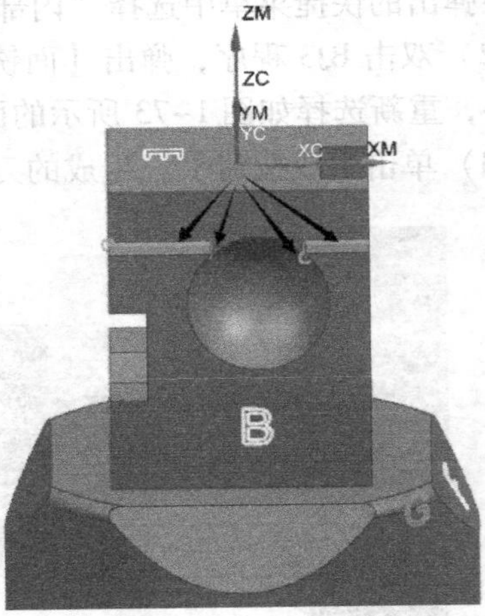

图 1-78　选择所有边界

（3）单击选择或编辑底平面几何体按钮，在弹出的对话框中选择如图 1-79 所示平面，单击【确定】按钮。

（4）在【刀轴】|【轴】中选择“指定矢量”，在【指定矢量】中选择“－YC”。在【刀轨设置】|【切削模式】中选择轮廓，【步距】中选择“恒定”，【最大距离】中输入“0.1”，【附加刀路】中输入“1”，如图 1-80 所示。

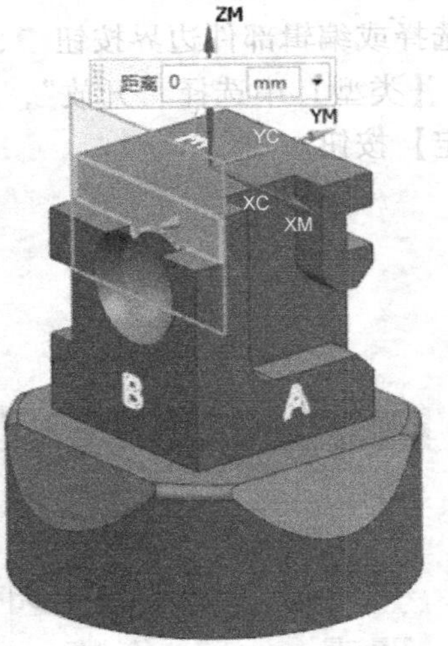

图 1-79　指定加工底面

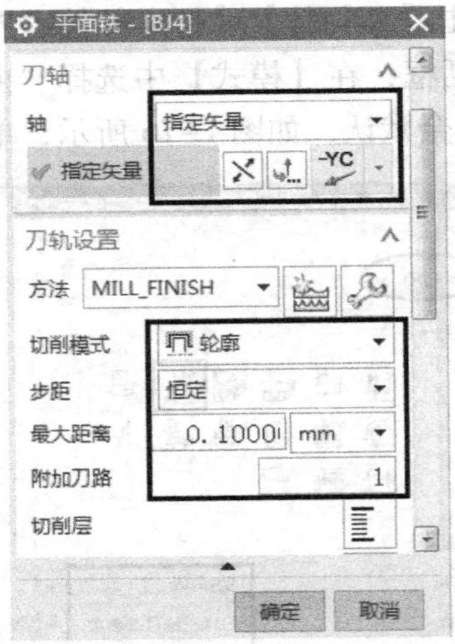

图 1-80　刀轴、刀轨设置

（5）单击切削层按钮，弹出【切削层】对话框，在【类型】中选择“仅底面”，单击【确定】按钮。

（6）单击切削参数按钮，弹出切削参数对话框，在【部件余量】和【底面余量】中均输入“0”，内、外公差均输入“0.01”，单击【确定】按钮。

（7）单击非切削移动按钮，弹出【非切削移动】对话框，在【进刀】|【封闭区域】|【进刀类型】中选择“与开放区域相同”；在【开放区域】|【进刀类型】中选择“线性”，如图 1-81 所示，其余默认，单击【确定】按钮。

（8）单击进给率和速度按钮，在【主轴速度】中输入“2500”，在【进给率】|【切削】中输入“500”，单击【确定】按钮，返回【型腔铣】对话框。

（9）单击生成按钮，生成的刀具路径如图 1-82 所示。

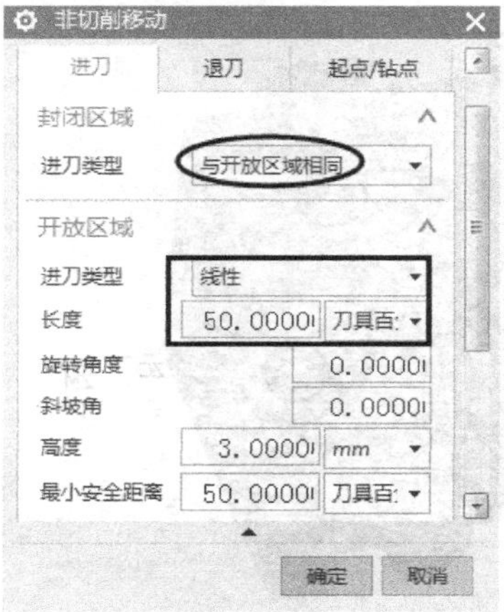

图 1-81　进刀设置

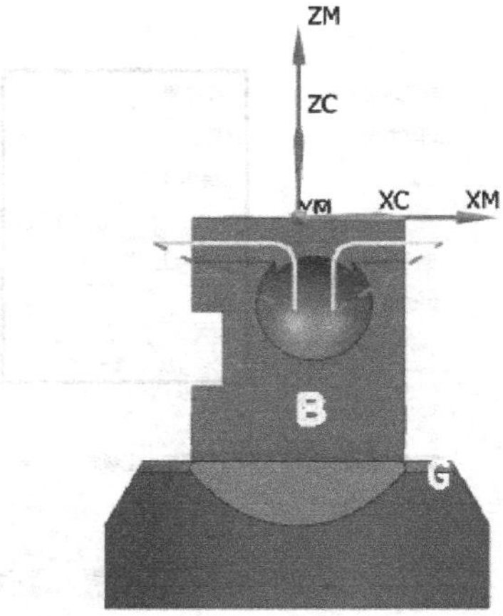

图 1-82　生成的刀具路径

5. 创建 B 方向球面半精加工程序

（1）右击“B 方向精加工”程序组，在弹出的快捷菜单中，单击【插入】|工序按钮，弹出【创建工序】对话框，在【类型】中选择“mill_contour”，【工序子类型】中选择区域轮廓铣；【位置】|【刀具】中选择“R5”，【几何体】选择“WORKPIECE”，【名称】中输入“BJ5”，如图 1-83 所示，单击【确定】按钮。

（2）在【几何体】|【指定切削区域】中选择如图 1-84 所示球面，单击【确定】按钮。

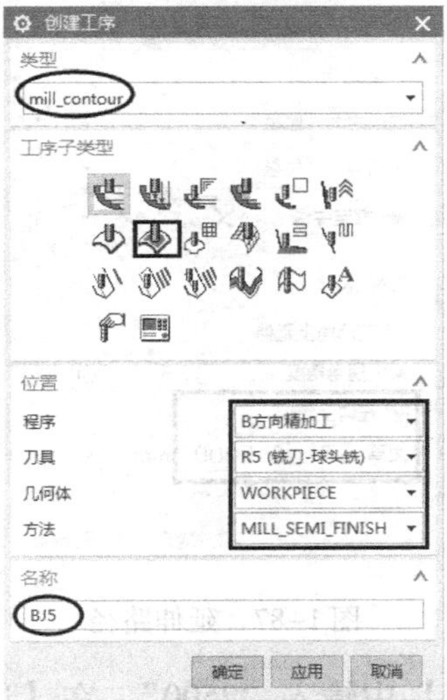

图 1-83　创建区域轮廓铣

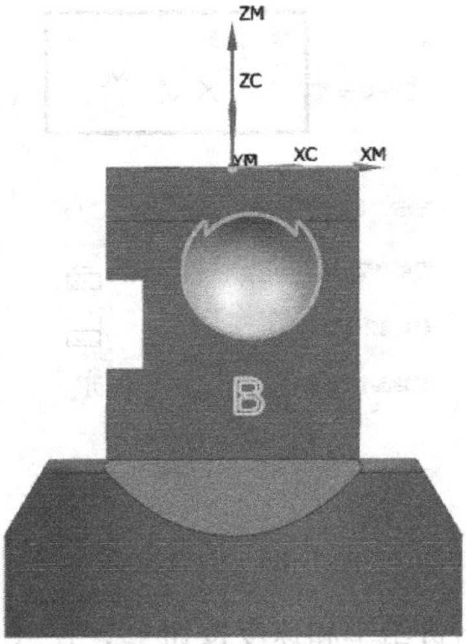

图 1-84　选择加工区域

（3）单击【驱动方法】中的编辑按钮，弹出【区域铣削驱动方法】对话框，在【驱动设置】|【非陡峭切削模式】中选择 往复；【步距】选择“残余高度”，【最大残余高度】输入“0.01”，【步距已应用】选择“在部件上”，【剖切角】选择“矢量”，在【指定矢量】中选择两点，选择如图 1-85 所示的两个端点，单击【确定】按钮。

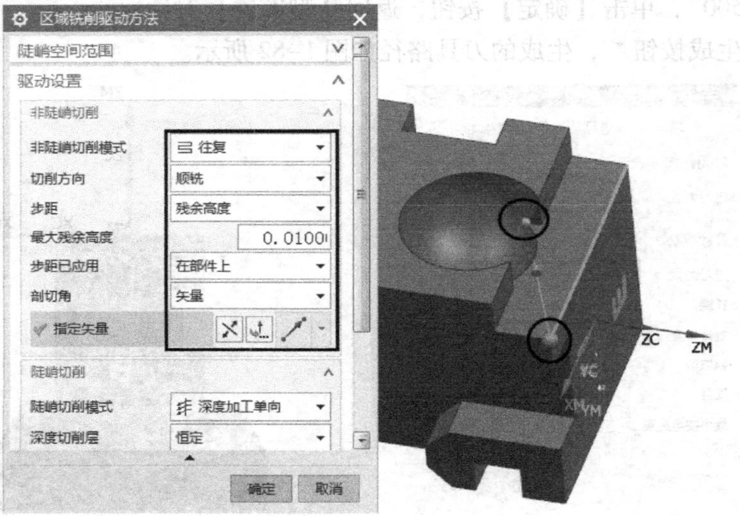

图 1-85　刀轨设置

（4）在【刀轴】|【轴】中选择“指定矢量”，在【指定矢量】中选择“－YC”，如图 1-86 所示。

（5）单击切削参数按钮，弹出【切削参数】对话框，在【策略】|【延伸路径】中勾选“在边上延伸”，在【距离】中输入“0.5”，如图 1-87 所示。在【余量】中全部输入“0”，内、外公差均输入“0.01”，单击【确定】按钮。

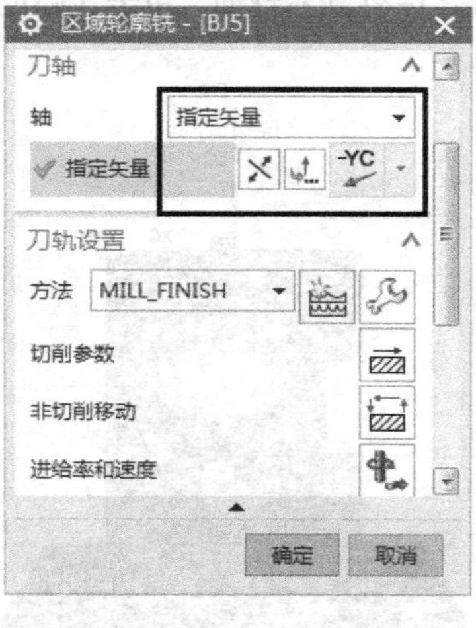

图 1-86　刀轨设置

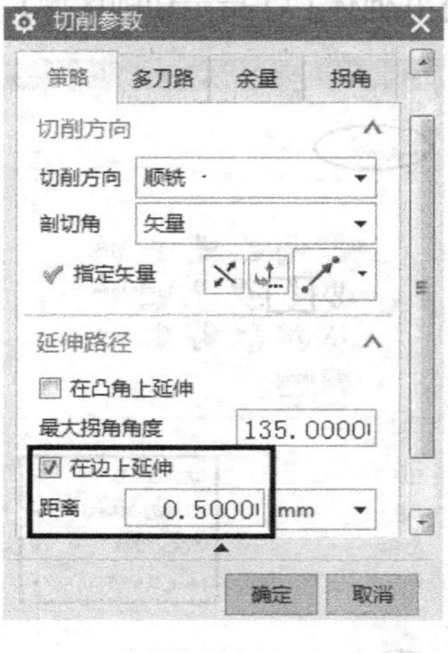

图 1-87　延伸路径

（6）单击进给率和速度按钮，在【主轴速度】中输入“2500”，在【进给率】|【切削】中输入“1000”，单击【确定】按钮。

(7) 单击生成按钮，生成的刀具路径如图 1-88 所示。

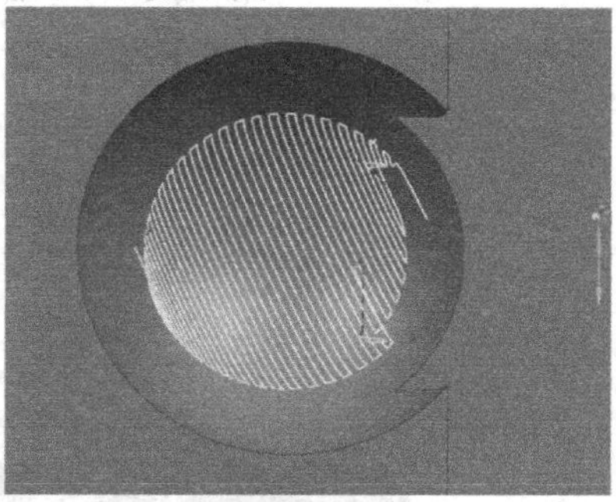

图 1-88　生成半精加工刀具路径

6. 创建 B 方向球面精加工程序

(1) 右击 BJ5 程序，在弹出的快捷菜单中选择“复制”，再次右击 BJ5 程序，在弹出的快捷菜单中选择“粘贴”，将程序重命名为 BJ6。

(2) 双击 BJ6 程序，单击【驱动方法】中的编辑按钮，弹出【区域铣削驱动方法】对话框，在【驱动设置】|【最大残余高度】中输入“0.001”在【指定矢量】中选择两点，选择如图 1-89 所示的两个端点，单击【确定】按钮。

(3) 单击生成按钮，生成的刀具路径如图 1-90 所示。

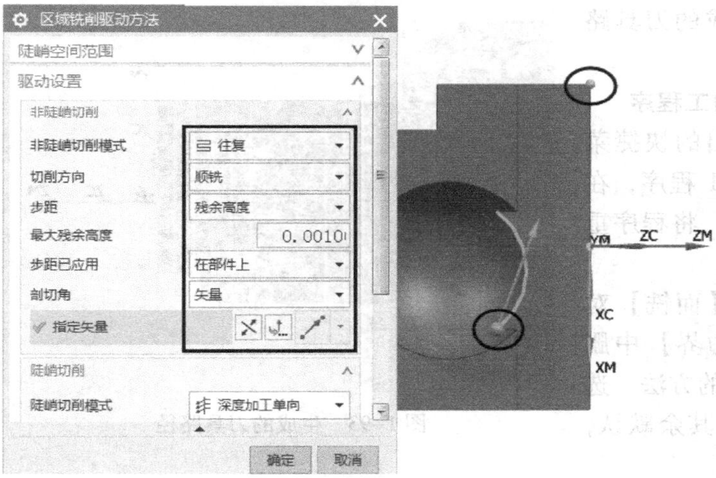

图 1-89　精加工驱动设置

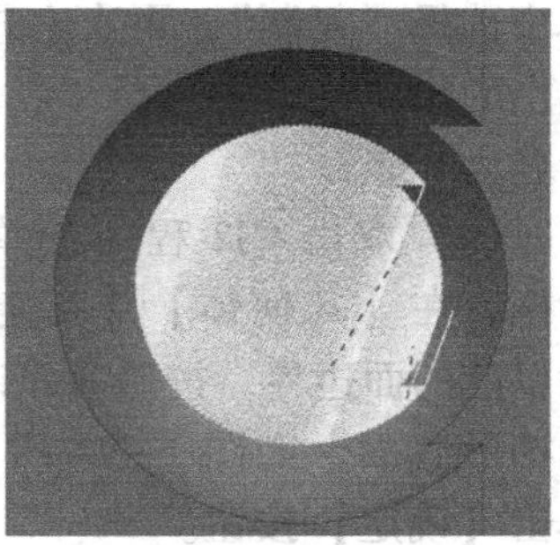

图 1-90　生成精加工刀具路径

温馨提示： 切削角以两个对角点交错设置，其目的是提高球面的表面质量。

1.3.6　创建 C 方向精加工程序

1. 创建 C 方向顶面精加工程序

(1) 右击 AJ1 程序，在弹出的快捷菜单中选择“复制”，右击“C 方向精加工”程序组，在弹出的快捷菜单中选择“内部粘贴”，将程序重命名为 CJ1。

(2) 双击 CJ1 程序，弹出【面铣】对话框，在【几何体】|【指定面边界】中删除以前的边界，通过添加新集按钮，选择 C 方向上的两个顶平面，如图 1-91 所示，其余默认，单击【确定】按钮。

(3) 单击切削参数按钮，弹出【切削参数】对话框，在【策略】|【切削】|【与 XC 的夹角】中输入“-90”，如图 1-92 所示，其余默认，单击【确定】按钮。

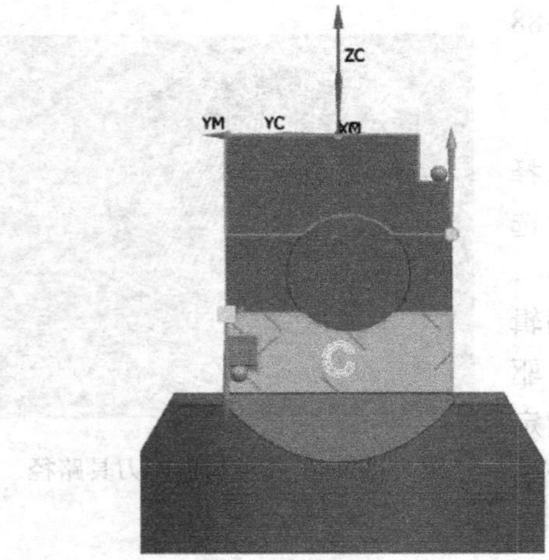

图 1-91　指定面边界

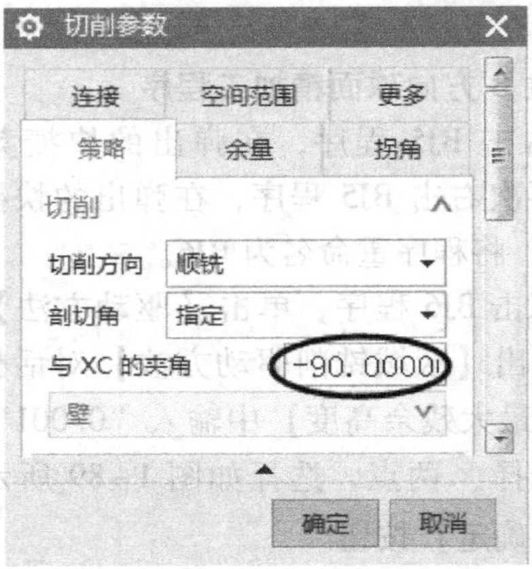

图 1-92　策略设置

(4) 单击生成按钮，生成的刀具路径如图 1-93 所示。

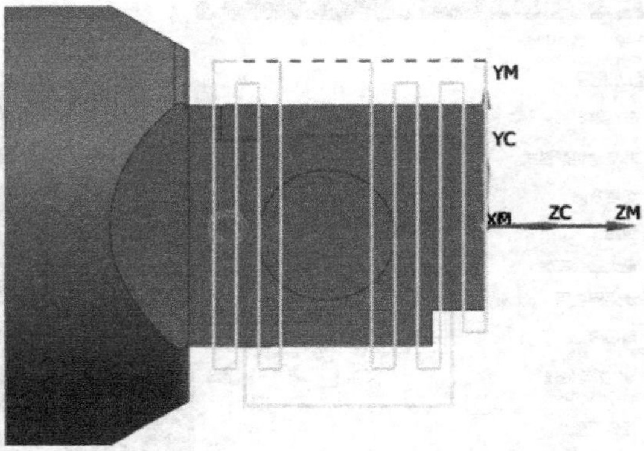

图 1-93　生成的刀具路径

2. 创建 C 方向槽形底面精加工程序

(1) 右击 CJ1 程序，在弹出的快捷菜单中选择“复制”，再次右击 CJ1 程序，在弹出的快捷菜单中选择“粘贴”，将程序重命名为 CJ2。

(2) 双击 CJ2 程序，弹出【面铣】对话框，在【几何体】|【指定面边界】中删除以前的面边界，按照前面讲述的方法，选择槽形底面，如图 1-94 所示，其余默认，单击【确定】按钮。

(3) 单击生成按钮，生成的刀具路径如图 1-95 所示。

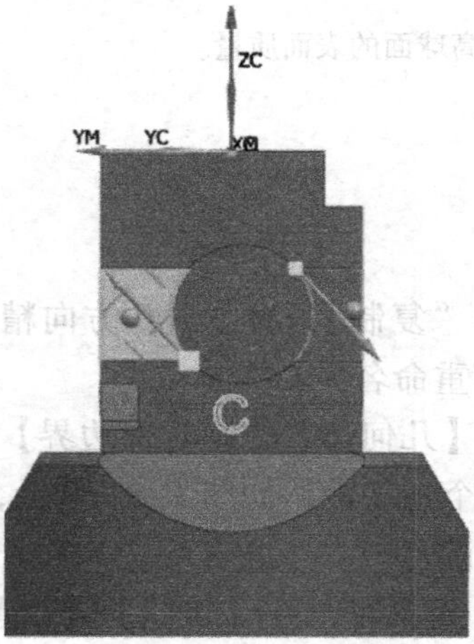

图 1-94　指定面边界

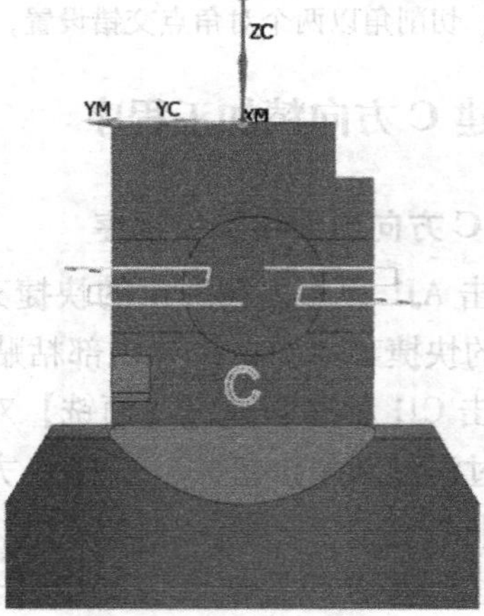

图 1-95　生成刀具路径

3. 创建 C 方向底座上表面精加工程序

（1）右击 AJ1 程序，在弹出的快捷菜单中选择“复制”，右击 CJ2 程序，在弹出的快捷菜单中选择“粘贴”，将程序重命名为 CJ3。

（2）双击 CJ3 程序，弹出【面铣】对话框，在【几何体】|【指定面边界】中删除以前的面边界，选择如图 1-96 所示的面，其余默认，单击【确定】按钮。

（3）单击生成按钮，生成的刀具路径如图 1-97 所示。

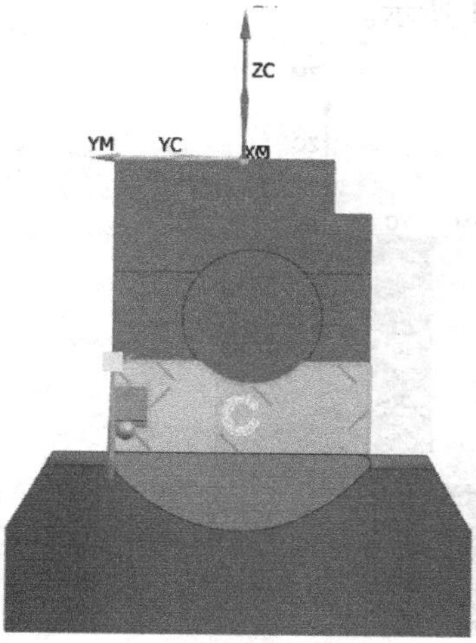

图 1-96　选择面边界

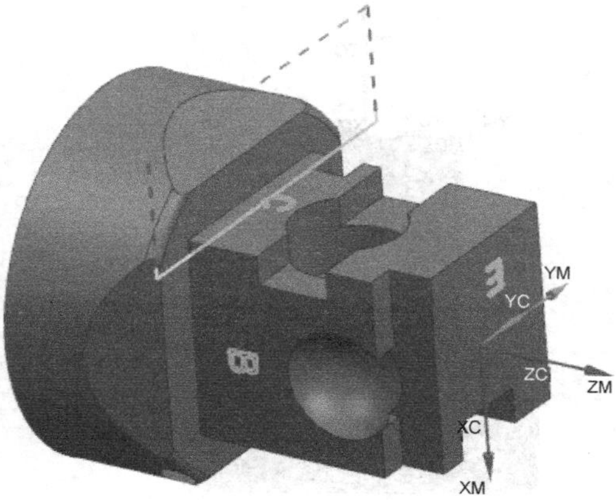

图 1-97　生成的刀具路径

4. 创建槽底侧面精加工程序

（1）右击 CJ2 程序，在弹出的快捷菜单中选择“复制”，右击 CJ3 程序，在弹出的快捷菜单中选择“粘贴”，将程序重命名为 CJ4。

（2）双击 CJ4 程序，弹出【平面铣】对话框。在【刀轨设置】|【切削模式】中选择轮廓，【步距】选择“恒定”，【最大距离】输入“0.1”，【附加刀路】输入“1”，如图 1-98 所示。

（3）单击生成按钮，生成的刀具路径如图 1-99 所示。

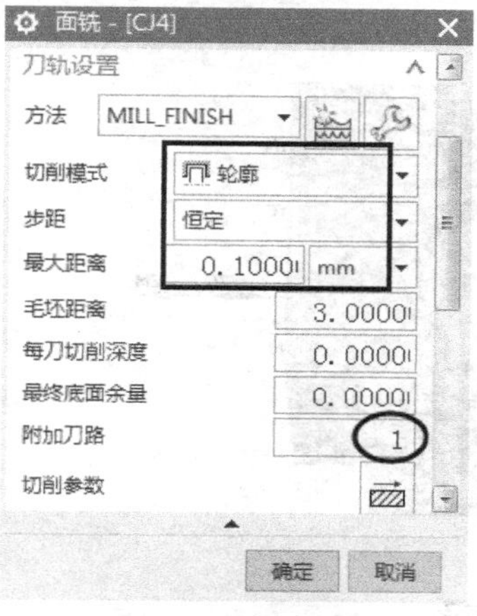

图 1-98　刀轨设置

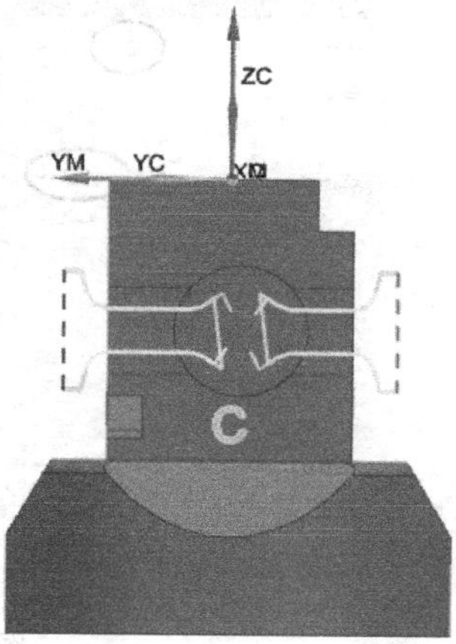

图 1-99　生成的刀具路径

5. 创建 C 方向圆柱底面精加工程序

（1）右击 CJ2 程序，在弹出的快捷菜单中选择“复制”，右击 CJ4 程序，在弹出的快捷菜单中选择“粘贴”，将程序重命名为 CJ5。

（2）双击 CJ5 程序，弹出【面铣】对话框，在【几何体】|【指定面边界】中删除以前的边界，选择圆柱孔底面，如图 1-100 所示，其余默认，单击【确定】按钮。

（3）在【刀轨设置】|【切削模式】中选择跟随周边，其余默认，单击【确定】按钮。

（4）单击生成按钮，生成的刀具路径如图 1-101 所示。

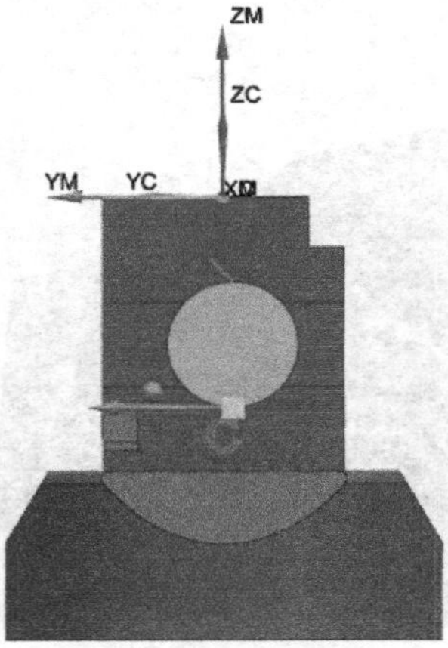

图 1-100　指定面边界

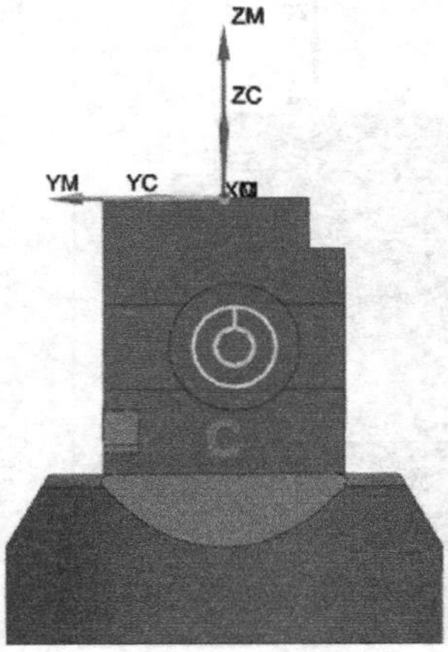

图 1-101 生成的刀具路径

6. 创建 C 方向圆柱孔侧壁精加工程序

（1）右击 BJ4 程序，在弹出的快捷菜单中选择“复制”，右击 CJ5 程序，在弹出的快捷菜单中选择“粘贴”，将程序重命名为 CJ6。

（2）双击 CJ6 程序，在【几何体】|【指定部件边界】中单击选择或编辑部件边界按钮，弹出【编辑边界】对话框，单击【全部重选】按钮，在弹出的【警告】对话框中单击【确定】按钮。在【边界几何体】|【模式】中选择“面”，选择圆柱孔底面，如图 1-102 所示，单击【确定】按钮。

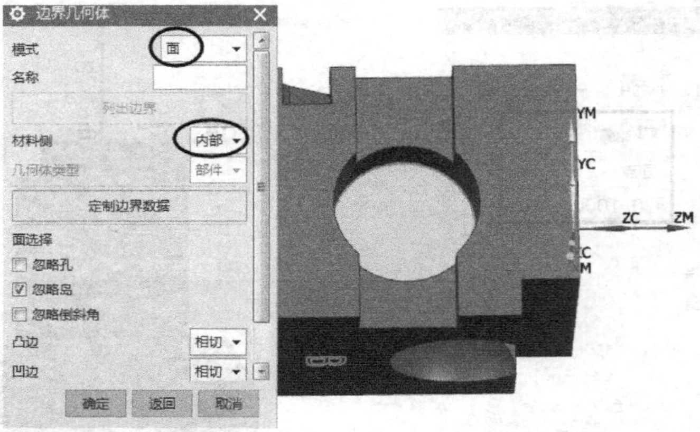

图 1-102　选择底面

（3）在【刨】对话框中选择“用户定义”，在弹出的对话框中单击【选择对象】按钮，选择如图 1–103 所示的平面，单击【确定】按钮。单击选择或编辑底平面几何体按钮，选择圆柱孔底面，单击【确定】按钮。

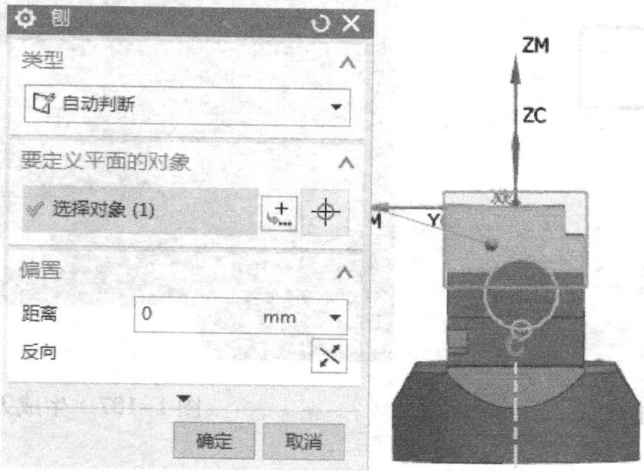

图 1–103　定义起始面

（4）在【刀轴】|【轴】中选择“指定矢量”，在【指定矢量】中选择“－XC”，如图 1–104 所示，其余默认，单击两次【确定】按钮。

（5）单击切削层按钮，在【类型】中选择“恒定”，【每刀切削深度】输入“5”，如图 1–105 所示，单击【确定】按钮。

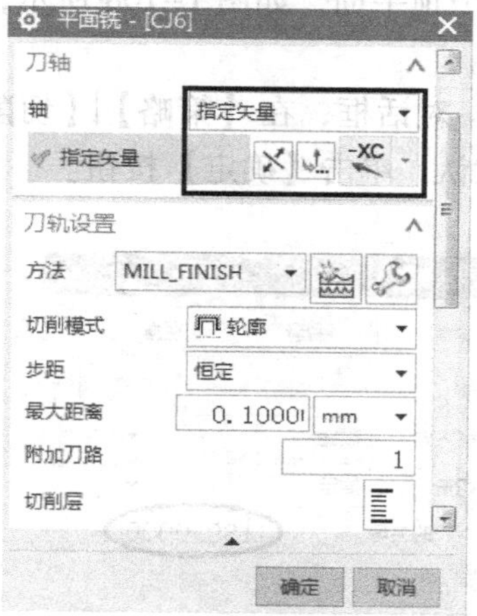

图 1–104　指定矢量

图 1–105　设置每刀深度

（6）单击非切削移动按钮，弹出【非切削移动】对话框，在【进刀】|【封闭区域】|【进刀类型】中选择“插削”，【高度】输入“1”。在【开放区域】|【进刀类型】中选择“圆弧”，【半径】输入“3”，如图 1–106 所示，其余默认，单击【确定】按钮。

（7）单击生成按钮，生成的刀具路径如图 1–107 所示。

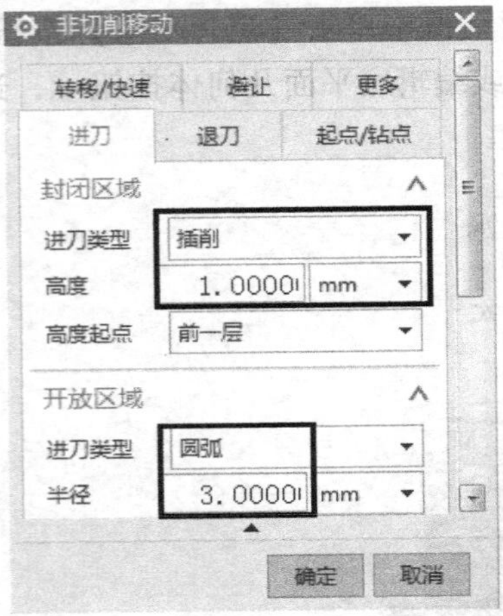

图 1-106　设置进刀

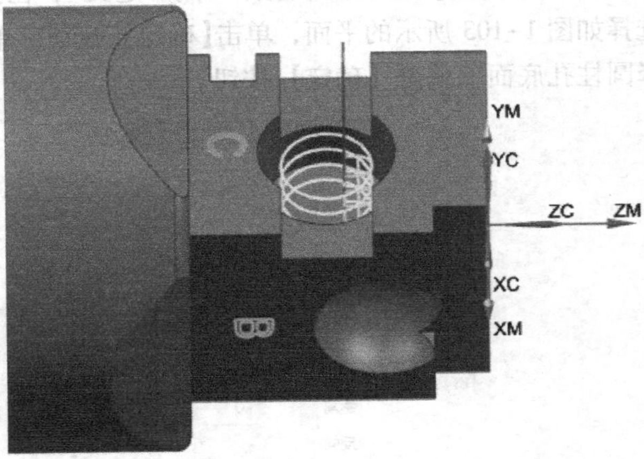

图 1-107　生成刀具路径

1.3.7　创建 D 方向精加工程序

1. 创建 D 方向顶面精加工程序

（1）右击 AJ1 程序，在弹出的快捷菜单中选择“复制”，右击“D 方向精加工”程序组，在弹出的快捷菜单中选择“内部粘贴”，将程序重命名为 DJ1。

（2）双击 DJ1 程序，弹出【面铣】对话框，在【几何体】|【指定面边界】中删除以前的边界，通过添加新集按钮，选择 D 方向上的两个顶平面，如图 1-108 所示，其余默认，单击【确定】按钮。

（3）单击切削参数按钮，弹出【切削参数】对话框，在【策略】|【切削】|【与 XC 的夹角】中输入“180”，如图 1-109 所示，其余默认，单击【确定】按钮。

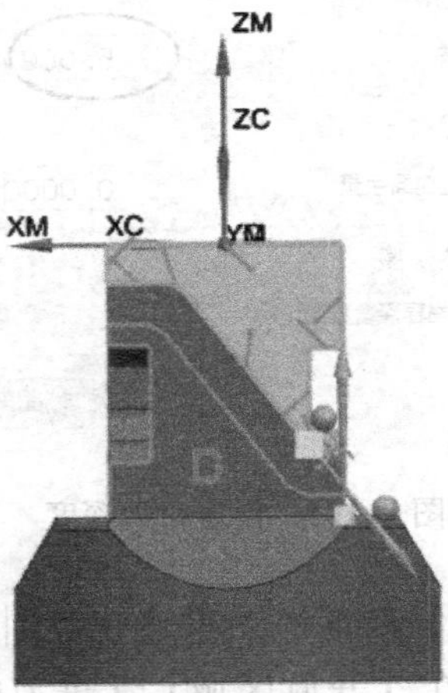

图 1-108　指定面边界

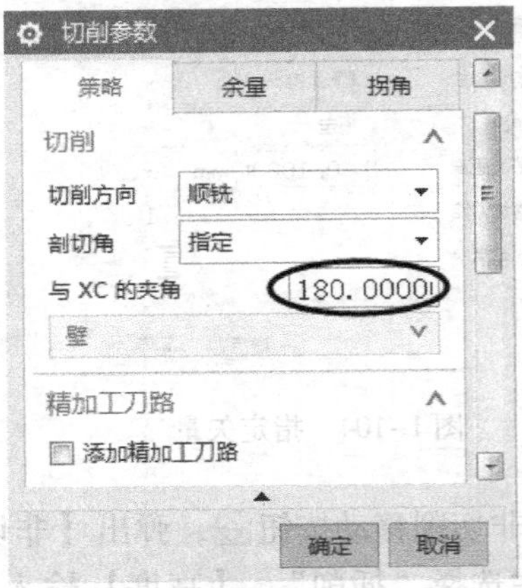

图 1-109　策略设置

（4）单击生成按钮，生成的刀具路径如图 1-110 所示。

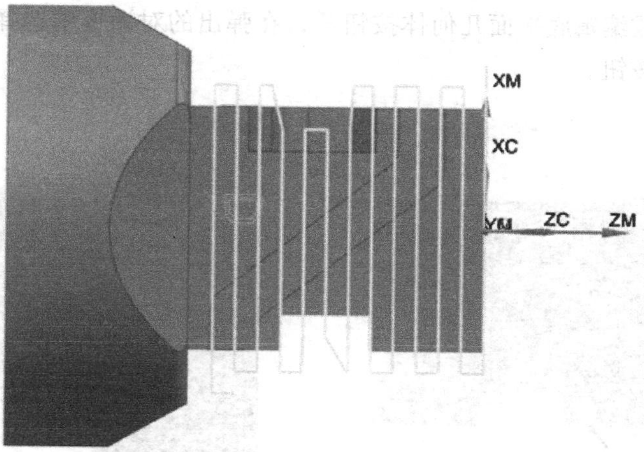

图 1-110　生成刀具路径

2. 创建 D 方向窄槽底面精加工程序

（1）右击“D 方向精加工”程序组，在弹出的快捷菜单中，单击【插入】|工序按钮，弹出【创建工序】对话框，在【类型】中选择“mill_planar”，【工序子类型】中选择平面铣。在【位置】|【刀具】中选择“ED8”，【几何体】选择“WORKPIECE”，【名称】中输入“DJ2”，如图 1-111 所示，单击【确定】按钮。

（2）单击【几何体】|【指定部件边界】中的选择或编辑部件边界按钮，弹出【边界几何体】对话框，在【模式】中选择“曲线/边”，【类型】中选择“开放”，【材料侧】选择“右”，其余默认，如图 1-112 所示。

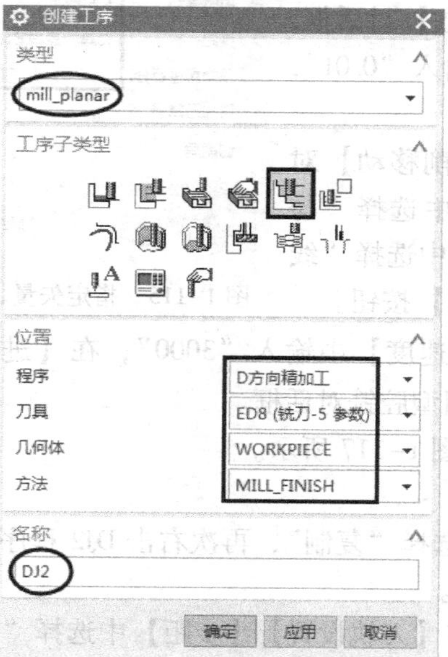

图 1-111　工序设置

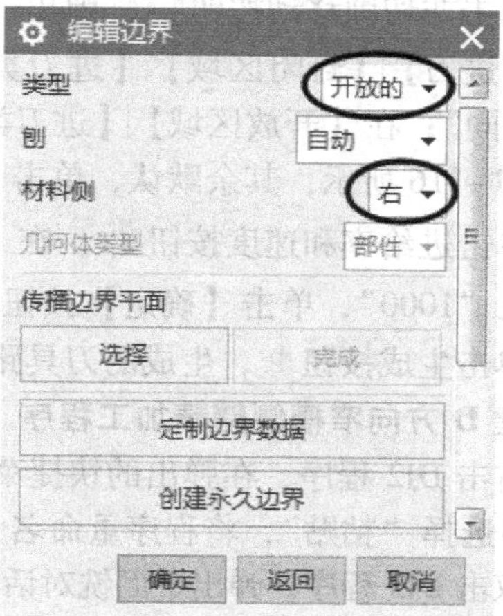

图 1-112　边界设置

选择槽底的一边，单击【创建下一个边界】按钮，再选择下一个边界，如图 1-113 所示，两次单击【确定】按钮。

（3）单击选择或编辑底平面几何体按钮，在弹出的对话框中选择如图 1-114 所示平面，单击【确定】按钮。

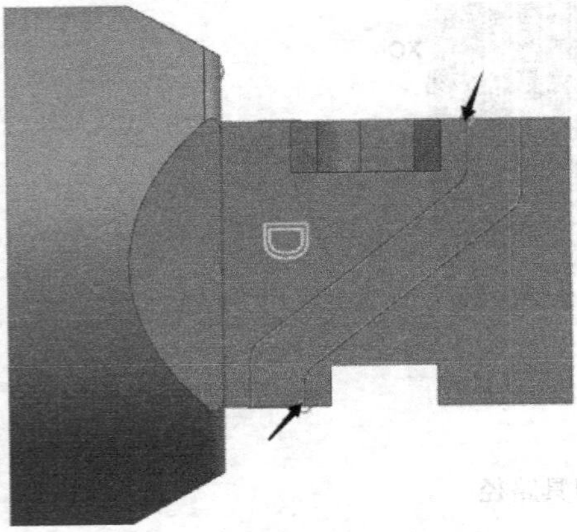

图 1-113　指定边界

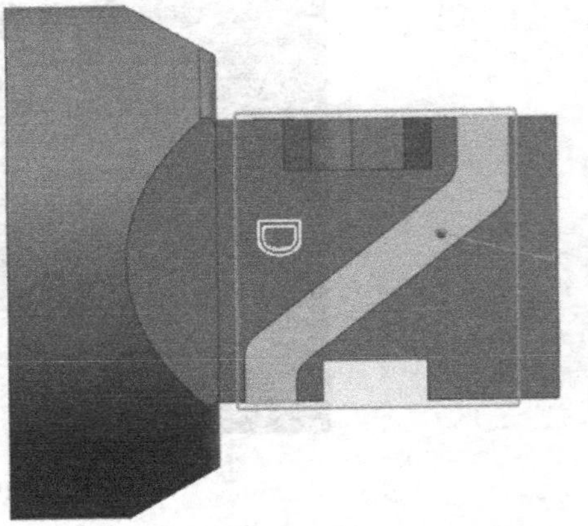

图 1-114　指定加工底面

（4）在【刀轴】|【轴】中选择“指定矢量”，在【指定矢量】中选择“YC”；在【刀轨设置】|【切削模式】中选择“轮廓”；【步距】中选择“刀具平直百分比”，【平面直径百分比】输入“50”，如图 1-115 所示。

（5）单击切削层按钮，弹出【切削层】对话框，在【类型】中选择“仅底面”，单击【确定】按钮。

（6）单击切削参数按钮，弹出【切削参数】对话框，在【部件余量】中输入“0.3”，内、外公差均输入“0.01”，其余默认，单击【确定】按钮。

（7）单击非切削移动按钮，弹出【非切削移动】对话框，在【进刀】|【封闭区域】|【进刀类型】中选择“与开放区域相同”；在【开放区域】|【进刀类型】中选择“线性”，如图 1-116 所示，其余默认，单击【确定】按钮。

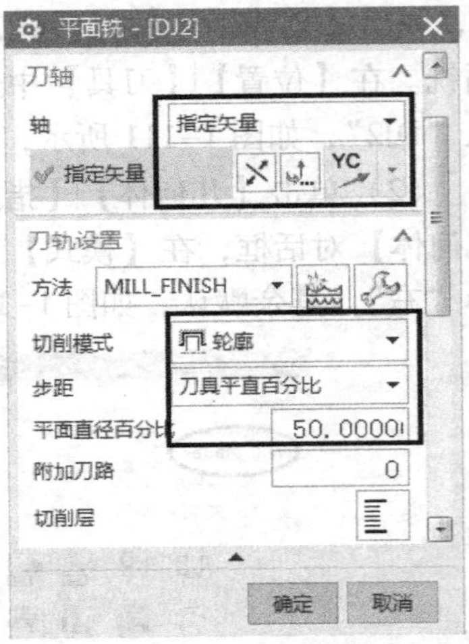

图 1-115　指定矢量、刀轨设置

（8）单击进给率和速度按钮，在【主轴速度】中输入“3000”，在【进给率】|【切削】中输入“1000”，单击【确定】按钮，返回型腔铣对话框。

（9）单击生成按钮，生成的刀具路径如图 1-117 所示。

3. 创建 D 方向窄槽侧壁精加工程序

（1）右击 DJ2 程序，在弹出的快捷菜单中选择“复制”，再次右击 DJ2 程序，在弹出的快捷菜单中选择“粘贴”，将程序重命名为 DJ3。

（2）双击 DJ3 程序，弹出平面铣对话框，在【刀轨设置】|【步距】中选择“恒定”，【最大距离】中输入“0.1”，【附加刀路】中输入“1”，如图 1-118 所示，单击【确定】按钮。

（3）单击切削参数按钮，弹出【切削参数】对话框，在【部件余量】中输入“0”，其余默认，单击【确定】按钮。

（4）单击生成按钮，生成的刀具路径如图 1-119 所示。

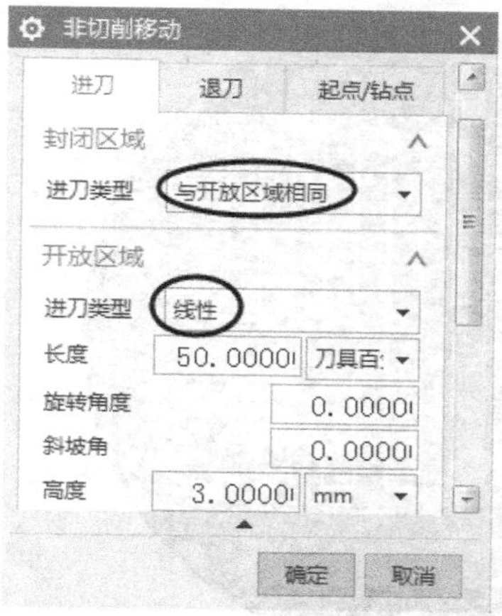

图 1-116　进刀设置

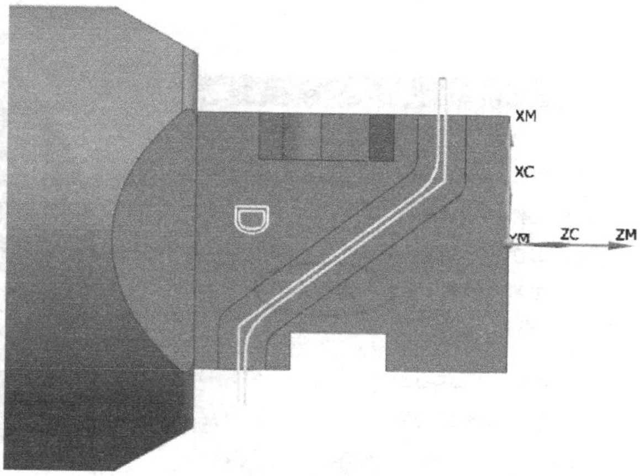

图 1-117　生成的刀具路径

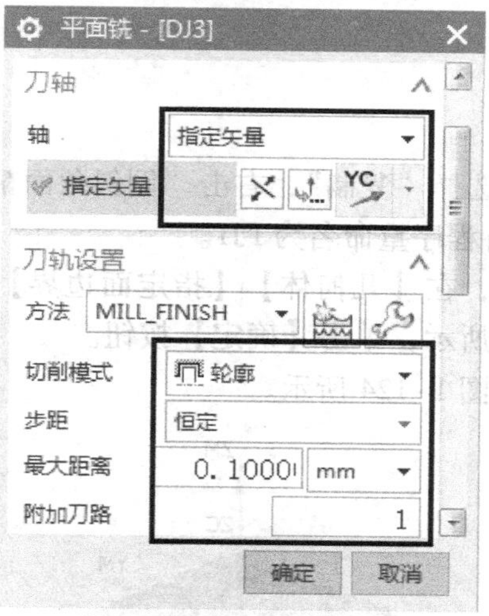

图 1-118　刀轨设置

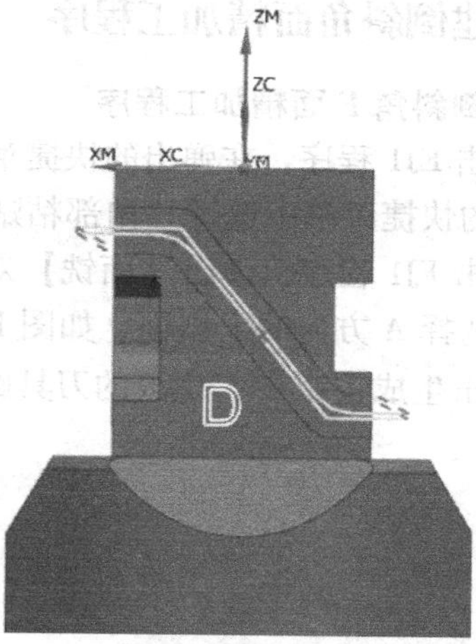

图 1-119　生成的刀具路径

1.3.8　创建 E 方向精加工程序

创建 E 方向精加工程序步骤如下。

（1）右击 DJ1 程序，在弹出的快捷菜单中选择“复制”，右击“E 方向精加工”程序组，在弹出的快捷菜单中选择“内部粘贴”，将程序重命名为 EJ1。

（2）双击 EJ1 程序，弹出【面铣】对话框，在【几何体】|【指定面边界】中删除以前的边界，选择 E 方向如图 1-120 所示平面，单击【确定】按钮。

（3）单击切削参数按钮，弹出【切削参数】对话框，在【策略】|【与 XC 的夹角】输入“90”，如图 1-121 所示，其余默认，单击【确定】按钮

（4）单击生成按钮，生成的刀具路径如图 1-122 所示。

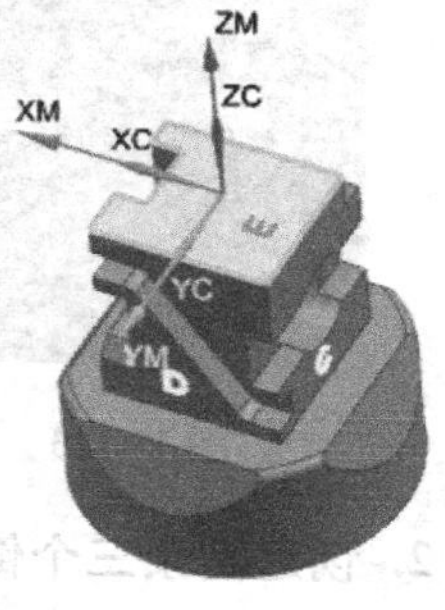

图 1-120　指定面边界

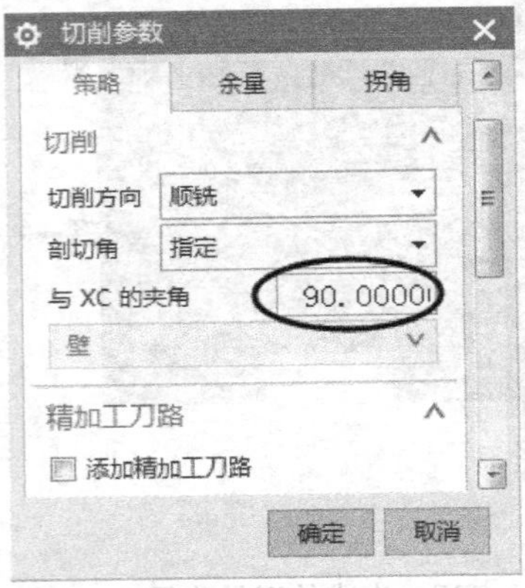

图 1-121　策略设置

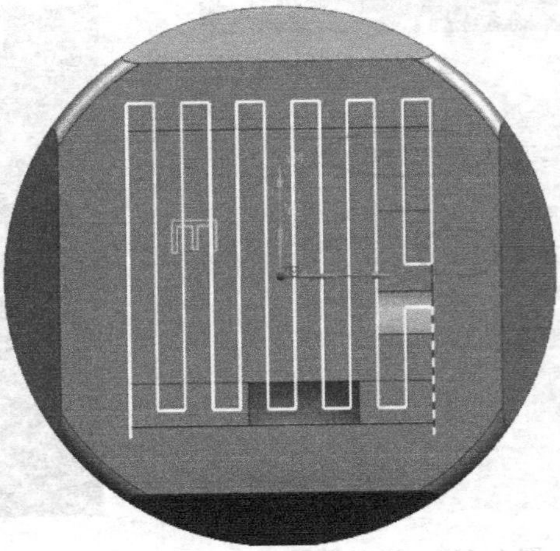

图 1-122　生成的刀具路径

1.3.9　创建倒斜角面精加工程序

1. 创建倒斜角 F 面精加工程序

（1）右击 EJ1 程序，在弹出的快捷菜单中选择“复制”，右击“倒斜角面精加工”程序组，在弹出的快捷菜单中选择“内部粘贴”，将程序重命名为 FJ1。

（2）双击 FJ1 程序，弹出【面铣】对话框，在【几何体】|【指定面边界】中删除以前的面边界，选择 A 方向的 F 斜面，如图 1-123 所示，单击【确定】按钮。

（3）单击生成按钮，生成的刀具路径如图 1-124 所示。

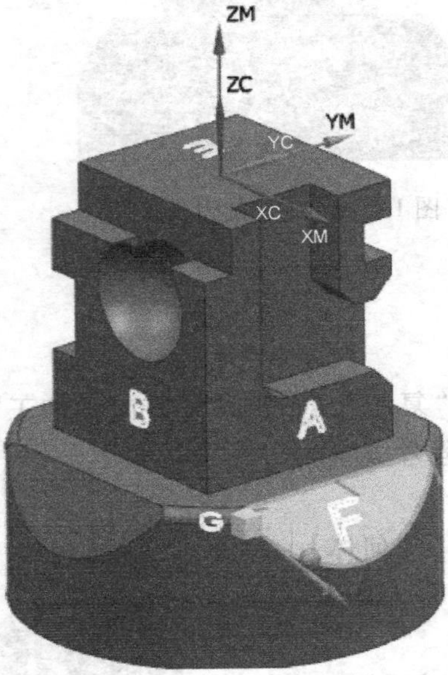

图 1-123　指定面边界

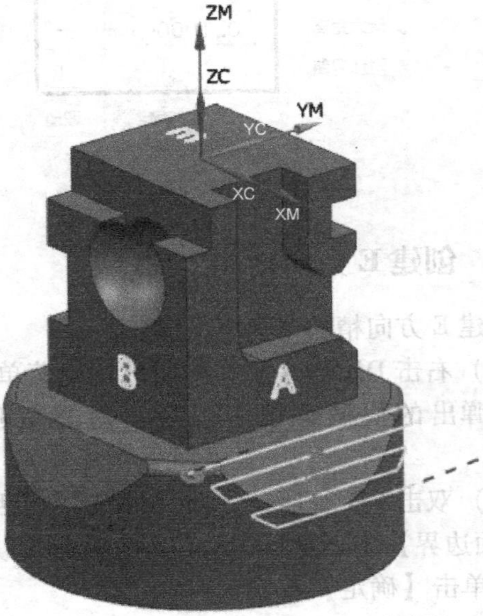

图 1-124　生成的刀具路径

2. 创建其余三个倒斜角面精加工程序

右击 FJ1 程序，单击【对象】|变换按钮，弹出【变换】对话框，在【类型】中选择

“绕点旋转”，在【变换参数】|【指定枢轴点】中选择“坐标原点”，【角度】中输入“90”，【结果】中选择“复制”单选按钮，【非关联副本数】中输入“3”，如图 1-125 所示。单击【确定】按钮，生成的刀具路径如图 1-126 所示，将程序分别重命名为 FJ2、FJ3、FJ4。

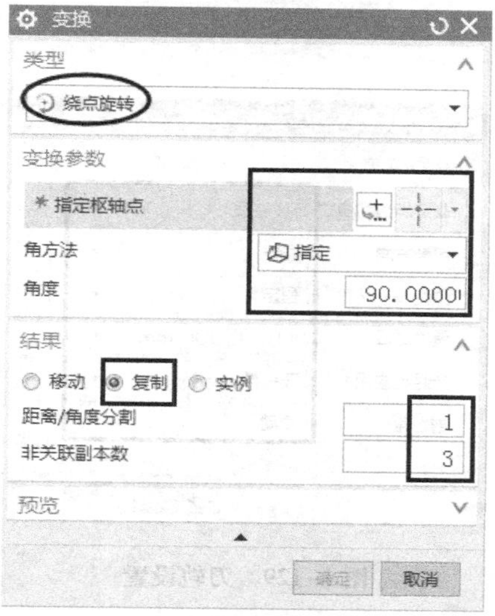

图 1-125　变换设置

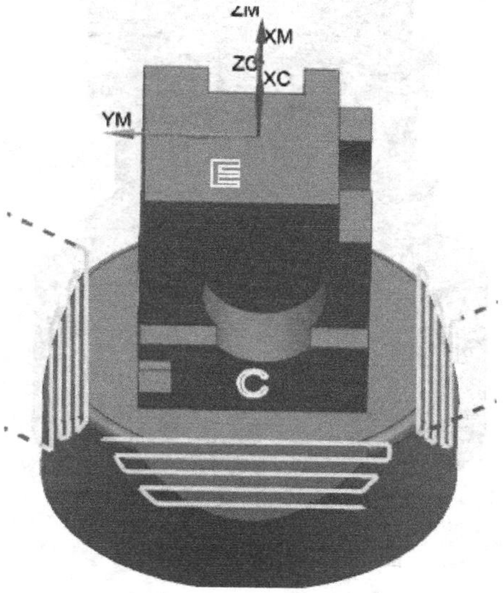

图 1-126　复制刀具路径

1.3.10　创建倒圆角面精加工程序

1. 创建倒圆角 G 面精加工程序

(1) 右击“倒圆角面精加工”程序组，在弹出的快捷菜单中，单击【插入】|工序按钮，弹出【创建工序】对话框，在【类型】中选择“mill_contour”，【工序子类型】中选择区域轮廓铣；在【位置】|【刀具】中选择“R5”，【几何体】选择“WORKPIECE”，【名称】中输入“GJ1”，如图 1-127 所示，单击【确定】按钮。

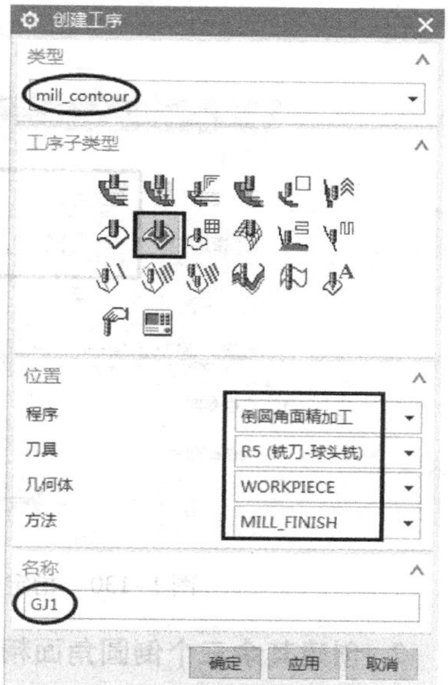

图 1-127　创建工序

(2) 在【区域轮廓铣】对话框的【几何体】|【指定切削区域】中选择如图 1-128 所示圆弧 G 面，单击【确定】按钮。

(3) 单击【驱动方法】|【方法】中的编辑按钮，弹出【区域铣削驱动方法】对话框，在【驱动设置】|【非陡峭切削模式】中选择往复，【步距】选择“恒定”，【最大距离】输入“0.05”，【步距已应用】选择“在部件上”，如图 1-129 所示，其余默认，单击【确定】按钮。

(4) 在【刀轴】|【轴】中选择“指定矢量”，在【指定矢量】中选择“-YC”，如图 1-130 所示。

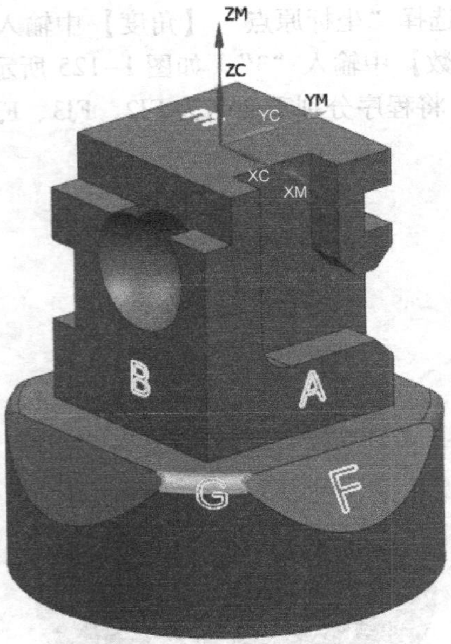

图 1-128　指定切削区域

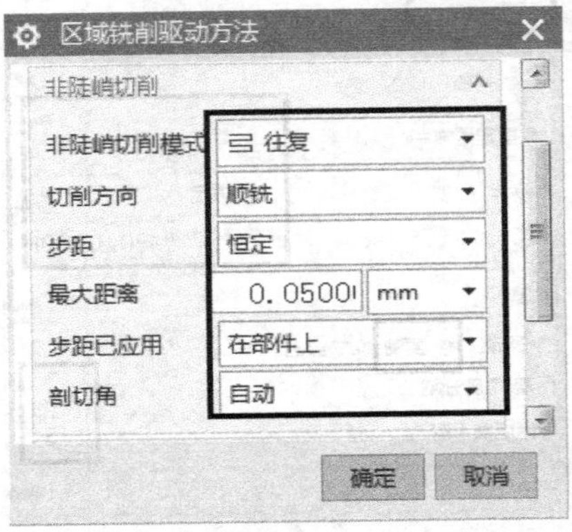

图 1-129　刀轨设置

（5）单击切削参数按钮，弹出【切削参数】对话框，将【部件余量】设为“0”，内、外公差均设为“0.01”，单击【确定】按钮。

（6）单击进给率和速度按钮，在【主轴速度】中输入“2500”，在【进给率】|【切削】中输入“1000”，单击【确定】按钮。

（7）单击生成按钮，生成的刀具路径如图 1-131 所示。

图 1-130　指定矢量

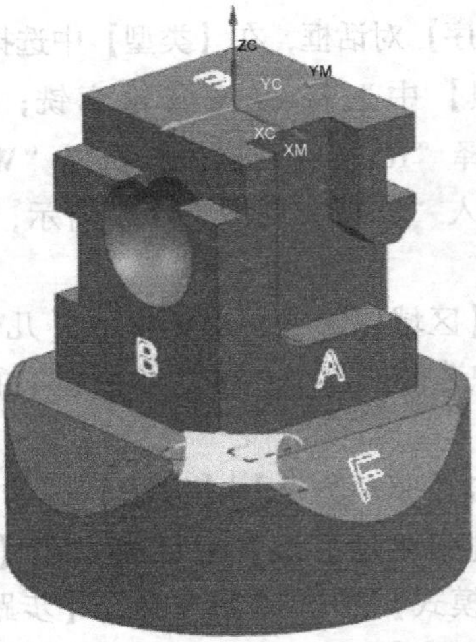

图 1-131　生成的刀具路径

2. 创建其余三个倒圆角面精加工程序

右击 GJ1 程序，单击【对象】|变换按钮，弹出【变换】对话框，在【类型】中选择“绕点旋转”，【变换参数】|【指定枢轴点】中选择“坐标原点”，在【角度】中输入

“90”，【结果】中选择“复制”单选按钮，【非关联副本数】中输入“3”，单击【确定】按钮，生成的刀具路径如图 1-132 所示，将程序分别命名为 GJ2、GJ3、GJ4。

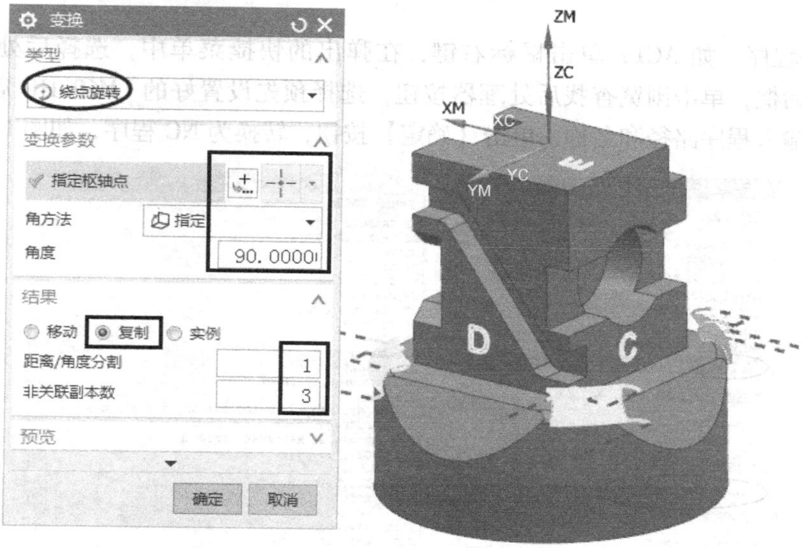

图 1-132　复制刀具路径

1.4　仿真加工

在“NC_PROGRAM”上单击鼠标右键，在弹出的快捷菜单中单击【刀轨】|确认按钮，进入【刀轨可视化】对话框，为方便模拟加工后，旋转工件观察图形，单击【3D 动态】按钮，单击播放按钮，完成模拟加工，如图 1-133 所示。

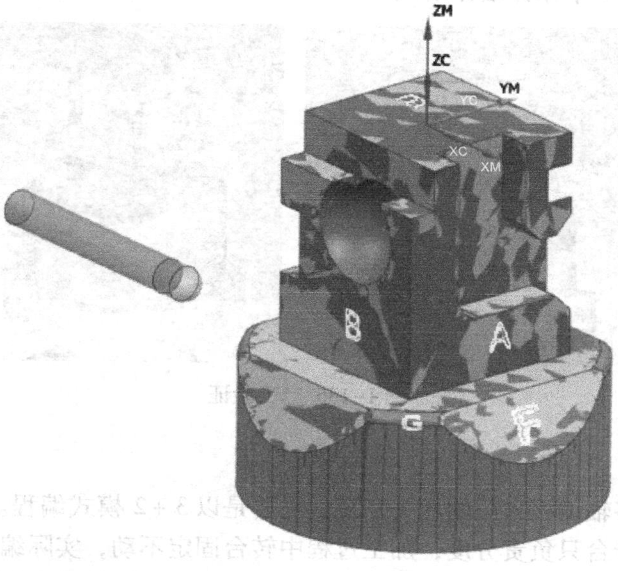

图 1-133　仿真加工图

1.5 程序后处理

选择任一程序，如 AC1，单击鼠标右键，在弹出的快捷菜单中，选择后处理，弹出【后处理】对话框，单击浏览查找后处理器按钮，选择预先设置好的 LM600HD 后处理器，在【文件名】中输入程序路径和名称，单击【确定】按钮，转换为 NC 程序，如图 1-134 所示。

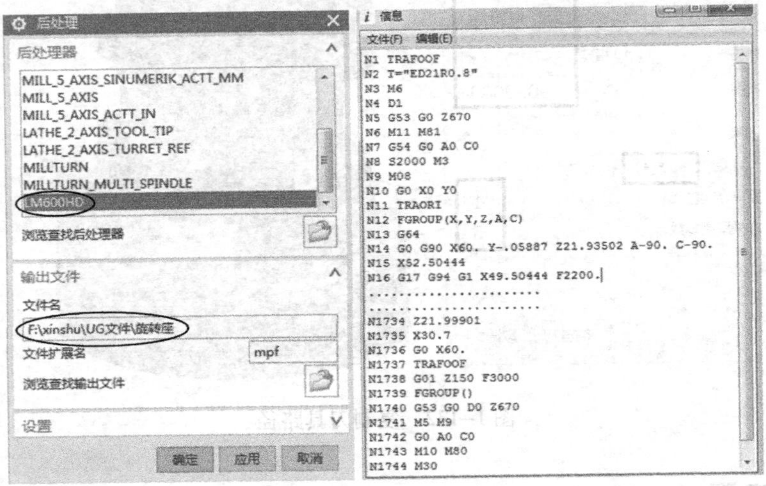

图 1-134　转换成 NC 程序

1.6 Vericut 程序验证

将所有程序后处理为 NC 程序，导入 Vericut7.3，模拟加工如图 1-135 所示（相关设置及操作，本书在项目 7 中作详细介绍）。

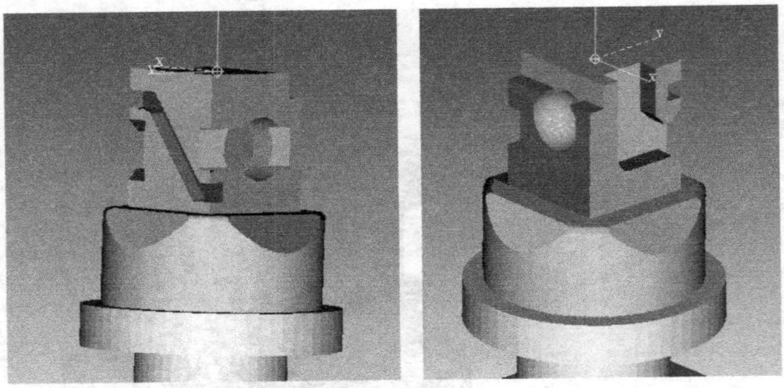

图 1-135　VT 验证

【项目总结】

本项目介绍了多轴编程入门的相关知识，主要是以 3+2 模式编程。3+2 定轴铣是五轴加工的特殊形式，转台只负责分度，加工过程中转台固定不动，实际编程方法与三轴联动编程方法完全一样。值得注意的是，在不同的加工区域要注意刀轴方向是否正确。

项目 2　转子四轴联动编程与加工

【教学目标】

知识目标： 掌握四轴联动的编程方法。
掌握可变轮廓铣各项参数的设置方法。
掌握远离直线在可变轮廓铣中的运用方法。

能力目标： 能运用 UG NX 软件完成转子四轴联动编程与仿真加工，用 Vericut 软件进行程序验证。

素质目标： 培养学生学习技能知识要循序渐进。培养学生思维敏捷，勇于创新的职业精神。

【教学重点与难点】

- 可变轮廓铣的各项参数设置方法。
- 远离直线在可变轮廓铣中的运用方法。

【项目导读】

转子模型由圆柱体和一个带螺旋的扫掠体构成，相对于圆柱体轴线有一个偏心距离，如图 2–1 所示。用一般车削或三轴铣削加工，都难以达到图纸要求，因此本项目将用五轴机床，通过四轴联动多轴编程加工（该零件若需批量生产，也可用特制的专用设备车削加工）。

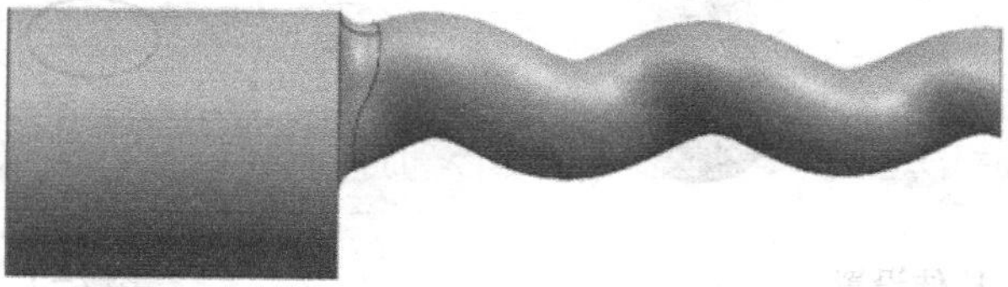

图 2–1　转子三维图

【项目实施】

制定合理的加工工艺，完成转子的刀具路径设置和仿真加工，将程序进行后处理并导入 Vericut 验证。

2.1　工艺分析及刀路规划

1. 零件分析

转子模型看似简单，若用一般车削方法，却难加工。若用三轴联动加工，在螺旋面的两侧面会有接刀痕迹，其表面粗糙度不符合设计要求。故本例用五轴机床以 3 +2 定轴铣粗加工，再用四轴联动多轴编程精加工。外圆尺寸先在车床上加工完成。

2. 毛坯选用

本例毛坯选用 40 铬钢，尺寸为：Φ40 mm ×175 mm。

3. 刀路规划

(1) 程序组 A：型腔铣开粗，刀具为 ED10 平底刀，加工余量为 0. 3 mm。

(2) 程序组 B：半精加工，刀具为 R3，加工余量为 0. 1 mm。

(3) 程序组 C：精加工，刀具为 R2，加工余量为 0 mm。

2.2 编程准备

(1) 单击【插入】|【设计特征】|拉伸按钮，在【截面】|【选择曲线】中选择圆柱体上边缘，在【指定矢量】中选择“ZC”，在【限制】|【开始距离】中输入“0”，在结束距离中输入“120”，如图 2-2 所示。

(2) 在【布尔】|【布尔】中选择“无”，在【设置】|【体类型】中选择“片体”，单击【确定】按钮，生成拉伸片体如图 2-3 所示。

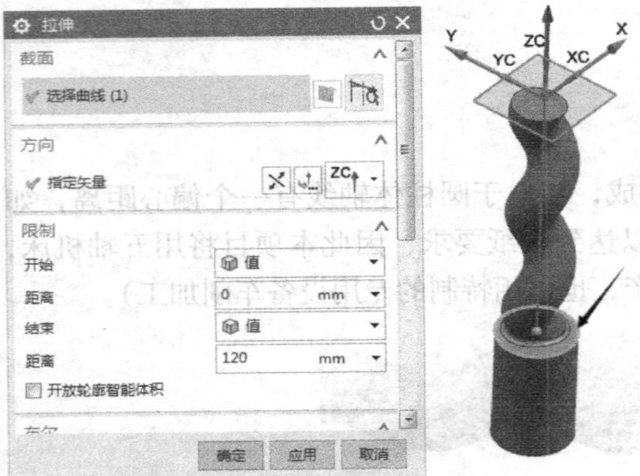

图 2-2 拉伸设置

图 2-3 拉伸片体

(3) 将拉伸的片体移动至 10 层，并设为不可见。

2.3 创建程序

2.3.1 进入加工模块

1. 设置加工环境

单击【启动】|加工按钮，在弹出的【加工环境】对话框中，按如图 2-4 所示选择，单击【确定】按钮。

2. 建立加工坐标系和设置安全高度

在加工工序导航器空白处右击，在弹出的快捷菜单中，选择几何视图，单击 MCS_MILL 前的“+”将其展开，双击“MCS_MILL”节点，在弹出的对话框中，在【安全距离】中输入 10，其余默认，如图 2-5 所示，单击【确定】按钮。

图 2-4　进入加工环境

图 2-5　创建坐标几何体

3. 建立几何体

双击“WORKPIECE”节点，弹出【工件】对话框，单击【指定部件】按钮，弹出【部件几何体】对话框，选择转子为部件几何体，如图 2-6 所示，单击【确定】按钮。单击【指定毛坯】按钮，弹出【毛坯几何体】对话框，在【类型】下列表单中选择包容圆柱体，在【限制】和【偏置】框里均输入 0，单击【确定】按钮，如图 2-7 所示。继续单击【确定】按钮，完成几何体设置。

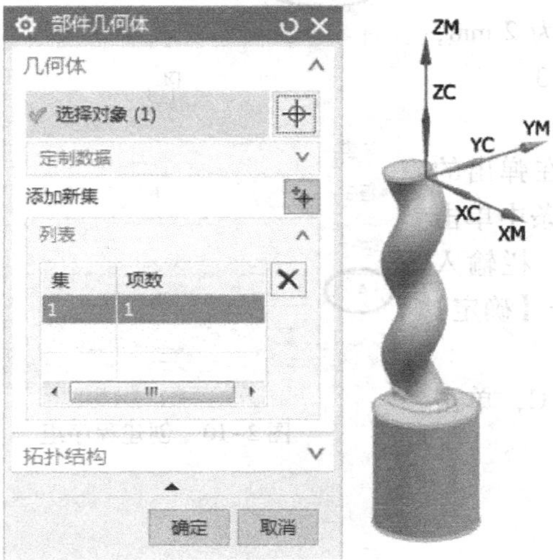

图 2-6　选择工件几何体

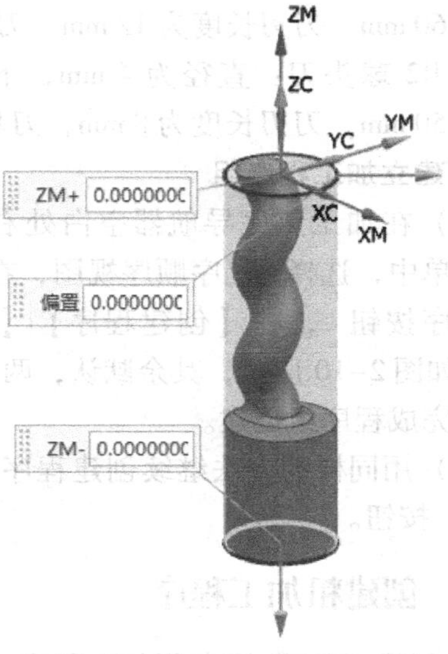

图 2-7　创建毛坯几何体

4. 创建刀具

（1）在加工工序导航器空白处右击，在弹出的快捷菜单中，选择几何视图，在工具条中单击创建刀具按钮，弹出【创建刀具】对话框，在【类型】中选择“mill_contour”，在【刀具子类型】中选择，在【名称】栏输入“ED10”，如图2-8所示，单击【确定】按钮，弹出【铣刀_5参数】对话框，在【直径】中输入“10”，【长度】中输入75，【刀刃长度】输入“25”，【编号】栏中全部输入“1”，单击【确定】按钮，如图2-9所示。

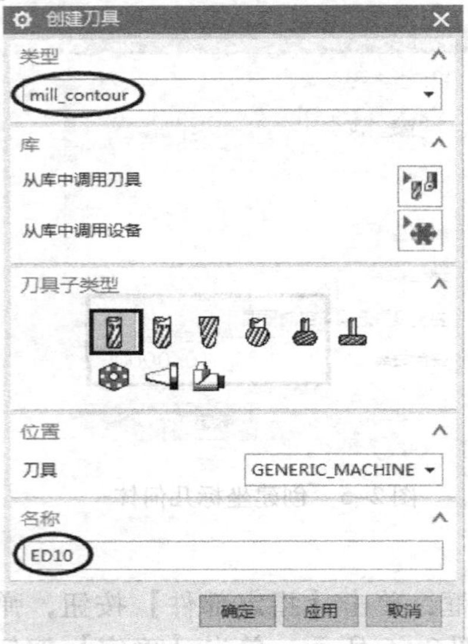

图2-8　创建刀具

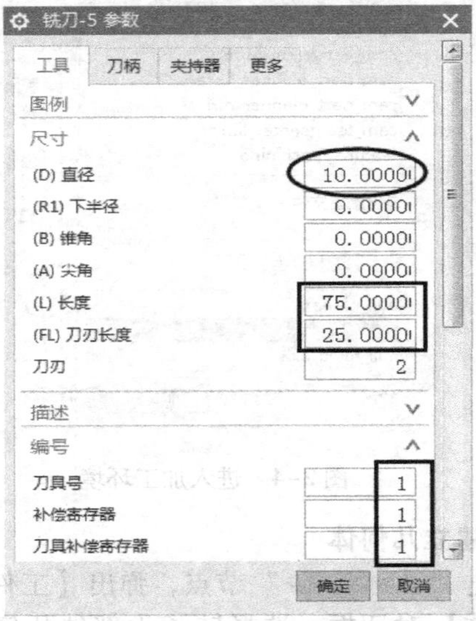

图2-9　输入刀具参数

（2）用同样的方法创建以下刀具：

① R3球头刀：直径为6 mm，下半径为3 mm，长度为60 mm，刀刃长度为12 mm，刀具号为2。

② R2球头刀：直径为4 mm，下半径为2 mm，长度为50 mm，刀刃长度为8 mm，刀具号为3。

5. 建立加工程序组

（1）在加工工序导航器空白处右击，在弹出的快捷菜单中，选择程序顺序视图，在工具条中单击创建程序按钮，在【创建程序】|【名称】栏输入“A”，如图2-10所示，其余默认，两次单击【确定】按钮，完成程序组创建。

（2）用同样的方法继续创建程序组B、C，单击【确定】按钮。

图2-10　创建程序组

2.3.2　创建粗加工程序

1. 创建“XC”方向粗加工程序

（1）右击A程序组，单击【插入】|工序按钮，弹出【创建工序】对话框，在【类型】

中选择“mill_contour”，【工序子类型】中选择型腔铣，【刀具】选择“ED10”，【几何体】选择“WORKPIECE”，【方法】选择“MILL_ROUGH”，【名称】输入“A1”，如图2-11所示，单击【确定】按钮。

（2）在弹出的【型腔铣】对话框中，【刀轴】选择“指定矢量”，在【指定矢量】中选择“XC”，【切削模式】选择跟随周边，【最大距离】输入“0.5”，如图2-12所示。

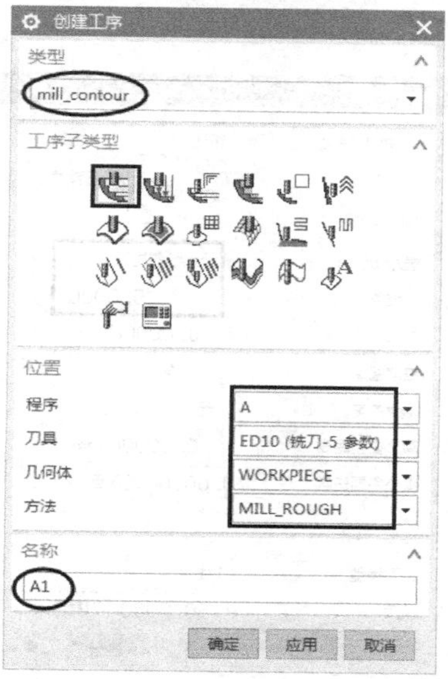

图2-11　创建工序

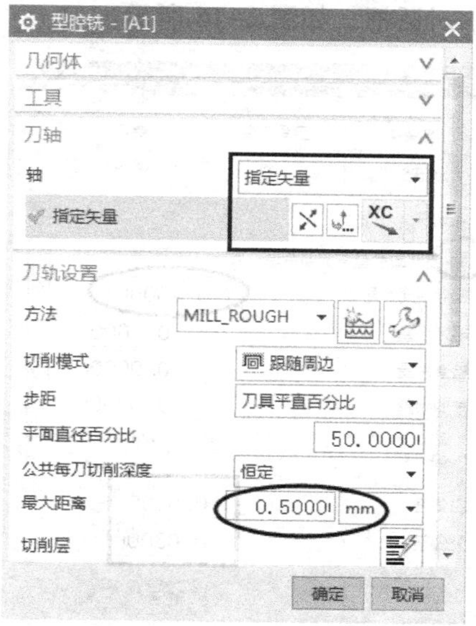

图2-12　刀轴、刀轨设置

（3）单击切削层按钮，在【范围类型】中选择“单个”，【范围深度】中输入“16.5”，其余默认，单击【确定】按钮，如图2-13所示。

（4）单击切削参数按钮，弹出【切削参数】对话框，在【策略】|【切削顺序】中选择“深度优先”，【刀路方向】选择“向内”，如图2-14所示，其余默认，单击【确定】按钮，返回【型腔铣】对话框。

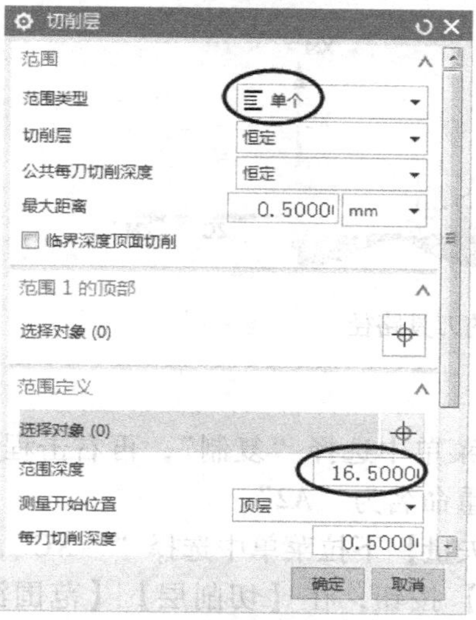

图2-13　切削层设置

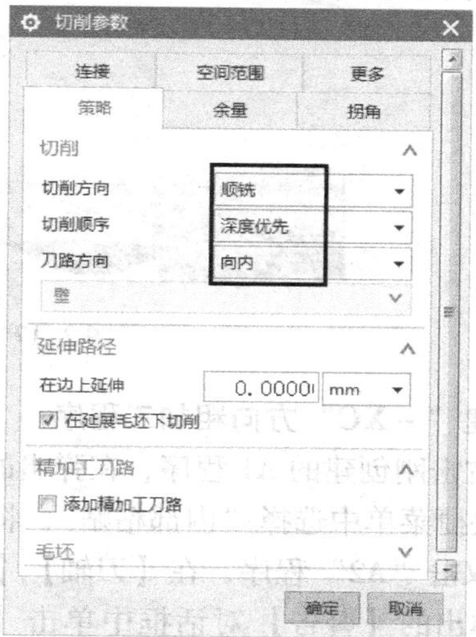

图2-14　策略设置

（5）单击【余量】按钮，勾选“使底面余量与侧面余量一致”复选按钮，在【部件侧面余量】中输入“0.4”，内外公差均输入“0.03”，如图 2-15 所示，其余默认，单击【确定】按钮，返回【型腔铣】对话框。

（6）单击非切削移动按钮，弹出【非切削移动】对话框，在【进刀类型】|【斜坡角】中输入“5”，在【转移/快速】中选择“直接”，其余默认，单击【确定】按钮，返回【型腔铣】对话框，如图 2-16 所示。

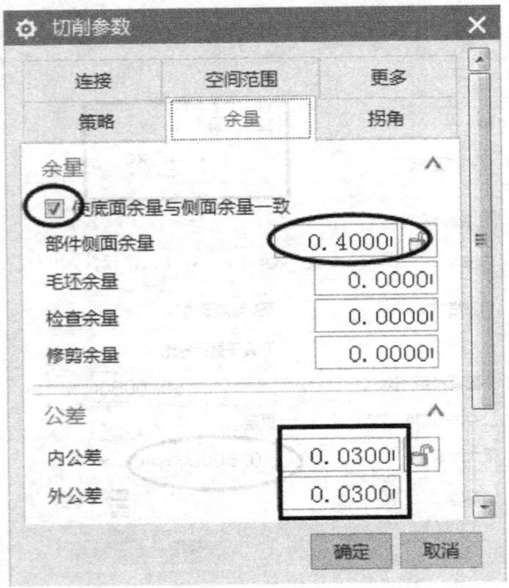

图 2-15　余量设置

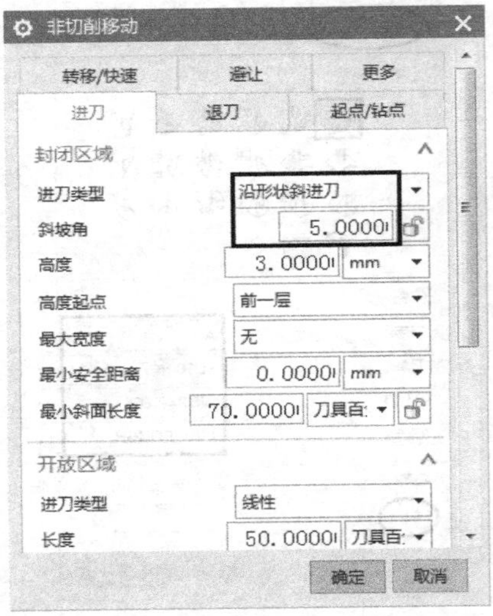

图 2-16　进刀设置

（7）单击进给率和速度按钮，在【主轴速度】中输入“2000”，在【进给率】|【切削】中输入“1500”，单击【确定】按钮，返回【型腔铣】对话框。

（8）单击生成按钮，在弹出的警告对话框中单击“确定”，单击【确定】按钮，生成的刀路如图 2-17 所示。

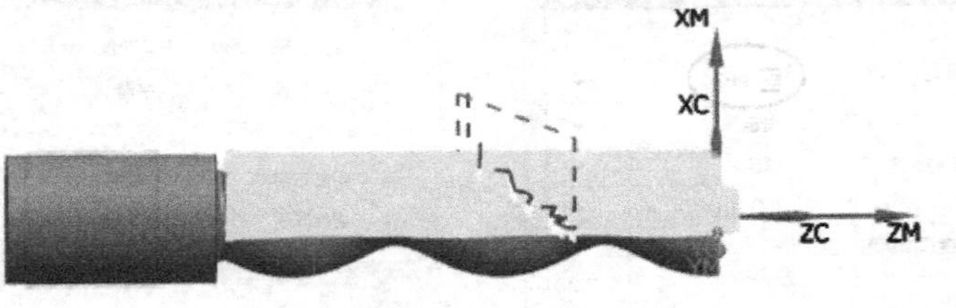

图 2-17　生成的刀具路径

2. 创建“－XC”方向粗加工程序

（1）右击刚创建的 A1 程序，在弹出的快捷菜单中选择“复制”，再右击程序组“A”，在弹出的快捷菜单中选择“内部粘贴”，将程序重命名为“A2”。

（2）双击“A2”程序，在【刀轴】|【指定矢量】下拉菜单中选择“－XC”，如图 2-18 所示，在弹出的【警告】对话框中单击【确定】按钮，在【切削层】|【范围深度】输入“16.5”，其余默认，如图 2-19 所示。

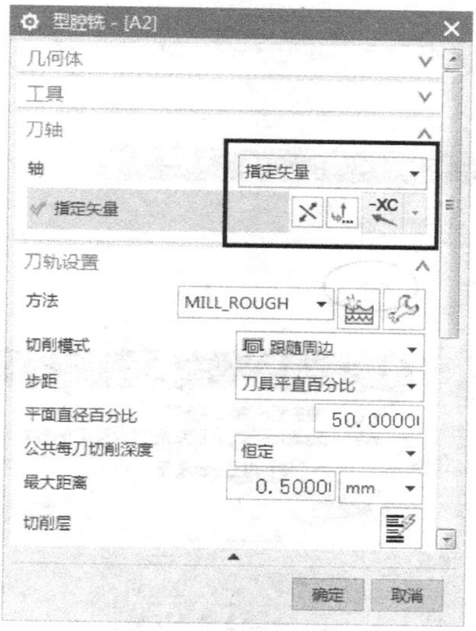

图 2-18　指定矢量

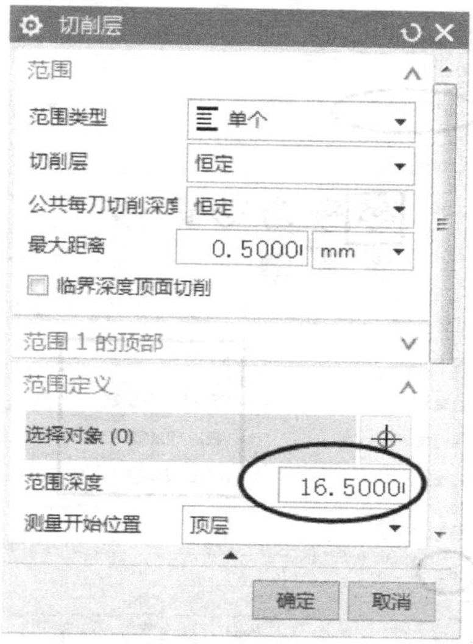

图 2-19　切削层设置

（3）单击生成按钮，在弹出的警告对话框中单击“确定”，单击【确定】按钮，生成的刀路如图 2-20 所示。

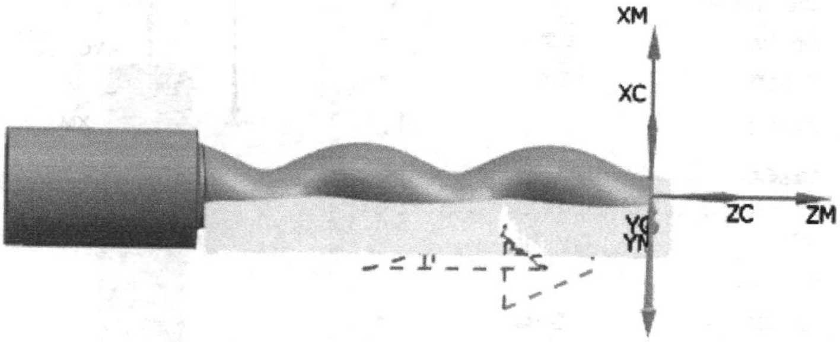

图 2-20　生成的刀具路径

2.3.3　创建半精加工程序

（1）将 10 层设为可见。

（2）右击 B 程序组，单击【插入】|工序按钮，弹出【创建工序】对话框，在【类型】中选择“mill_multi-axis”，【工序子类型】中选择可变轮廓铣，在【位置】|【刀具】中选择“R3”，【几何体】选择“WORKPIECE”，【名称】中输入“B1”，如图 2-21 所示，单击【确定】按钮。

（3）在【可变轮廓铣】|【驱动方法】中选择“曲面”，在提示信息对话框中单击【确定】按钮，如图 2-22 所示。

（4）在【指定驱动几何体】中单击选择或编辑驱动几何体按钮，选择拉伸的片体，单击【确定】按钮。单击切削方向按钮，选择如图 2-23 所示箭头。

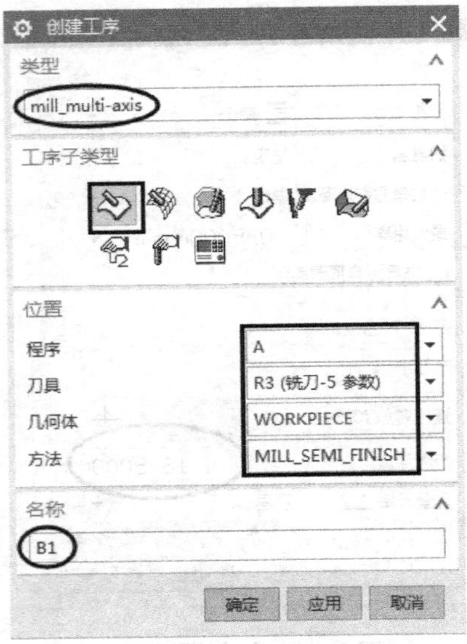

图 2-21　创建可变轮廓铣

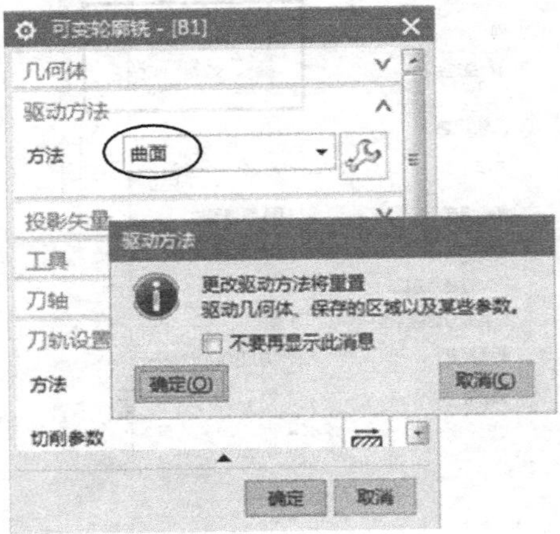

图 2-22　选择驱动方法

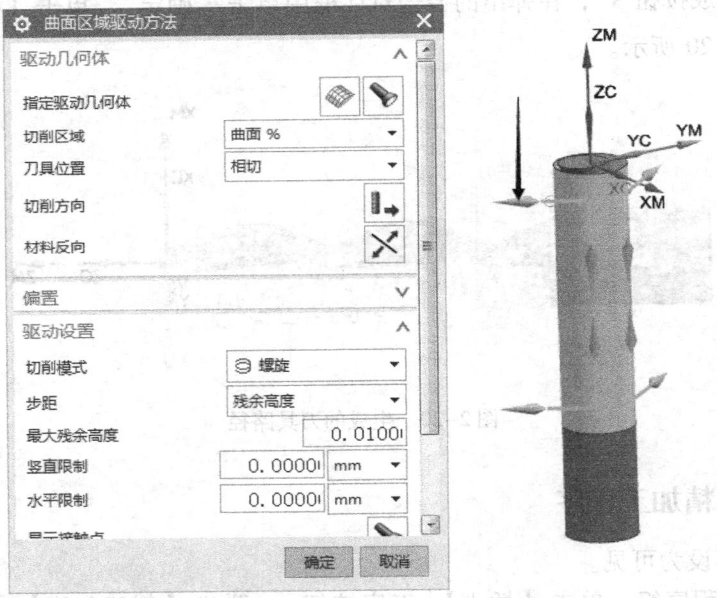

图 2-23　设置驱动几何体

(5) 在【指定驱动几何体】中选择材料反向，检查材料方向是否正确，箭头方向应朝向曲面的外部。

(6) 在【驱动设置】|【切削模式】中选择“螺旋”，【步距】中选择“残余高度”，【最大残余高度】中输入“0.01”，其余默认，如图 2-24 所示，单击【确定】按钮。

(7) 在【投影矢量】中选择“刀轴”，【刀轴】中选择“远离直线”，在【远离直线】|【刀轴】|【指定矢量】中，选择圆柱底面，如图 2-25 所示，单击【确定】按钮。

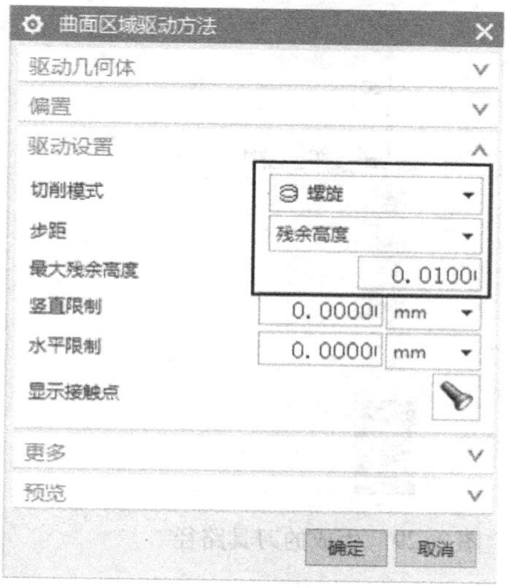

图 2-24 驱动设置

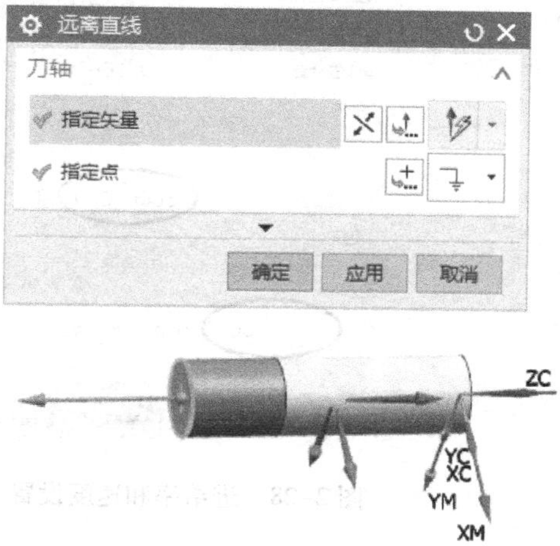

图 2-25 指定矢量

（8）单击切削参数按钮，在【余量】|【部件余量】中输入“0.1”，其余默认，如图 2-26 所示，单击【确定】按钮。

（9）单击非切削移动按钮，在【转移/快速】|【安全设置选项】中选择“包容圆柱体”，其余默认，如图 2-27 所示，单击【确定】按钮。

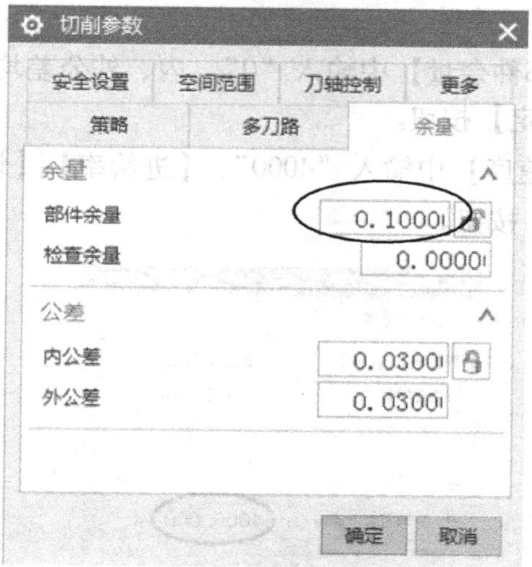

图 2-26 余量设置

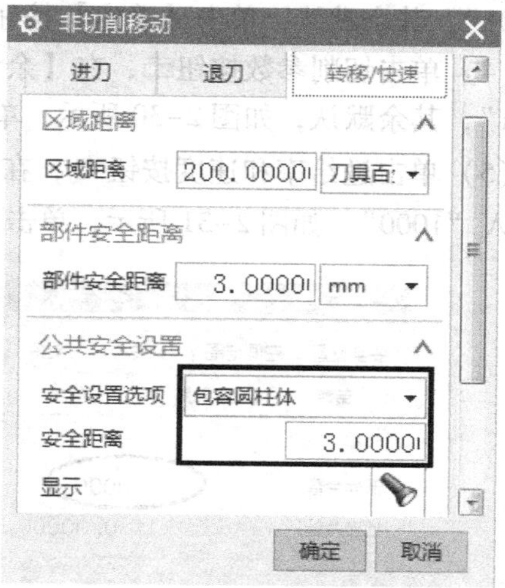

图 2-27 安全设置

（10）单击进给率和速度按钮，在【主轴速度】中输入“3000”，【进给率】|【切削】中输入“1000”，如图 2-28 所示。

（11）单击【格式】|【图层设置】按钮，将 10 层设为不可见。单击生成按钮，生成的刀具路径如图 2-29 所示。

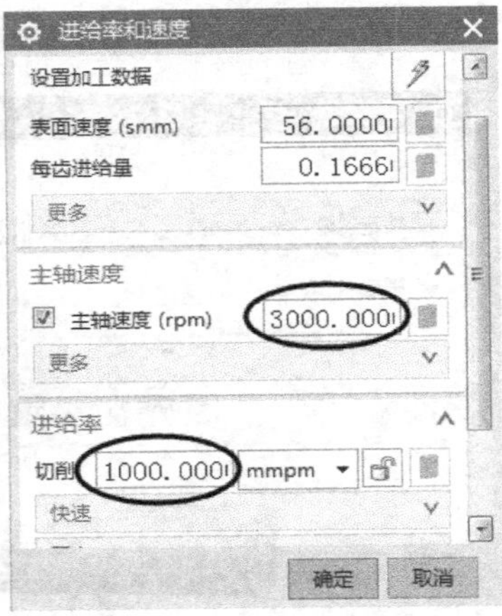

图 2-28　进给率和速度设置

图 2-29　生成的刀具路径

2.3.4　创建精加工程序

（1）右击 B1 程序，在弹出的快捷菜单中选择“复制”，右击程序组“C”，在弹出的快捷菜单中选择“内部粘贴”，将程序重命名为 C1。

（2）双击 C1 程序，在【工具】|【刀具】中选择“R2”。

（3）单击【驱动方法】中的编辑按钮，在【驱动设置】|【最大残余高度】中输入“0.001”，其余默认，单击【确定】按钮。

（4）单击切削参数按钮，在【余量】|【部件余量】中输入“0”，内、外公差均输入“0.01”，其余默认，如图 2-30 所示，单击【确定】按钮。

（5）单击进给率和速度按钮，在【主轴速度】中输入“4000”，【进给率】|【切削】中输入“1000”，如图 2-31 所示，单击【确定】按钮。

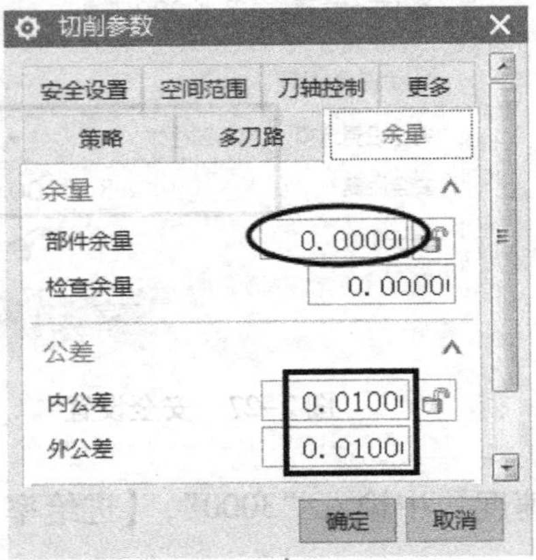

图 2-30　余量、公差设置

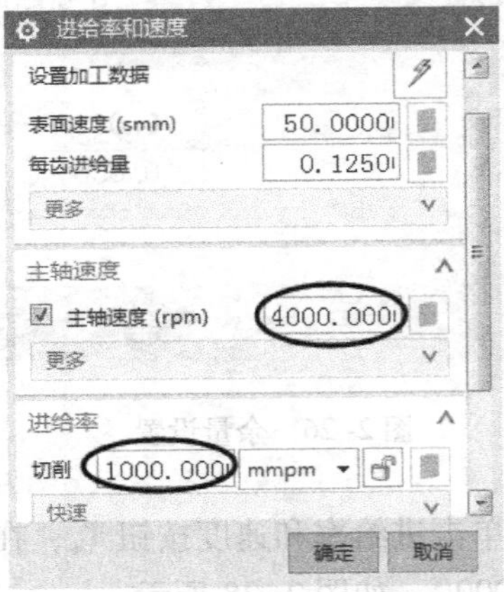

图 2-31　进给和转速设置

（6）单击生成按钮，生成的刀具路径如图 2-32 所示。

图 2-32　生成的刀具路径

2.4　仿真加工

在“NC_PROGRAM”上单击鼠标右键，在弹出的快捷菜单中单击【刀轨】|确认按钮，进入【刀轨可视化】对话框，为方便模拟加工后，旋转工件观察图形，单击【3D 动态】按钮，单击播放按钮，完成模拟加工如图 2-33 所示。

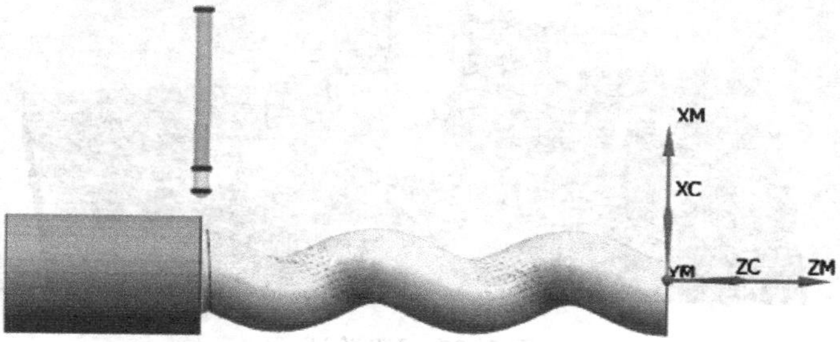

图 2-33　模拟加工

2.5　程序后处理

选择任一程序，如 A1，单击鼠标右键，在弹出的快捷菜单中，选择后处理，弹出【后处理】对话框，单击浏览查找后处理器按钮，选择预先设置好的 LM600HD 后处理器，在【文件名】中输入程序路径和名称，单击【确定】按钮，如图 2-34 所示。

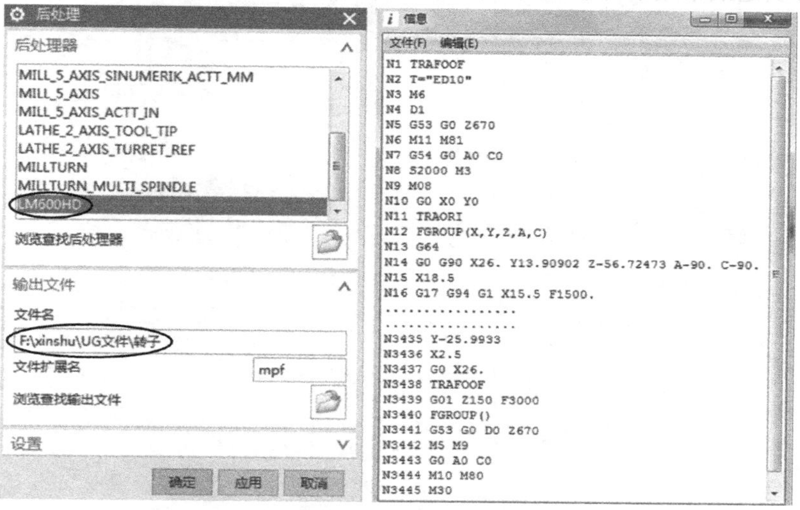

图 2-34　转换成 NC 程序

2.6 Vericut 程序验证

将所有程序后处理为 NC 程序，导入 Vericut7.3，模拟加工如图 2-35 所示。

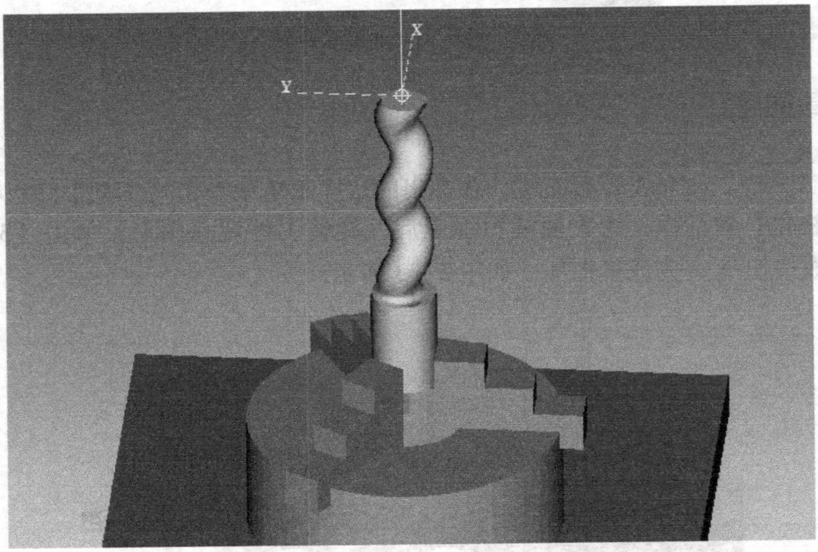

图 2-35　VT 验证

【项目总结】

本项目采用了 3+2 定轴铣、可变轴轮廓铣的编程方法，快速有效地完成整个零件的程序编制。四轴联动加工的特点是，当 X、Y、Z 三轴在联动加工的同时，工件还在绕着 X、Y、Z 其中某一轴在作旋转加工（其对应的旋转轴为 A、B、C 轴）。在可变轴轮廓铣编程方法中，远离直线是最常用的方法之一，要牢固掌握其编程方法和要点。

项目3　叶轮五轴联动编程与加工

【教学目标】

知识目标： 掌握抽取几何特征在编程中的应用方法。
掌握延伸片体在编程中的应用方法。
掌握扩大面在编程中的应用方法。
掌握叶轮传统的编程方法。
掌握 UG NX 10.0 叶轮专用模块的编程方法。
掌握插补矢量在可变轮廓铣中的应用方法。
掌握叶轮几何体的各项参数设置方法。

能力目标： 能运用 UG NX 软件创建编程过程中所需要的辅助曲面，完成叶轮的编程、后处理与仿真，并用 Vericut 软件进行程序验证。

素质目标： 培养学生团队合作协调意识，通过讲解叶轮在船舶中的重要作用，激发学生的学习兴趣和爱国热情。

【教学重点与难点】

- 用曲面作驱动几何体的编程方法及应用。
- 专用模块中可变轮廓铣几何体的设置方法。
- 可变轮廓铣的参数设置方法。
- 插补矢量的灵活运用方法。

【项目导读】

叶轮又名螺旋桨，多为船舶类设备零件，其材料一般是无镍高锰铝青铜，硬度较高，有较好的耐酸、耐碱、耐磨性。叶轮毛坯通常为铸造件，单边余量因叶轮大小不同略有差异，通常在 3 ~5mm 之间。高精密的叶轮在加工完成后还需磨削和做动平衡及静平衡测试，故需五轴机床一次装夹完成全部加工，叶轮模型如图 3-1 所示。

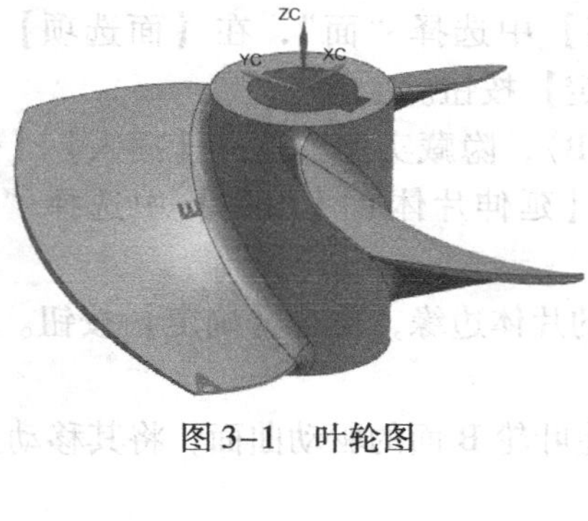

图 3-1　叶轮图

【项目实施】

创建相应的辅助曲面，制定合理的加工工艺，完成叶轮的刀具路径设置和仿真加工，将程序后处理并导入 Vericut 验证。

3.1 工艺分析及刀路规划

1. 零件分析

叶轮模型看似简单，因其需要高速旋转，故对动平衡和静平衡有一定要求，因此本例用五轴机床，采用五轴联动编程方法加工。为了方便读者学习，本例用两种方法讲述叶轮的编程：粗加工采用传统的编程方法，先加工叶片的两个侧面，再加工叶片的前缘和后缘，然后加工轮毂面和圆角面。因叶片较薄，粗加工时单边留 1 mm 余量。精加工时用 UG NX 现有的叶轮专用模块进行编程加工。精密叶轮精加工时通常单边留 0.05 ~ 0.1 mm 磨削余量，本例为了教学方便，精加工时不留余量。

2. 毛坯选择

毛坯选用铸造件，叶轮的内孔、端面及包覆面已经加工完成。

3. 刀路规划

（1）程序组 3A：叶片两侧面粗加工，刀具为 ED21R0.8，加工余量为 1 mm。

（2）程序组 3B：叶轮前缘和后缘粗加工，刀具为 ED21R0.8，加工余量为 1 mm。

（3）程序组 3C：轮毂粗加工，刀具为 R5，加工余量为 1 mm。

（4）程序组 3D：圆角粗加工，刀具为 R5，加工余量为 1 mm。

（5）程序组 3E：叶片精加工，刀具为 R5，加工余量为 0 mm。

（6）程序组 3F：轮毂精加工，刀具为 R5，加工余量为 0 mm。

（7）程序组 3G：圆角精加工，刀具为 R5，加工余量为 0 mm。

3.2 编程准备

1. 标识符号

为方便描述，在叶轮侧面、轮毂面及圆弧面分别以 A、B、C、D、E 作标识。

2. 创建叶片 A 面驱动曲面

（1）启动 UG 软件，打开叶轮文件。单击【插入】|【关联复制】|抽取几何体特征按钮，在【抽取几何体】|【类型】中选择“面”，在【面选项】中选择“单个面”，选择如图 3-2 所示 A 面，单击【确定】按钮。

（2）在键盘上按〈Ctrl + B〉，隐藏实体。单击【插入】|【修剪】|延伸片体按钮，弹出【延伸片体】对话框，在【延伸片体】|【限制】中选择“偏置”，在【偏置】中输入“10”，如图 3-3 所示。

（3）选择如图 3-4 所示的片体边缘，单击【确定】按钮。将刚创建的偏置面移动至 10 层，并设为不可见。

（4）用同样的方法，创建叶轮 B 面的驱动曲面，将其移动至 20 层，并设为不可见。

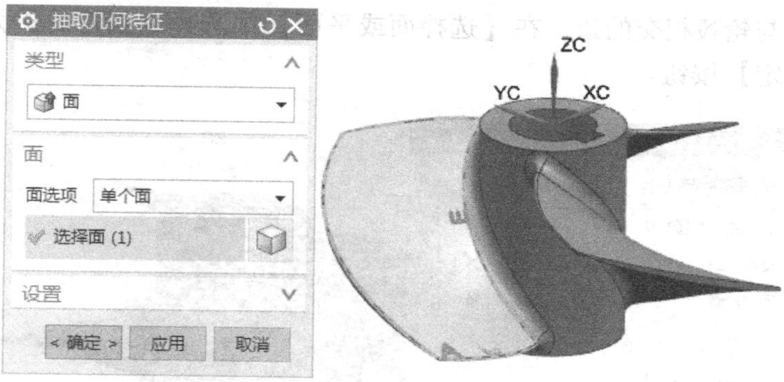

图 3-2　抽取几何体

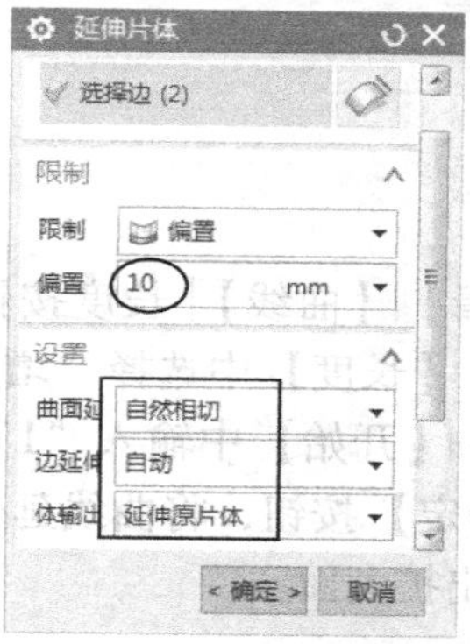

图 3-3　限制设置

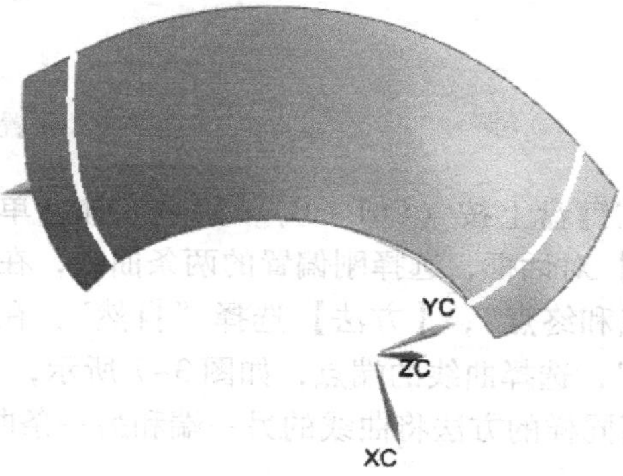

图 3-4　选择片体边缘

3. 创建轮毂驱动曲面

(1) 单击【编辑】|【曲面】|扩大面按钮，在弹出的【扩大面】对话框中选择如图 3-5 所示轮毂面，单击【确定】按钮。

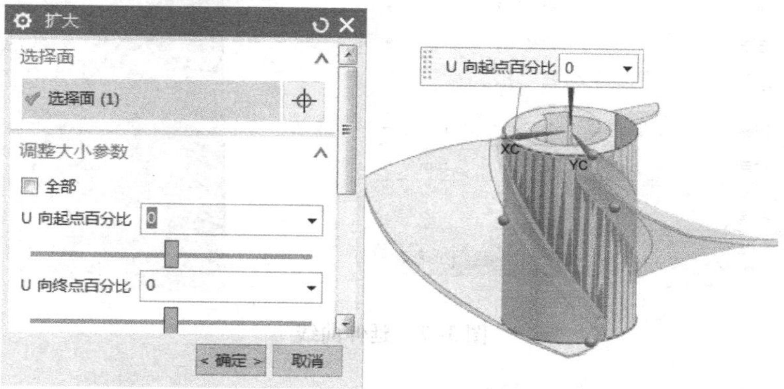

图 3-5　选择轮廓面

(2) 单击【插入】|【派生曲线】|在面上偏置曲线按钮，在【类型】中选择“恒定”，在【偏置 1】中输入“0”，在【设置】|【公差】中输入“0.05”，其余默认。在【选择曲

线】中选择圆弧与轮毂相交的边，在【选择面或平面】中选择刚创建的扩大面，如图 3–6 所示，单击【确定】按钮。

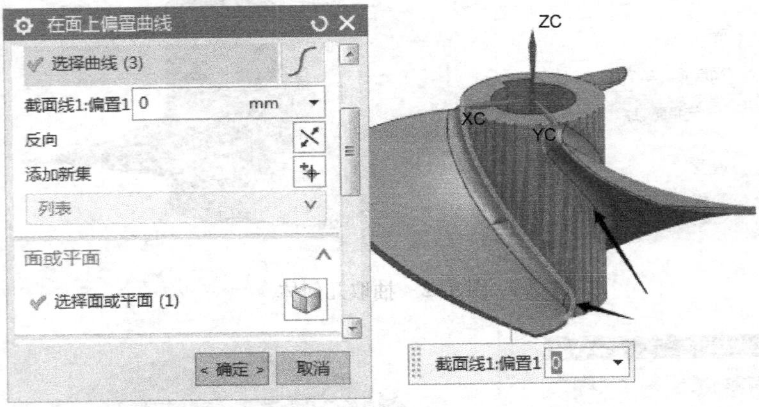

图 3–6　偏置曲线

（3）在键盘上按〈Ctrl + B〉，隐藏实体，单击【编辑】|【曲线】|长度按钮，弹出【曲线长度】对话框，选择刚偏置的两条曲线，在【延伸】|【长度】中选择“增量”，【侧】选择“起点和终点”，【方法】选择“自然”，在【限制】|【开始】中输入“1”，【结束】中输入“0”，选择曲线的端点，如图 3–7 所示，单击【确定】按钮，将曲线延伸出扩大面的边界。用同样的方法将曲线的另一端和另一条曲线延伸出扩大面。

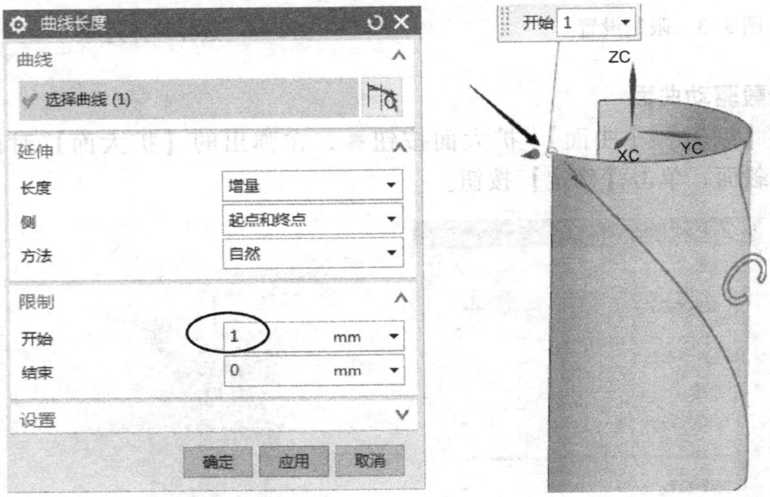

图 3–7　延伸曲线

（4）修剪片体

单击【插入】|【修剪】|修剪片体按钮，在对话框的【目标】中选择片体中间的保留部分，在【边界】中选择两条延伸曲线，单击【确定】按钮，修剪后的扩大面如图 3–8 所示。将生成的曲线及片体移动至 30 层，并设为不可见。

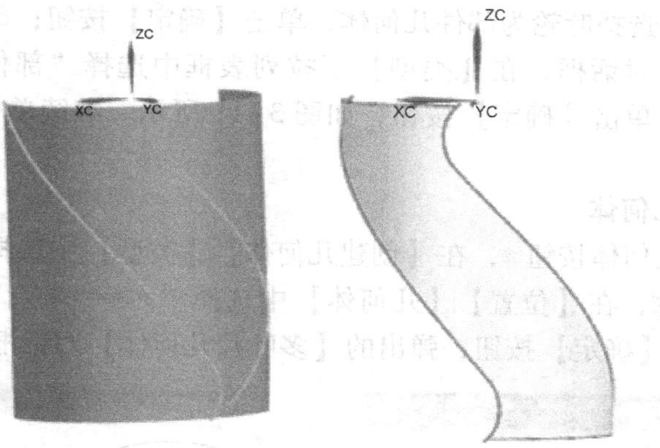

图 3-8　修剪片体

3.3　创建叶轮粗加工程序

3.3.1　进入加工模块

1. 设置加工环境

单击【启动】|加工按钮，在弹出的【加工环境】对话框中，按如图 3-9 所示设置，单击【确定】按钮。

2. 建立加工坐标系和设置安全高度

在加工工序导航器空白处右击，在弹出的快捷菜单中，选择几何视图，单击 MCS_MILL 前的“+”将其展开，双击“MCS_MILL”节点，在【安全设置选项】中选择“自动平面”，在【安全距离】中输入“50”，其余默认，如图 3-10 所示，单击【确定】按钮。

图 3-9　创建加工环境

图 3-10　设置安全距离

3. 创建几何体

双击“WORKPIECE”节点，弹出【工件】对话框，单击【指定部件】按钮，弹出【部件几何体】对话框，选择叶轮为部件几何体，单击【确定】按钮；单击【指定毛坯】按钮，弹出【毛坯几何体】对话框，在【类型】下拉列表框中选择“部件的偏置”，在【偏置】文本框里输入“3”，单击【确定】按钮，如图 3-11 所示。继续单击【确定】按钮，完成几何体设置。

4. 创建多叶片几何体

（1）单击创建几何体按钮，在【创建几何体】|【类型】中选择“mill_multi_blade”，【几何体子类型】中选择，在【位置】|【几何体】中选择“WORKPIECE”，【名称】采用默认，如图 3-12 所示，单击【确定】按钮，弹出的【多叶片几何体】对话框。

图 3-11　设置毛坯

图 3-12　创建几何体

（2）在【部件轴】|【旋转轴】中选择“+Z”，在【几何体】选项中，按如图 3-13 所示选择，在【旋转】|【叶片总数】中输入“3”，单击【确定】按钮。

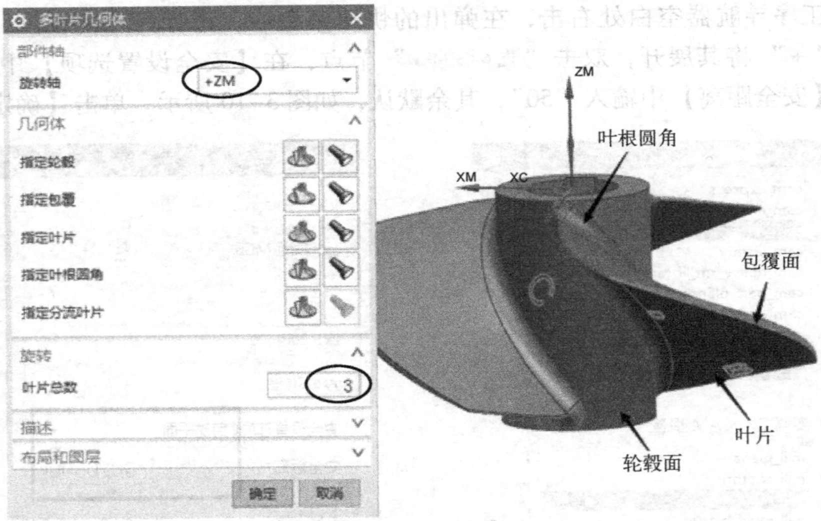

图 3-13　几何体设置

5. 建立刀具

（1）在加工工序导航器空白处右击，在弹出的快捷菜单中，选择几何视图，在工具条中选择创建刀具按钮，弹出【创建刀具】对话框，在【类型】中选择“mill_multi_blade”，在【刀具子类型】中选择，在【名称】中输入“ED21R0.8”，单击【确定】按钮，弹出

【铣刀 -5 参数】对话框，在【直径】中输入“21”，下半径输入“0.8”，【长度】输入 75，【刀刃长度】输入 10，【编号】栏中全部输入“1”，单击【确定】按钮，如图 3-14 所示。

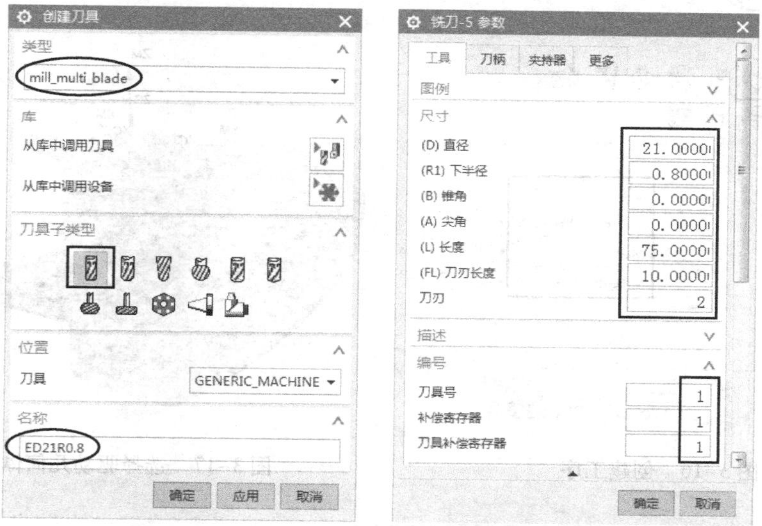

图 3-14　刀具参数设置

（2）用同样方法创建 R5 刀具，在【长度】中输入 75，【刀刃长度】输入 18，【编号】栏中全部输入“2”，单击【确定】按钮。

6. 建立加工程序组

（1）在加工工序导航器空白处右击，在弹出的快捷菜单中，选择程序顺序图，在工具条中单击创建程序按钮，在【创建程序】对话框【名称】栏输入“3A”，如图 3-15 所示，其余默认，两次单击【确定】按钮，完成程序组的创建。

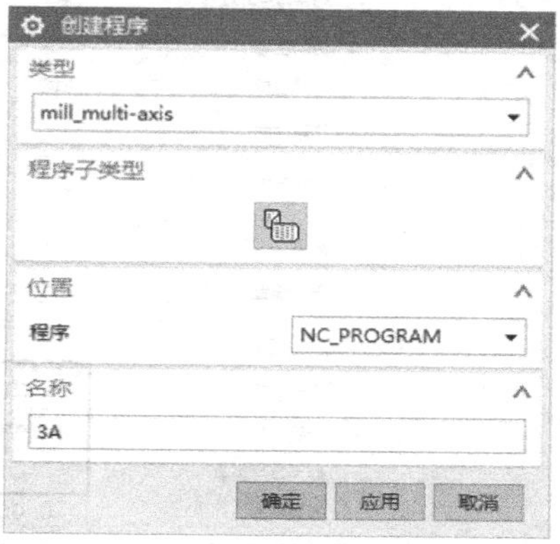

图 3-15　创建程序组

（2）用同样的方法继续创建 3B、3C、3D、3E、3F、3G 程序组。

3.3.2　创建叶片侧面粗加工程序

1. 创建叶片 A 面粗加工程序

（1）将 10 层设为可见。右击 3A 程序组，单击【插入】|工序按钮，弹出【创建工序】对话框，按照如图 3-16 所示设置，单击【确定】按钮，弹出可变轴轮廓铣对话框。在【驱动方法】|【方法】中选择“曲面”，在弹出的信息对话中单击【确定】按钮，弹出【曲面区域驱动方法】对话框，在【驱动几何体】|【指定驱动几何体】中单击选择或编辑驱动几何体按钮，选择前面创建的片体，如图 3-17 所示，单击【确定】按钮。

（2）单击切削方向按钮，单击与曲面横向相切的箭头，注意材料方向是否正确。在【偏置】|【曲面偏置】中输入“1”，【驱动设置】|【切削模式】中选择“往复”，【步距】中选择“残余高度”，【最大残余高度】中输入“0.03”，如图 3-18 所示，单击【确定】按钮。

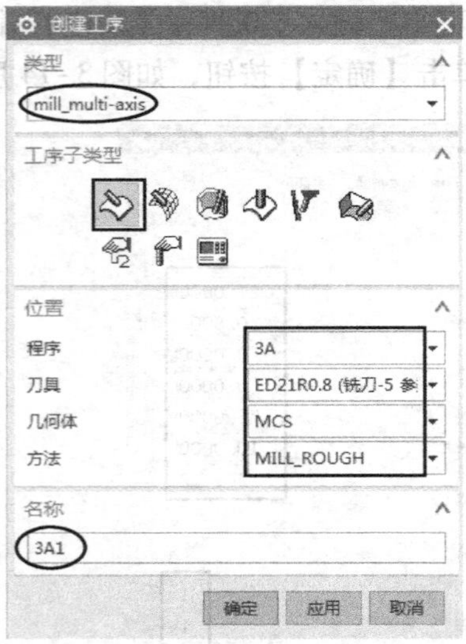

图 3-16　创建工序

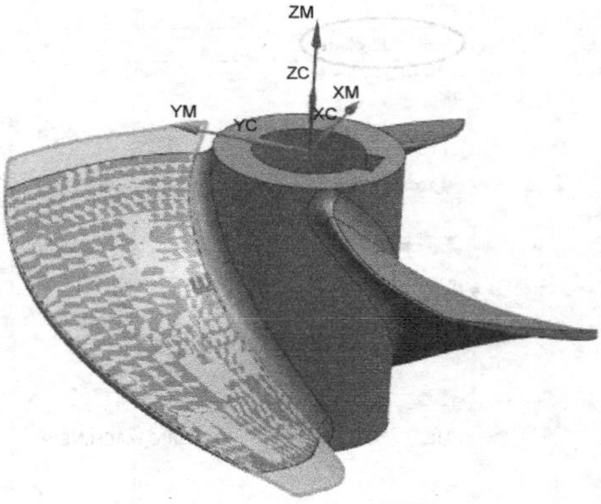

图 3-17　选择驱动几何体

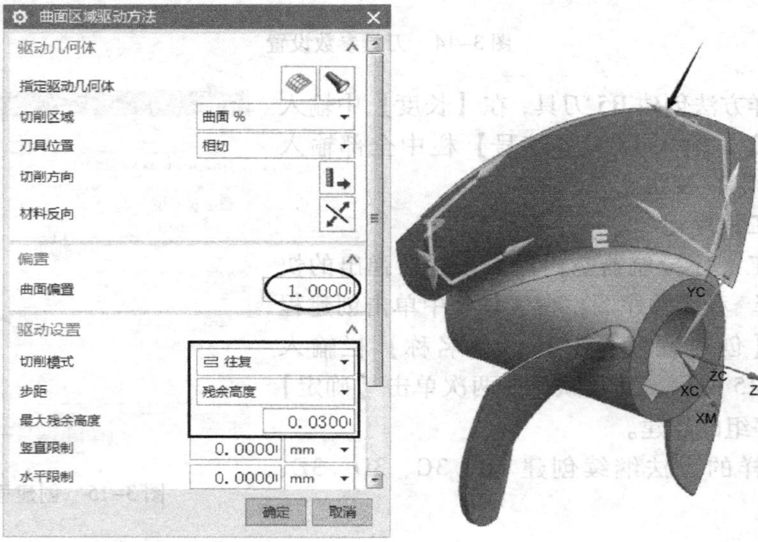

图 3-18　设置驱动方法

温馨提示：在创建工序对话框中，若几何体指定为非工件几何体时，则设置余量参数就失去意义。此时若需给工件留余量，通常就在【曲面偏置】中输入余量数值。这是多轴编程中常用的方法之一，其目的是产生较好的刀具路径。

（3）在【刀轴】|【轴】中选择“远离直线”，在【远离直线】|【指定矢量】中选择圆柱的上表面，如图 3-19 所示，单击【确定】按钮。

（4）单击进给率和速度按钮，在【主轴速度】中输入“2200”，【进给率】中输入“2500”，单击【确定】按钮。

（5）单击生成按钮，生成的刀具路径如图 3-20 所示。

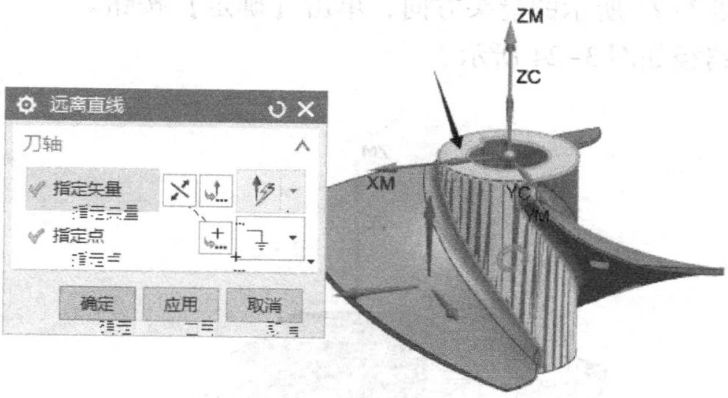

图 3-19　指定矢量

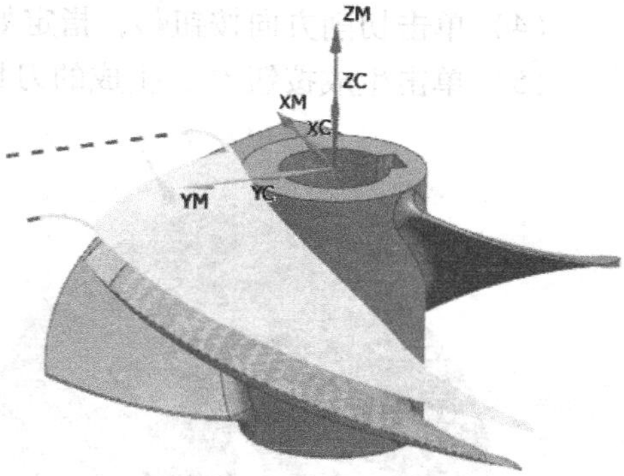

图 3-20　生成的刀具路径

2. 创建 A 面方向其余两个叶片粗加工程序

右击刚生成的 3A1 程序，在弹出的快捷菜单中，单击【对象】|变换按钮，在【类型】下拉菜单中选择“绕点旋转”，【变换参数】|【指定枢轴点】选择加工坐标系原点，【角度】输入“120”，【结果】选择“复制”单选按钮，【非关联副本数】输入“2”，单击【确定】按钮，生成刀具路径如图 3-21 所示，将程序分别重命名为 3A2、3A3。

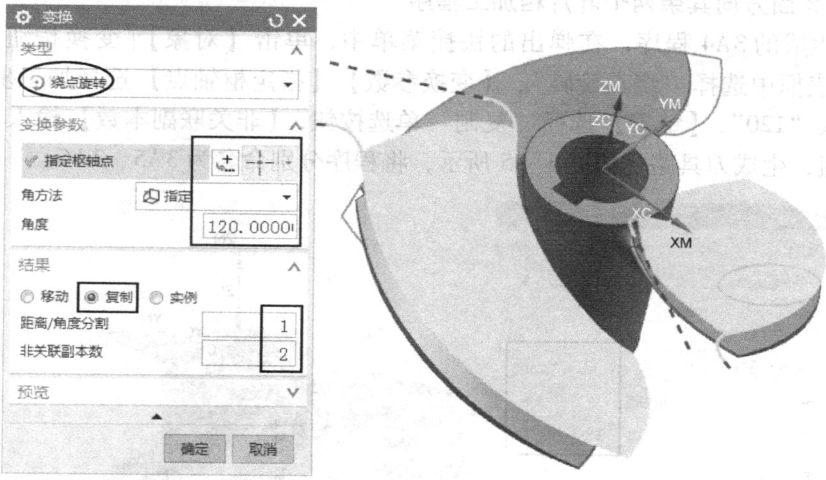

图 3-21　复制刀具路径

3. 创建叶片 B 面粗加工程序

（1）将 10 层设不可见，20 层设为可见。

（2）右击 3A1 程序，在弹出的快捷菜单中选择“复制”，右击 3A3 程序，在弹出的快捷菜单中选择“粘贴”，将程序重命名为 3A4。

（3）双击 3A4 程序，在【驱动方法】中单击编辑按钮，在【指定驱动几何体】中单击选择或编辑驱动几何体按钮，删除以前的驱动几何体，选择如图 3-22 所示的片体，单击【确定】按钮。

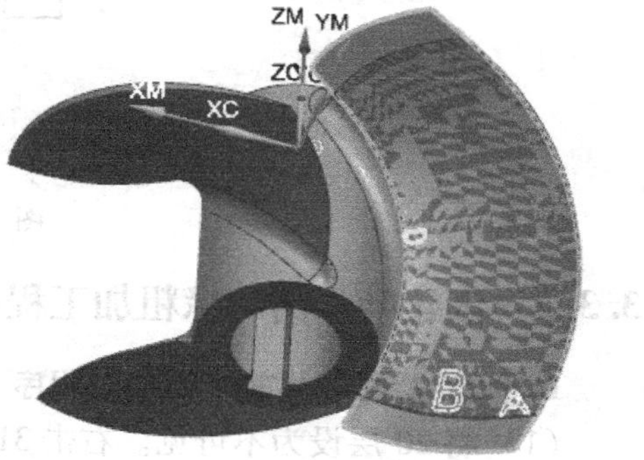

图 3-22　指定驱动几何体

（4）单击切削方向按钮，指定如图 3-23 所示的箭头方向，单击【确定】按钮。

（5）单击生成按钮，生成的刀具路径如图 3-24 所示。

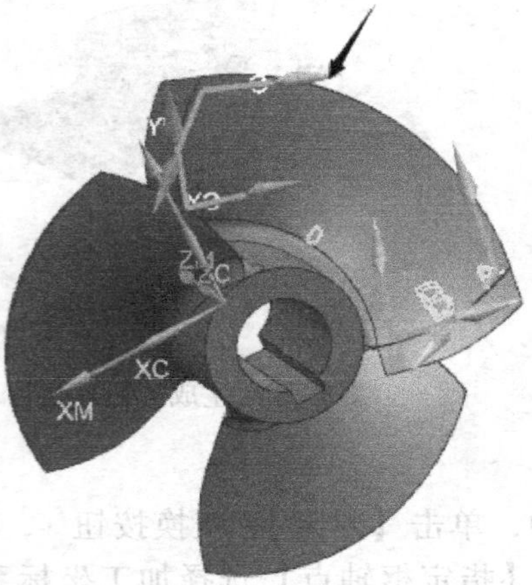

图 3-23　指定切削方向

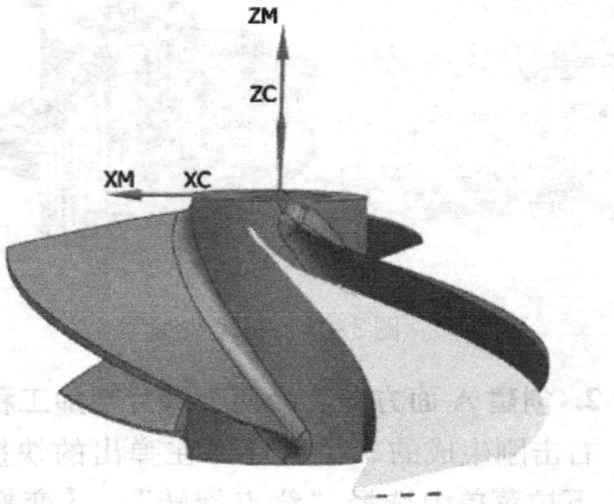

图 3-24　生成的刀具路径

4. 创建 B 面方向其余两个叶片粗加工程序

右击刚生成的 3A4 程序，在弹出的快捷菜单中，单击【对象】|变换按钮，在【类型】下拉列表框中选择“绕点旋转”，【变换参数】|【指定枢轴点】选择加工坐标系原点，【角度】输入“120”，【结果】选择“复制”单选按钮，【非关联副本数】输入“2”，单击【确定】按钮，生成刀具路径如图 3-25 所示，将程序分别命名为 3A5、3A6。

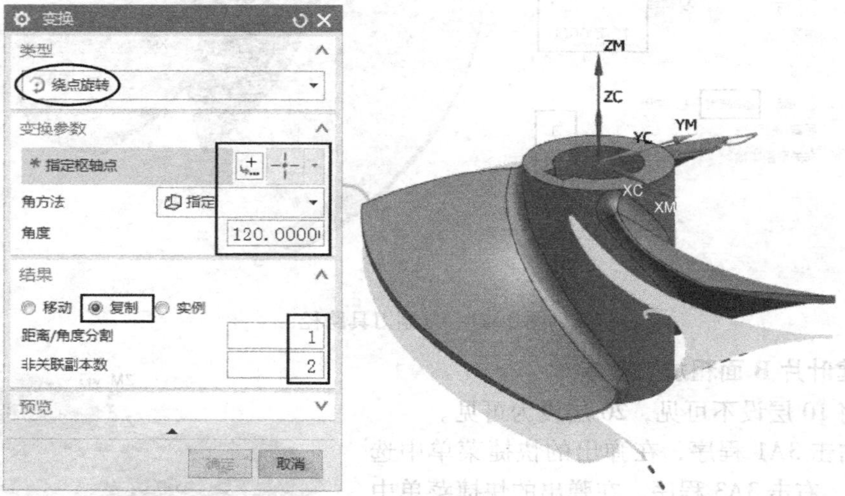

图 3-25　复制刀具路径

3.3.3　创建叶片前后缘粗加工程序

1. 创建 A 面叶片前缘粗加工程序

（1）将 20 层设为不可见。右击 3B 程序组，单击【插入】|工序按钮，弹出【创建工序】对话框，按照如图 3-26 所示选择，单击【确定】按钮。

（2）在【可变轴轮廓铣】对话框中，【驱动方法】|【方法】选择“曲面”，在弹出的信息对话中单击【确定】按钮，弹出【曲面区域驱动方法】对话框，在【驱动几何体】|【指定驱动几何体】中单击选择或编辑驱动几何体按钮，选择如图 3-27 所示的前缘曲面，单击【确定】按钮。

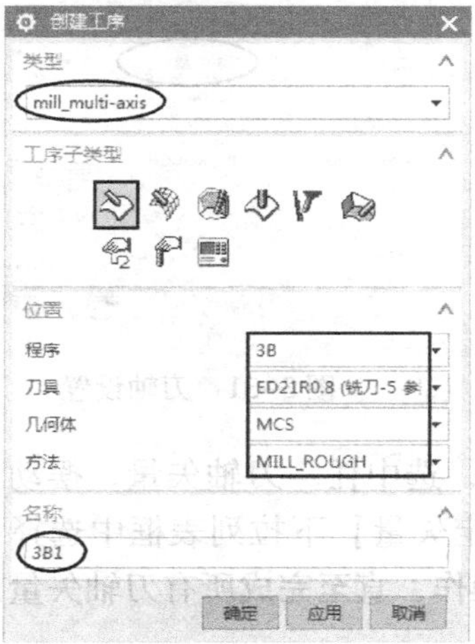

图 3-26　创建工序

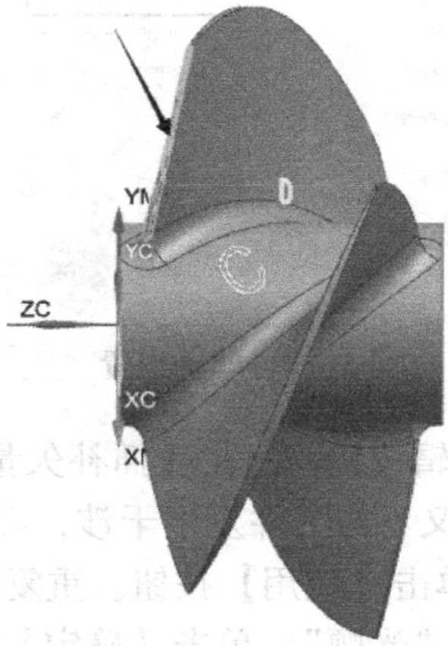

图 3-27　选择驱动几何体

（3）单击切削方向按钮，选择与曲面横向相切的箭头，如图 3-28 所示，注意材料方向是否正确。

（4）在【切削区域】中选择“曲面%”，在【曲面百分比方法】对话框中，按如图 3-29所示设置，单击【确定】按钮。

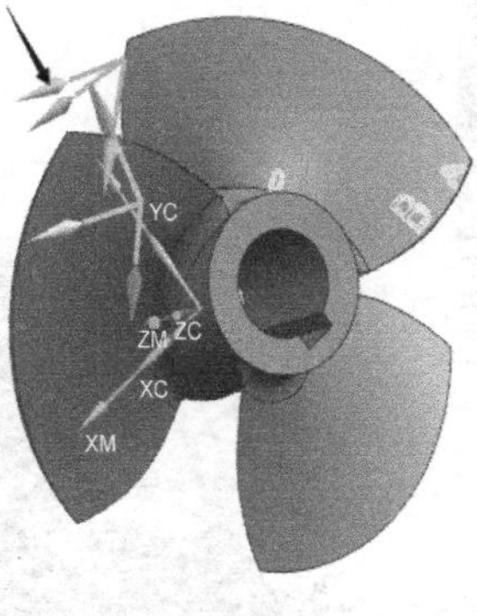

图 3-28　设置切削方向

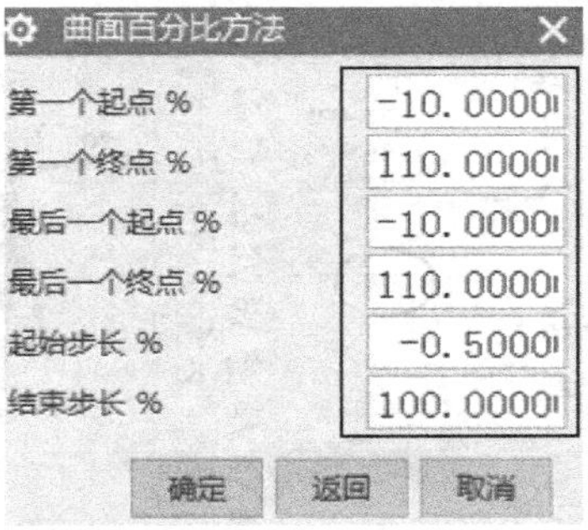

图 3-29　设置曲面百分比

温馨提示：选择切削方向时，箭头有方向性，所以在设置曲面百分比时，最好是先选择切削方向，这样不会发生错误，否则曲面百分比会随着光标选择位置不同而发生变化。

（5）在【偏置】|【曲面偏置】中输入“1”，【驱动设置】|【切削模式】选择“往复”，【步距】选择“残余高度”，【最大残余高度】输入“0.03”，如图 3-30 所示，单击【确定】按钮。

（6）在【投影矢量】|【矢量】中选择“刀轴”，在【刀轴】|【轴】中选择“插补矢量”，如图 3-31 所示。

图 3-30　驱动设置

图 3-31　刀轴设置

（7）单击编辑按钮，在【插补矢量】中，选中任一刀轴矢量，摆动工件，使刀具既能加工到工件，又不与工件发生干涉，在【指定矢量】下拉列表框中选择视图方向，如图 3-32 所示，单击【应用】按钮。重复以上操作，直至完成所有刀轴矢量的设置。在【插值方法】中选择“光顺”，单击【确定】按钮。

（8）单击进给率和速度按钮，在【主轴速度】中输入“2200”，【进给率】中输入“2500”，单击【确定】按钮。

（9）单击生成按钮，生成的刀具路径如图 3-33 所示。

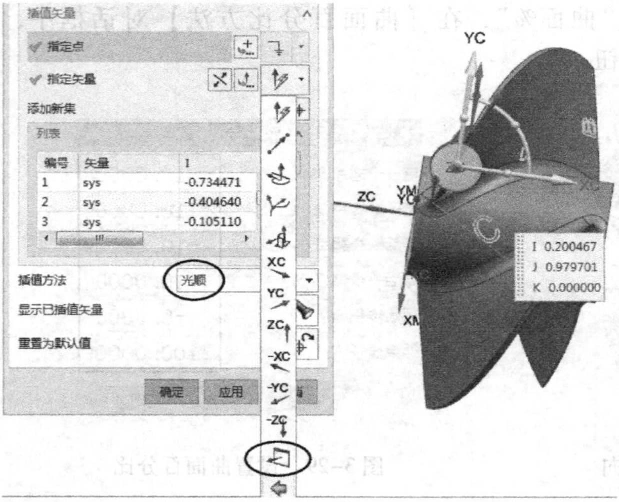

图 3-32　设置刀轴方向

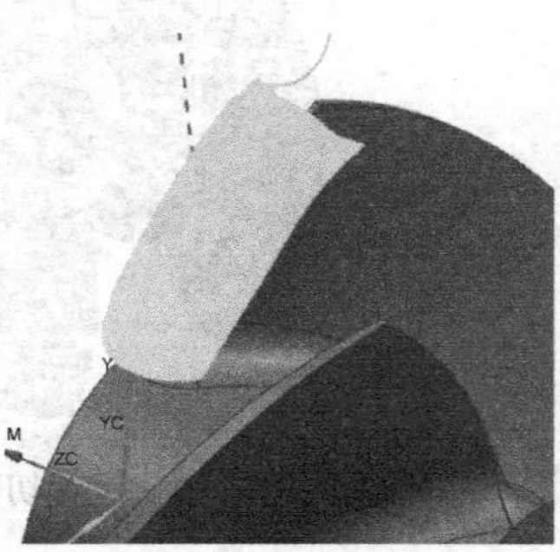

图 3-33　生成的刀具路径

温馨提示：视图方向，即刀轴垂直于计算机屏幕的方向。前缘曲面并不复杂，可选择三个方向的矢量，其余删除。

2. 创建其余叶片前缘粗加工程序

右击刚生成的 3B1 程序，弹出快捷菜单，单击【对象】|变换按钮，在【类型】下拉列表框中选择“绕点旋转”，【变换参数】|【指定枢轴点】选择加工坐标系原点，【角度】

输入“120”，【结果】选择“复制”单选按钮，【非关联副本数】输入“2”，单击【确定】按钮，生成刀具路径如图3-34所示，将程序分别命名为3B2、3B3。

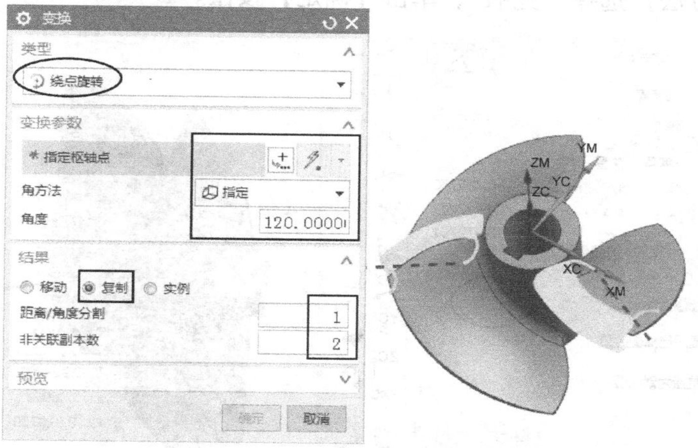

图3-34　复制刀具路径

3. 创建A面叶片后缘粗加工程序

（1）右击3B1程序，在弹出的快捷菜单中选择“复制”，右击3B3程序，在弹出的快捷菜单中选择“粘贴”，将程序重命名为3B4。

（2）双击3B4程序，在【驱动方法】中单击编辑按钮，在【指定驱动几何体】中单击选择或编辑驱动几何体按钮，删除以前的驱动几何体，选择如图3-35所示的叶轮后缘曲面，单击【确定】按钮。

（3）单击切削方向按钮，选择如图3-36所示的箭头方向，检查曲面百分比设置是否正确，单击【确定】按钮。

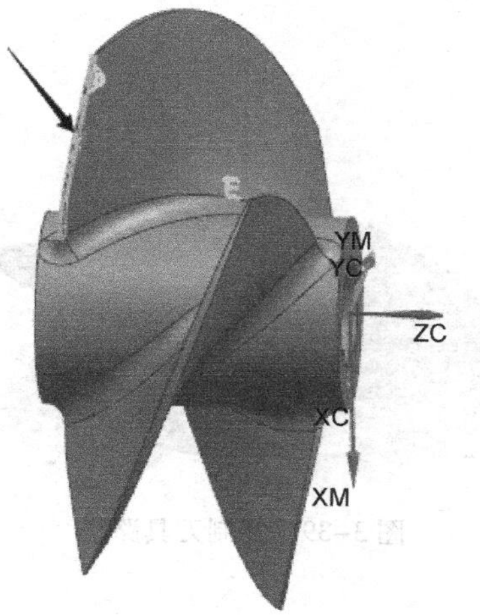

图3-35　选择驱动几何体

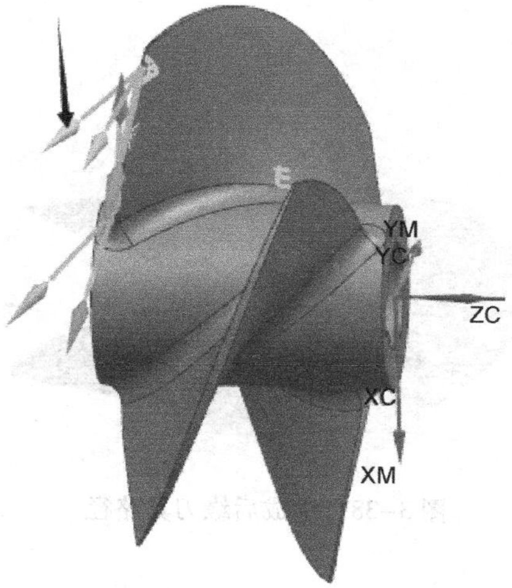

图3-36　指定切削方向

（4）在【刀轴】中单击编辑按钮，在【插补矢量】中，选中任一刀轴矢量，摆动工件，使刀具既能加工到工件，又不与工件发生干涉，在【指定矢量】下拉列表框中选择视图方向，如图3-37所示，单击【应用】按钮。重复以上操作，直至完成所有刀轴矢量的设置。在【插值方法】选择“光顺”，单击【确定】按钮。

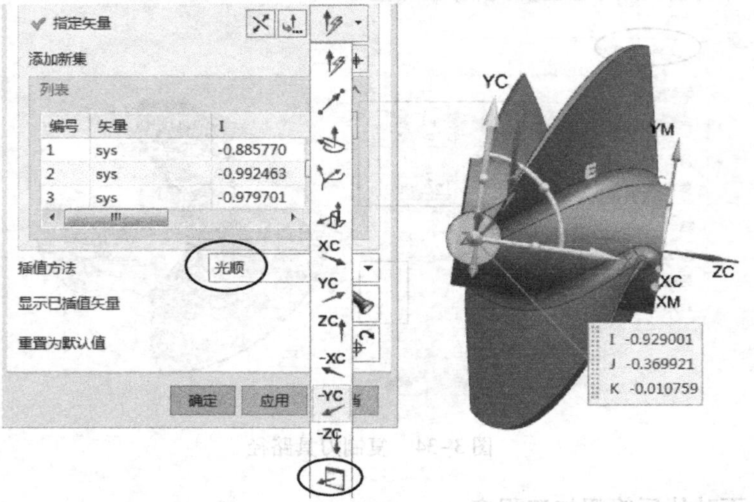

图3-37　设置刀轴方向

（5）单击生成按钮，生成后缘的刀具路径如图3-38所示。

4. 创建其余叶片后缘粗加工程序

右击刚生成的3B4程序，弹出快捷菜单，单击【对象】|变换按钮，在【类型】下拉列表框中选择“绕点旋转”，【变换参数】|【指定枢轴点】选择加工坐标系原点，【角度】输入“120”，【结果】选择“复制”单选按钮，【非关联副本数】输入“2”，单击【确定】按钮，生成刀具路径如图3-39所示，并将其分别命名为3B5、3B6。

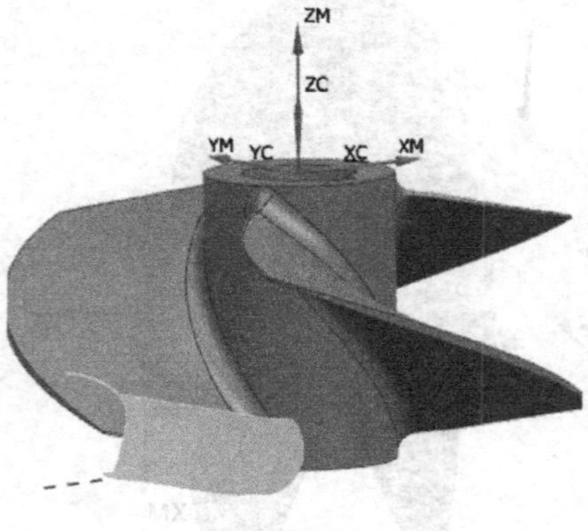

图3-38　生成后缘刀具路径

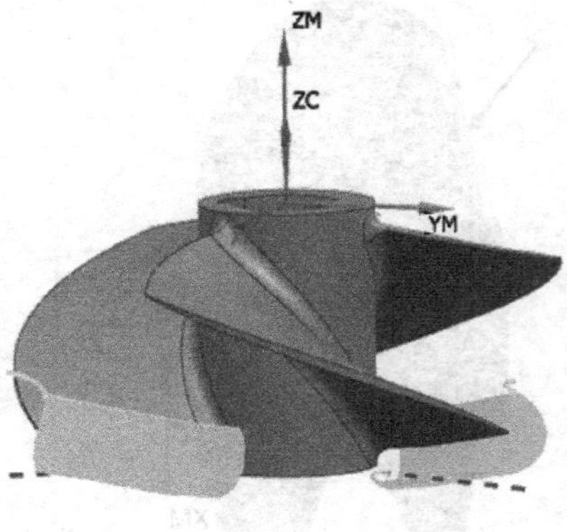

图3-39　复制刀具路径

3.3.4　创建轮毂粗加工程序

1. 创建C处轮毂面粗加工程序

（1）将30层设为可见。右击3C程序组，单击【插入】|工序按钮，弹出【创建工序】

对话框，在【类型】中选择“mill_multi-axis”，【工序子类型】中选择“”可变轮廓铣，【刀具】选择“R5”，【几何体】选择“MCS”，【名称】输入“3C1”，如图 3-40 所示，单击【确定】按钮，弹出【可变轴轮廓铣】对话框。

（2）在【驱动方法】|【方法】中选择“曲面”，在弹出的【信息】对话框中单击【确定】按钮，弹出【曲面区域驱动方法】对话框；在【驱动几何体】|【指定驱动几何体】中单击选择或编辑驱动几何体按钮，选择前面创建的扩大面，如图 3-41 所示。

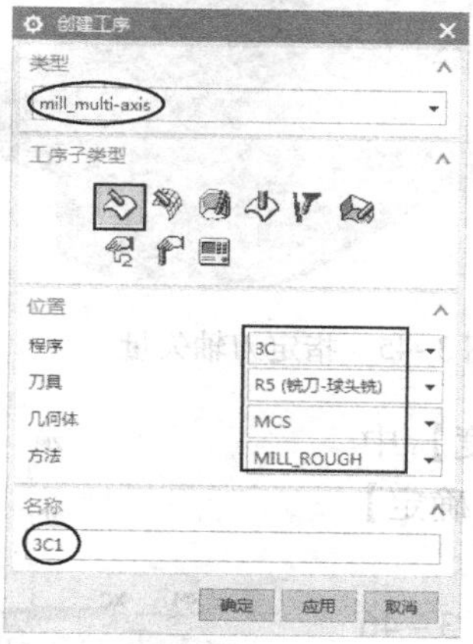

图 3-40　创建工序

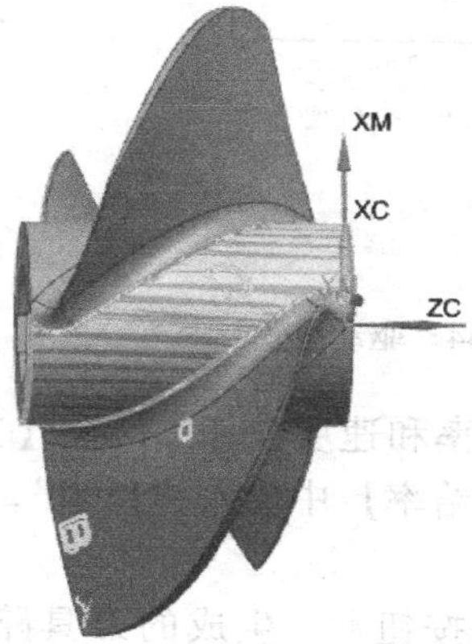

图 3-41　指定驱动几何体

（3）单击切削方向按钮，选择如图 3-42 所示的箭头方向，注意材料方向是否正确，单击【确定】按钮。

（4）在【切削区域】中选择“曲面%”，在【曲面百分比】对话框中，按如图 3-43 所示设置，单击【确定】按钮。

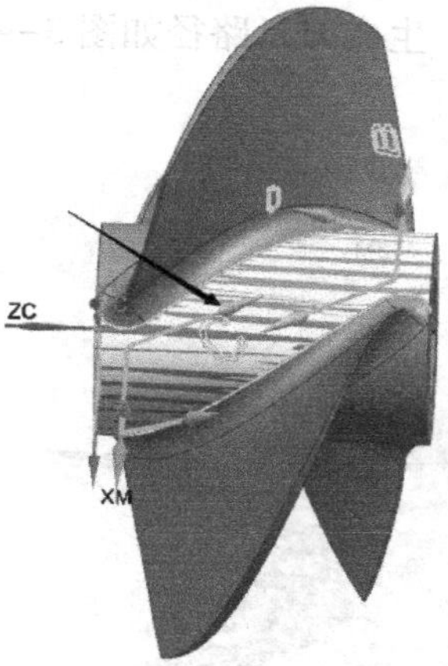

图 3-42　指定切削方向

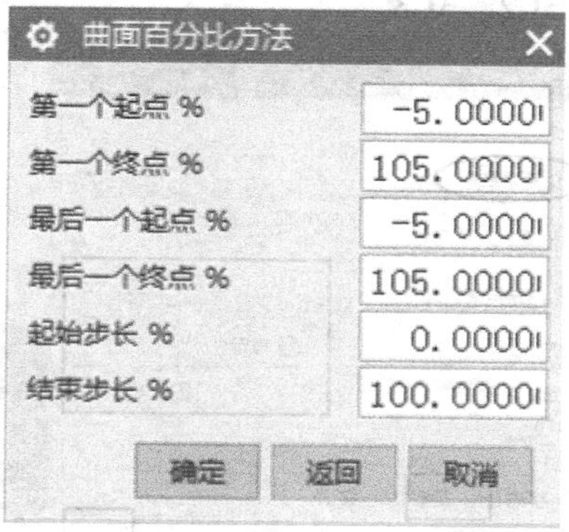

图 3-43　设置曲面百分比

（5）在【偏置】|【曲面偏置】输入“1”，【驱动设置】|【切削模式】中选择“往复”，【步距】选择“残余高度”，【残余高度】输入“0.03”，如图 3-44 所示，单击【确定】按钮。

（6）在【刀轴】|【轴】选择“远离直线”，弹出【远离直线】对话框，在【刀轴】|

【指定矢量】中选择圆柱上表面，如图3-45所示，单击【确定】按钮。

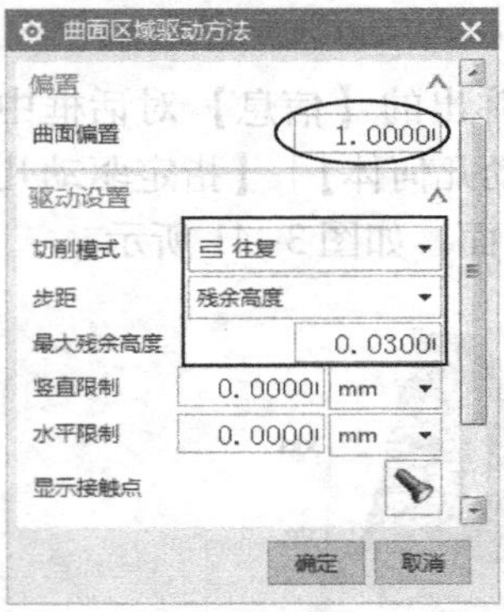

图3-44　驱动设置

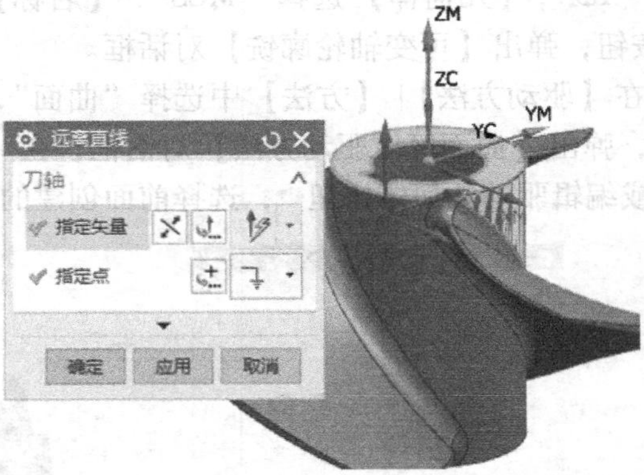

图3-45　指定刀轴矢量

（7）单击进给率和速度按钮，在【主轴速度】中输入“2500”，【进给率】中输入“1500”，单击【确定】按钮。

（8）单击生成按钮，生成的刀具路径如图3-46所示。

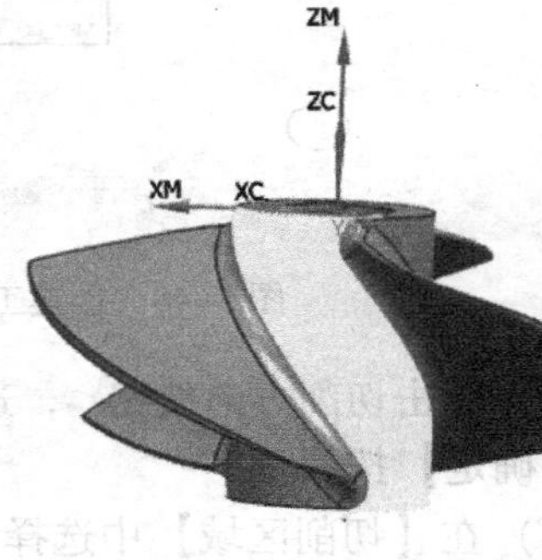

图3-46　生成刀具路径

2. 创建其余轮毂面粗加工程序

右击刚生成的3C1程序，弹出快捷菜单，单击【对象】|变换按钮，在【类型】下拉列表框中选择“绕点旋转”，【变换参数】|【指定枢轴点】选择加工坐标系原点，【角度】输入“120”，【结果】选择“复制”单选按钮，【非关联副本数】输入“2”，单击【确定】按钮，生成刀具路径如图3-47所示，将程序分别命名为3C2、3C3。

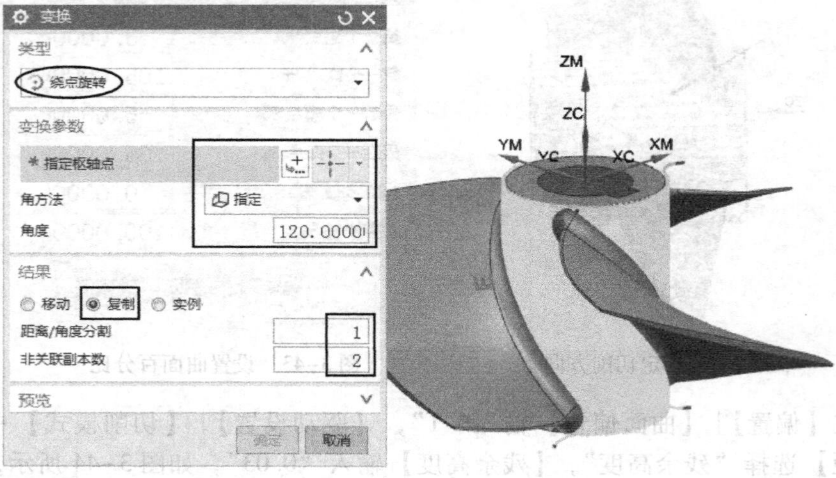

图3-47　复制刀具路径

3.3.5 创建圆角粗加工程序

1. 创建 D 面圆角粗加工程序

（1）将 30 层设为不可见。右击 3D 程序组，单击【插入】|工序按钮，弹出【创建工序】对话框，按照如图 3-48 所示设置，单击【确定】按钮，弹出【可变轮廓铣】对话框。

（2）在【驱动方法】|【方法】中选择“曲面”，在弹出的【信息】对话框中单击【确定】按钮，弹出【曲面区域驱动方法】对话框，在【驱动几何体】|【指定驱动几何体】中单击选择或编辑驱动几何体按钮，选择如图 3-49 所示 D 处的圆弧曲面，单击【确定】按钮。

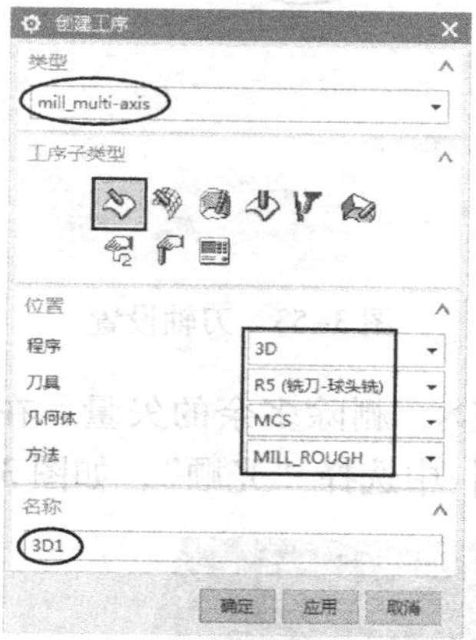

图 3-48 创建工序

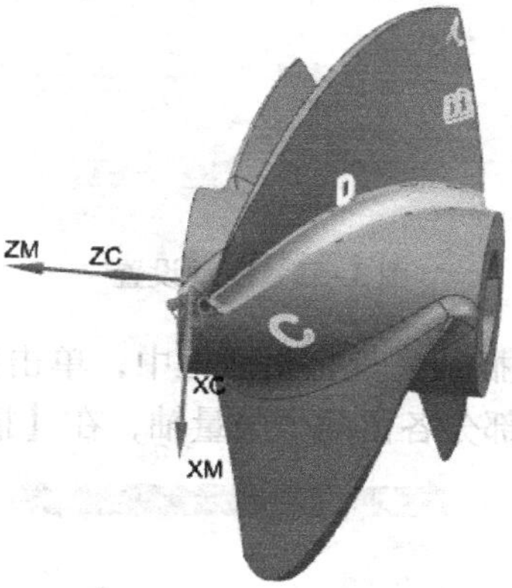

图 3-49 选择驱动几何体

（3）单击切削方向按钮，选择如图 3-50 所示的箭头方向，注意材料方向是否正确。

（4）在【切削区域】中选择“曲面%”，在【曲面百分比】对话框中，按如图 3-51 所示设置，单击【确定】按钮。

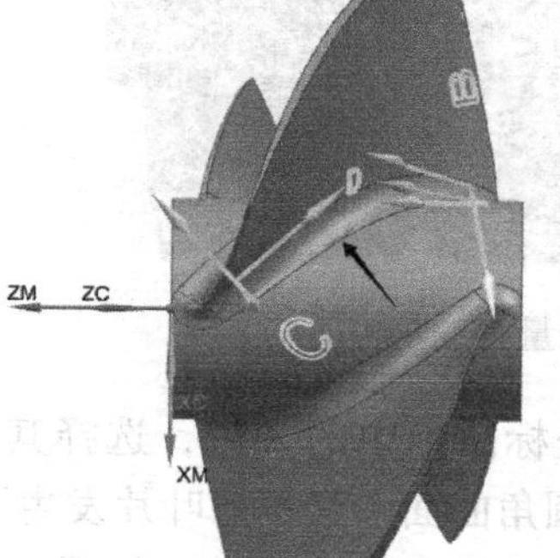

图 3-50 指定切削方向

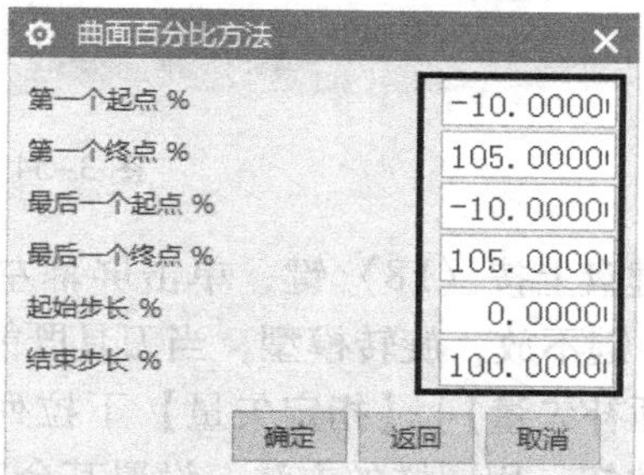

图 3-51 设置曲面百分比

（5）在【偏置】|【曲面偏置】中输入“1”，【驱动设置】|【切削模式】中选择“往复”，【步距】选择“数量”，在【步距数】中输入“5”，如图 3-52 所示，单击【确定】

按钮。

（6）在【投影矢量】|【矢量】中选择“刀轴”，在【刀轴】|【轴】中选择“插入矢量”，如图 3-53 所示。

图 3-52　驱动设置

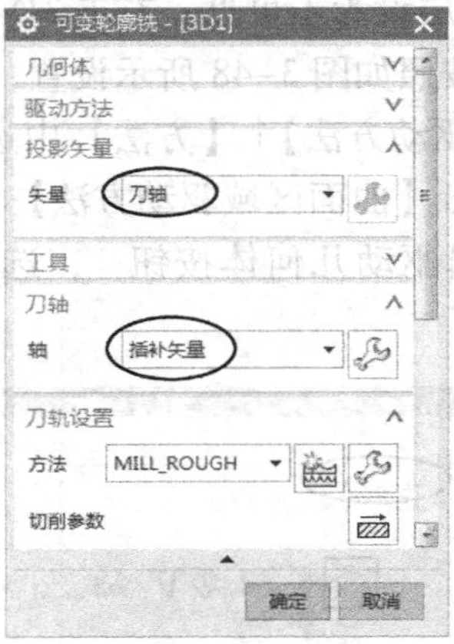

图 3-53　刀轴设置

（7）在【插补矢量】对话框中，单击移除按钮✕，删除多余的矢量，在圆角曲面的开始部分和结尾部分各留两个矢量轴，在【插补方法】中选择“光顺”，如图 3-54 所示。

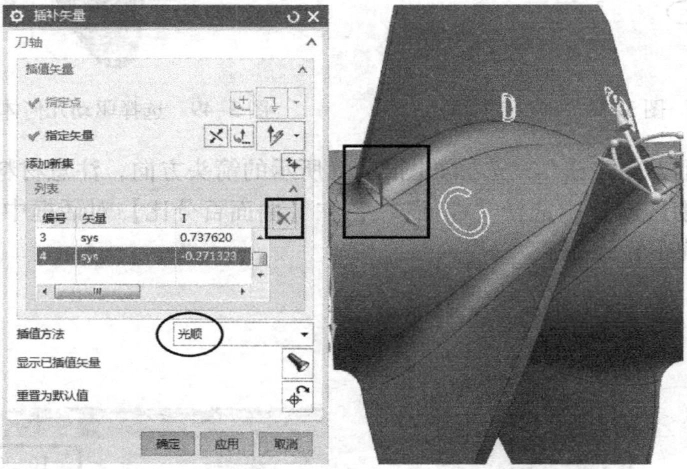

图 3-54　插补矢量

（8）在键盘上按〈F8〉键，单击屏幕左下角坐标图标中的 Z 轴，选择其中一个矢量，再按住鼠标中键不放，旋转模型，当刀具既能加工圆角曲面，又不与叶片发生干涉时，停止旋转。在【插补矢量】|【指定矢量】下拉列表框中选择视图方向，如图 3-55 所示，单击【应用】按钮。用同样的方法，设置其余三个矢量轴，单击【确定】按钮。

（9）单击进给率和速度按钮，在【主轴速度】中输入“2500”，【进给率】输入“1500”，单击【确定】按钮。

（10）单击非切削参数按钮，在【转移/快速】中选择“包容圆柱体”，其余默认，单击【确定】按钮。

（11）单击生成按钮，生成的刀具路径如图 3-56 所示。

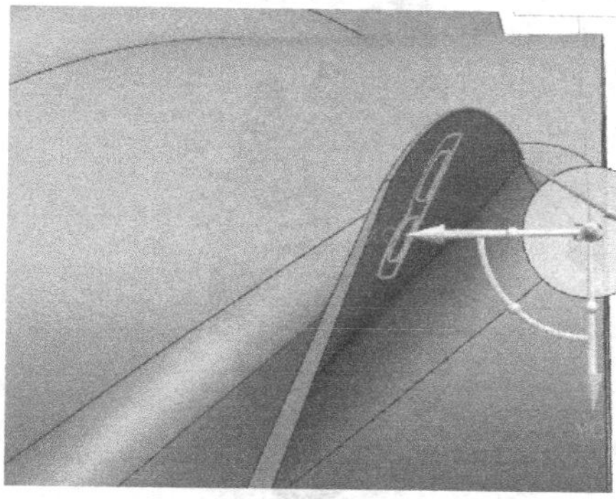

图 3-55　指定矢量

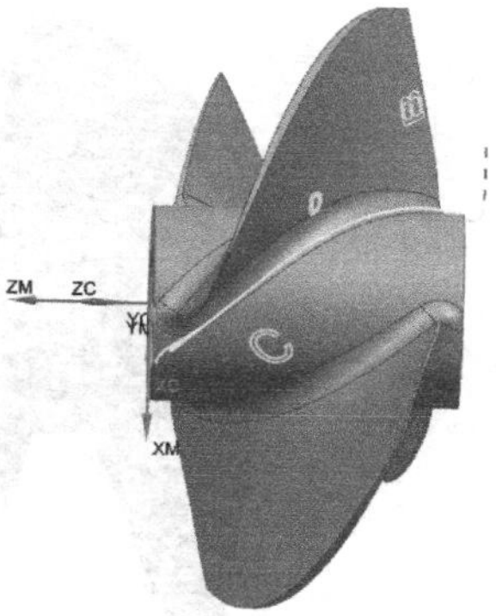

图 3-56　生成的刀具路径

温馨提示：选择屏幕左下角坐标系 Z 轴，再旋转叶轮，实际上是控制所编程序为四轴联动方式加工零件。同一个加工区域，在能完全加工的基础上，尽可能减少机床旋转的轴数，以提高生产效率。

2. 创建 D 面方向其余圆角粗加工程序

右击刚生成的 3D1 程序，弹出快捷菜单，单击【对象】|变换按钮，在【类型】下拉列表框中选择“绕点旋转”，【变换参数】|【指定枢轴点】中选择加工坐标系原点，【角度】输入“120”，【结果】选择“复制”单选按钮，【非关联副本数】输入“2”，单击【确定】按钮，生成刀具路径如图 3-57 所示，将程序分别重命名为 3D2、3D3。

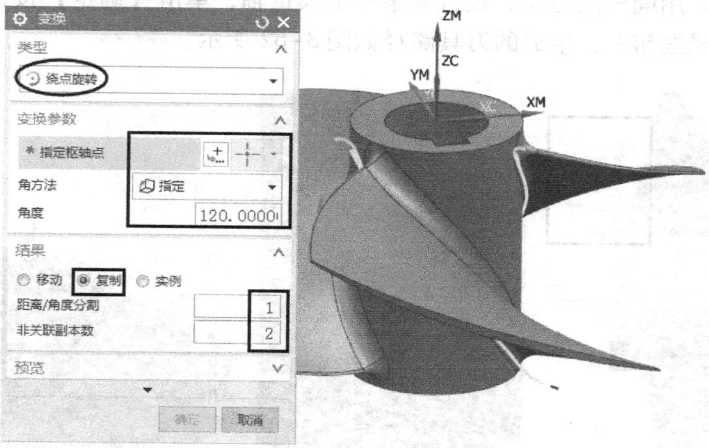

图 3-57　复制刀具路径

3. 创建 E 处圆角曲面粗加工程序

（1）右击 3D1 程序，在弹出的快捷菜单中选择“复制”，右击 3D3 程序，在弹出的快捷菜单中选择“粘贴”，将程序重命名为 3D4。

（2）双击 3D4 程序，单击【驱动方法】中编辑按钮，在【指定驱动几何体】中单击选择或编辑驱动几何体按钮，删除以前的驱动几何体，选择如图 3-58 所示的圆弧曲面，单击【确定】按钮。

（3）单击切削方向按钮，选择如图 3–59 所示的箭头方向，注意材料方向是否正确，单击【确定】按钮。

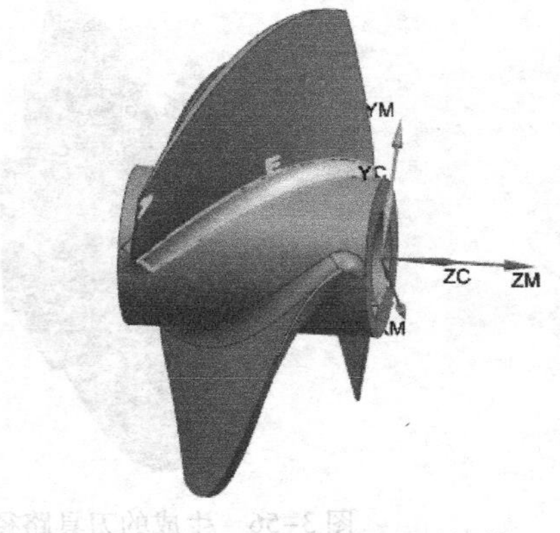

图 3–58　选择驱动几何体

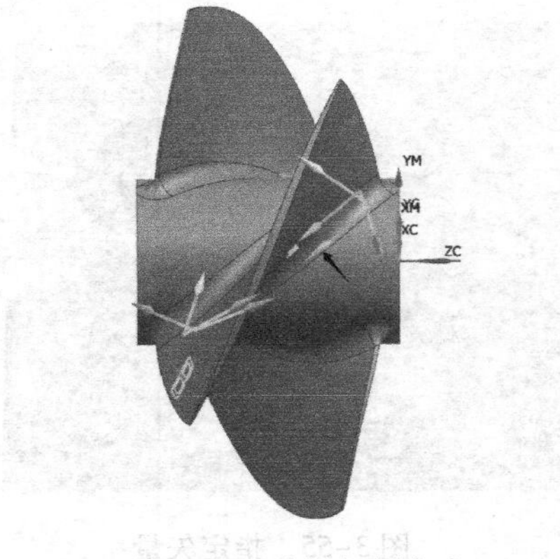

图3–59　选择切削方向

（4）单击【刀轴】|编辑按钮，在【插补矢量】对话框中，单击移除按钮×，删除多余的矢量，在圆角曲面的开始部分和结尾部分各留两个矢量轴，在【插补方法】中选择“光顺”，如图 3–60 所示。

（5）在键盘上按〈F8〉键，单击屏幕左下角坐标图标中的 Z 轴，选择其中一个矢量，再按住鼠标中键不放，旋转模型，当刀具既能加工圆角曲面，又不与叶片发生干涉时，停止旋转。在【插补矢量】|【指定矢量】下拉列表框中选择视图方向，如图 3–61 所示，单击【应用】按钮。用同样的方法，设置其余三个矢量轴，单击【确定】按钮。

（6）单击生成按钮，生成的刀具路径如图 3–62 所示。

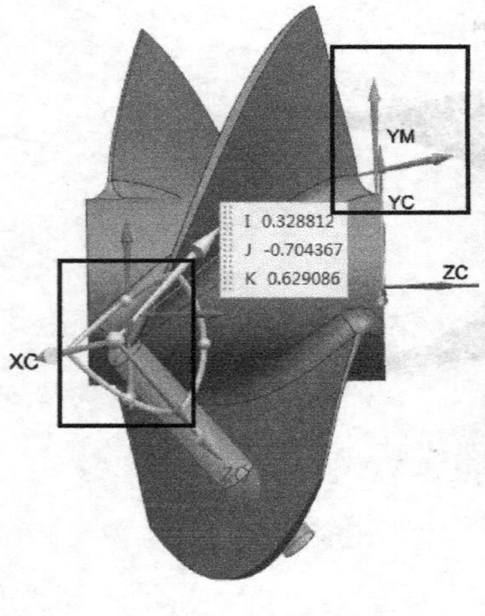

图 3–60　插补矢量

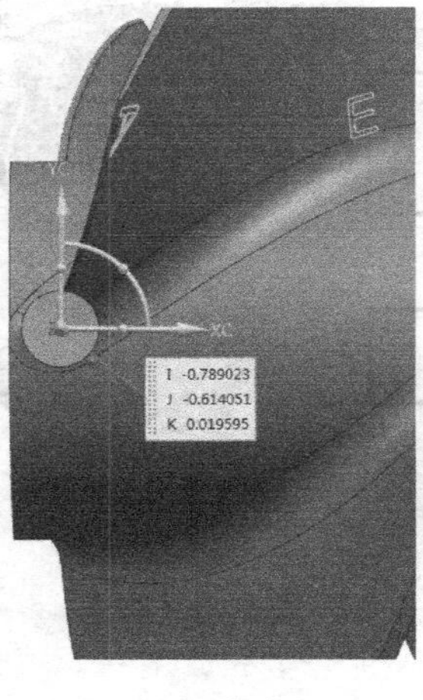

图 3–61　指定矢量

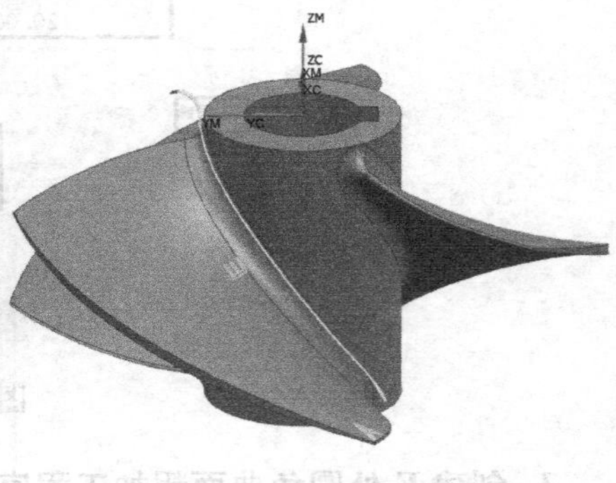

图 3–62　生成的刀具路径

4. 创建 E 面方向其余圆角粗加工程序

右击刚生成的 3D4 程序，弹出快捷菜单，单击【对象】|变换按钮，在【类型】下拉列表框中选择“绕点旋转”，【变换参数】|【指定枢轴点】选择加工坐标系原点，【角度】输入“120”，【结果】选择“复制”单选按钮，【非关联副本数】输入“2”，单击【确定】

按钮，生成刀具路径如图 3-63 所示，将程序分别命名为 3D5、3D6。

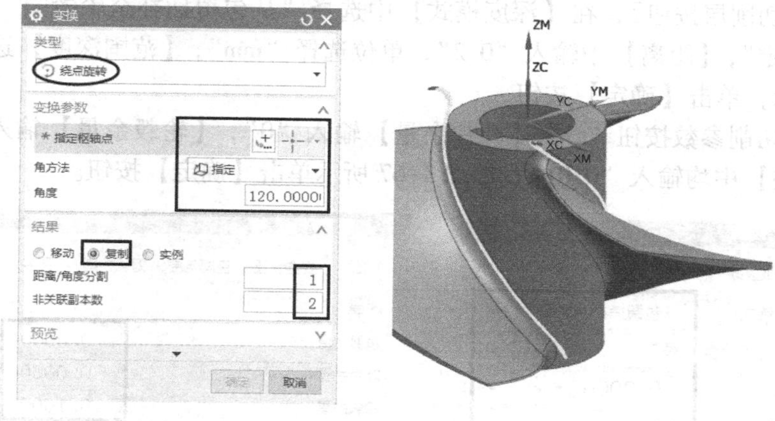

图 3-63　复制刀具路径

3.4　创建叶轮精加工程序

3.4.1　创建叶片精加工程序

1. 创建 A 处叶片精加工程序

(1) 右击 3E 程序组，单击【插入】|工序按钮，弹出【创建工序】对话框，按照如图 3-64 所示设置，单击【确定】按钮。

(2) 单击【驱动方法】|【叶片精加工】中的编辑按钮，弹出【叶片精加工驱动方法】对话框，在【切削周边】|【要精加工的几何体】中选择“叶片”，【要切削的面】选择“所有面”，【驱动设置】|【切削模式】中选择“螺旋”，【切削方向】选择“顺铣”，【起点】选择“后缘”，如图 3-65 所示，单击【确定】按钮。

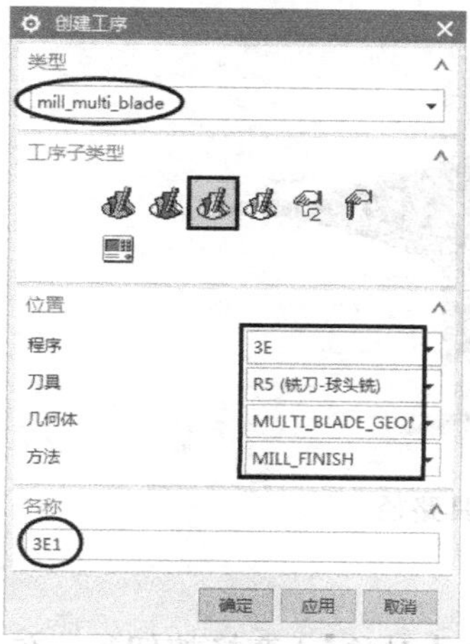

图 3-64　创建工序

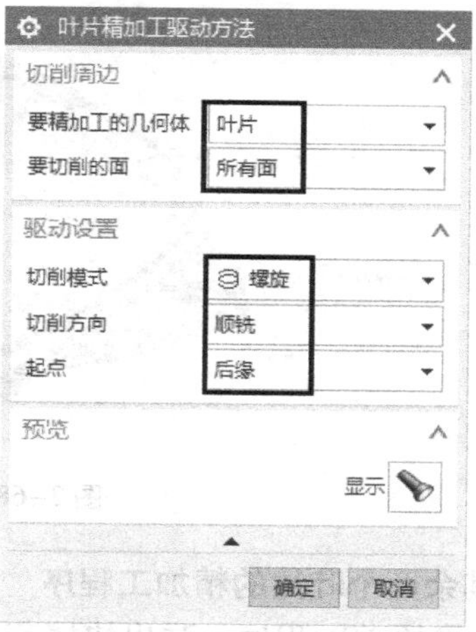

图 3-65　设置驱动方法

（3）在【刀轴】|【轴】中选择“自动”。

（4）单击切削层按钮☰，在【深度模式】中选择“从包覆插补至轮毂”，【每刀切削深度】选择“恒定”，【距离】中输入“0.2”，单位选择“mm”，【范围深度】选择“自动”，如图3-66所示，单击【确定】按钮。

（5）单击切削参数按钮▭，在【叶片余量】输入“0”，【轮毂余量】输入“0.1”，其余默认，【公差】中均输入“0.01”，如图3-67所示单击【确定】按钮。

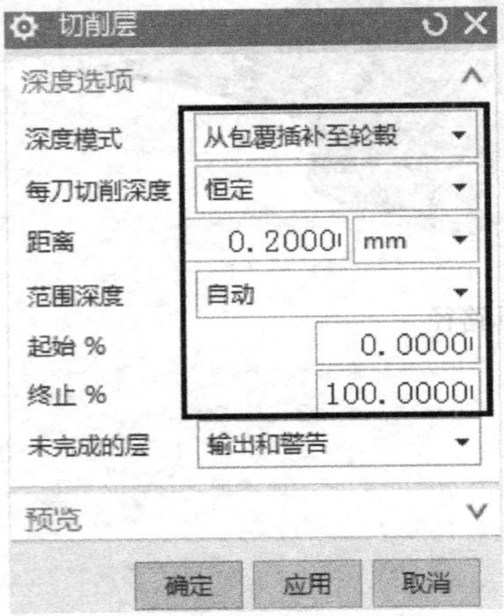

图3-66　切削层设置

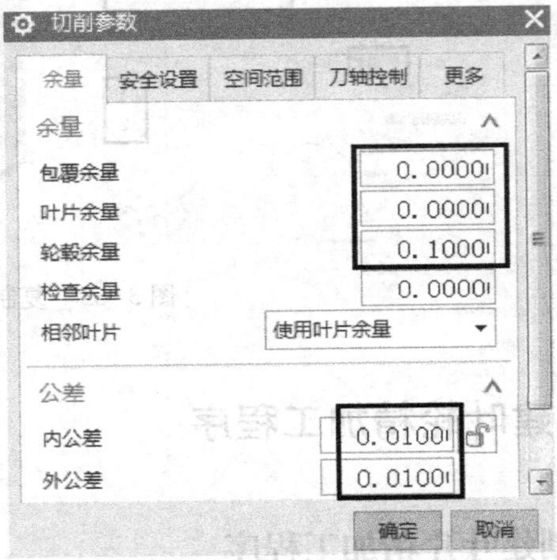

图3-67　余量设置

（6）单击非切削移动按钮▭，在【转移/快速】|【公共安全设置】|【安全设置选项】中选择“包容圆柱体”，【安全距离】中输入“3”，其余默认，单击【确定】按钮。

（7）单击进给率和速度按钮，在【主轴速度】中输入“3000”，【进给率】中输入“1500”，单击【确定】按钮。

（8）单击生成按钮，生成的刀具路径如图3-68所示。

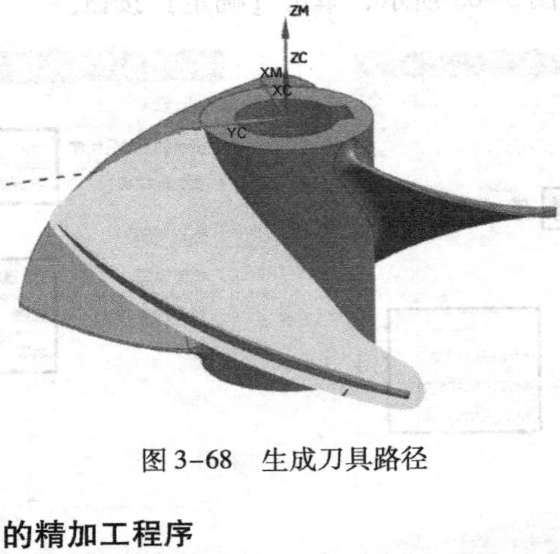

图3-68　生成刀具路径

2. 创建其余两个叶片的精加工程序

右击刚生成的3E1程序，弹出快捷菜单，单击【对象】|变换按钮，在【类型】下拉列表框中选择“绕点旋转”，【变换参数】|【指定枢轴点】选择加工坐标系原点，【角度】

输入“120”，【结果】选择“复制”单选按钮，【非关联副本数】输入“2”，单击【确定】按钮，生成刀具路径如图 3-69 所示，并将其分别命名为 3E2、3E3。

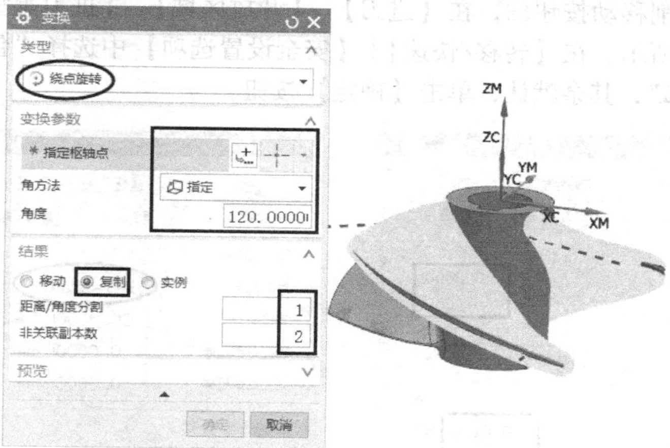

图 3-69　复制刀具路径

3.4.2　创建轮毂精加工程序

1. 创建轮毂面精加工程序

（1）右击 3F 程序组，单击【插入】|工序按钮，弹出【创建工序】对话框，按照如图 3-70 所示设置，单击【确定】按钮。

（2）单击【驱动方法】|【轮廓精加工】中的编辑按钮，弹出【轮毂精加工驱动方法】对话框，在【驱动设置】|【切削模式】中选择“往复向上”，【切削方向】选择“混合”，【步距】选择“恒定”，【最大距离】输入“0.2”，其余默认，如图 3-71 所示，单击【确定】按钮。

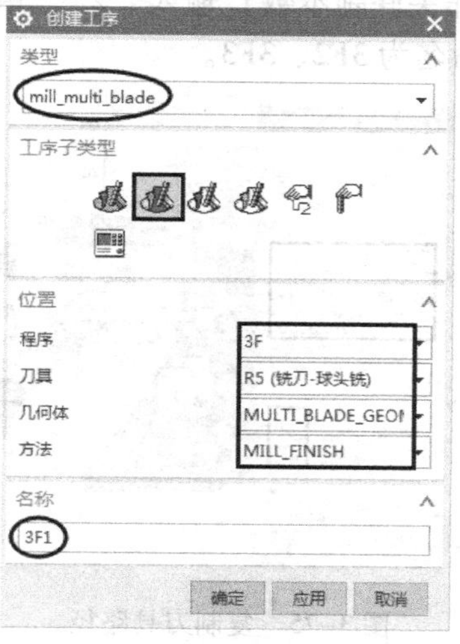

图 3-70　创建工序

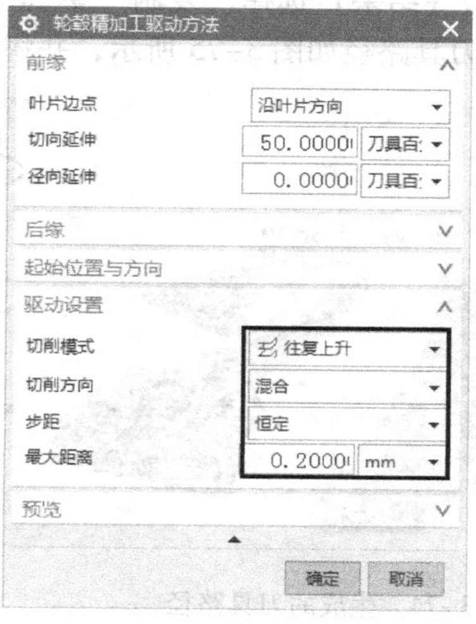

图 3-71　驱动方法设置

（3）单击切削参数按钮，在【叶片余量】中输入“0”，【轮毂余量】中输入“0”，其余默认，在【公差】中均输入“0.01”，如图3-72所示，单击【确定】按钮。

（4）单击非切削移动按钮，在【进刀】|【开放区域】|【进刀类型】中选择“相切逼近”，如图3-73所示。在【转移/快速】|【安全设置选项】中选择“包容圆柱体”，【安全距离】中输入“3”，其余默认，单击【确定】按钮。

图3-72　余量设置

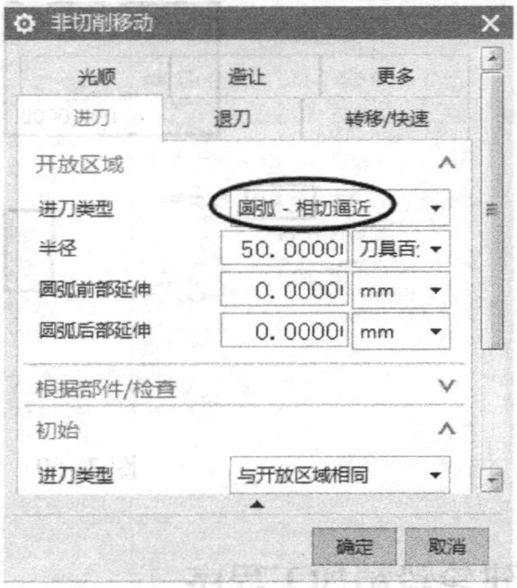

图3-73　进刀设置

（5）单击进给率和速度按钮，在【主轴速度】中输入“3000”，【进给率】中输入“1500”，单击【确定】按钮。

（6）单击生成按钮，生成的刀具路径如图3-74所示。

2. 创建其余两个轮毂面精加工程序

右击刚生成的3F1程序，弹出快捷菜单，单击【对象】|变换按钮，在【类型】下拉列表框中选择“绕点旋转”，【变换参数】|【指定枢轴点】选择加工坐标系原点，【角度】输入“120”，【结果】选择“复制”单选按钮，【非关联副本数】输入“2”，单击【确定】按钮，生成刀具路径如图3-75所示，并将其分别命名为3F2、3F3。

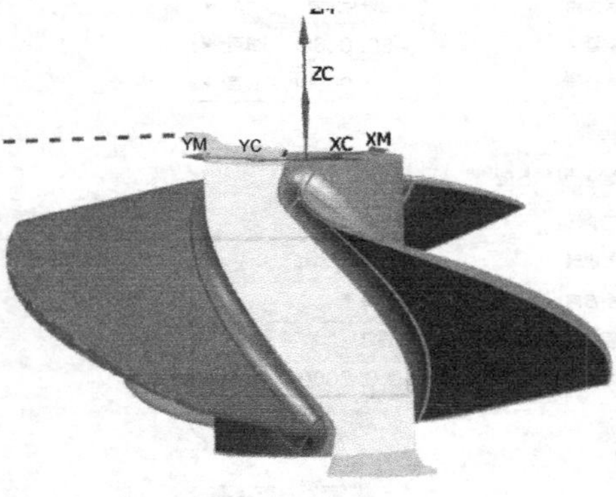

图3-74　生成的刀具路径

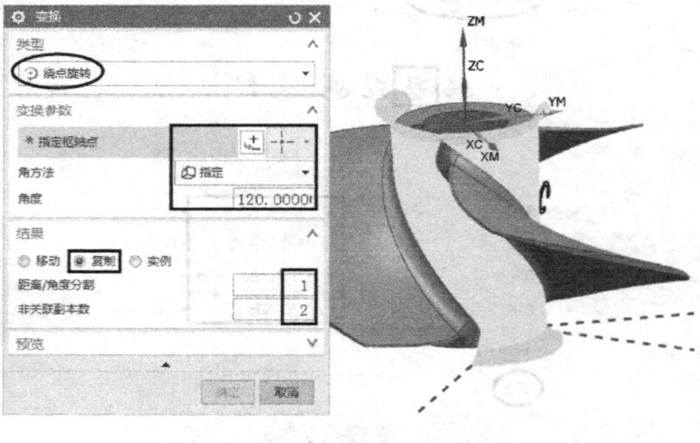

图3-75　复制刀具路径

3.4.3 创建圆角精加工程序

1. 创建 D 面圆角精加工程序

（1）右击 3G 程序组，单击【插入】|工序按钮，弹出【创建工序】对话框，按照如图 3-76 所示设置，单击【确定】按钮。

（2）单击【驱动方法】|【圆角精加工】中的编辑按钮，弹出【圆角精加工驱动方法】对话框，在【切削周边】|【要切削的面】选择“所有面”，【驱动设置】|【步距】中选择“恒定”，【最大距离】输入“0.2”，【切削模式】选择“螺旋”，【顺序】选择“先陡”，【起点】选择“前缘”，其余默认，如图 3-77 所示，单击【确定】按钮。

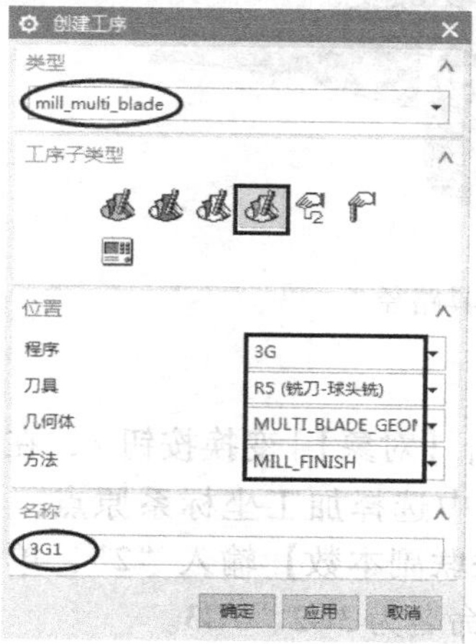

图 3-76　创建工序

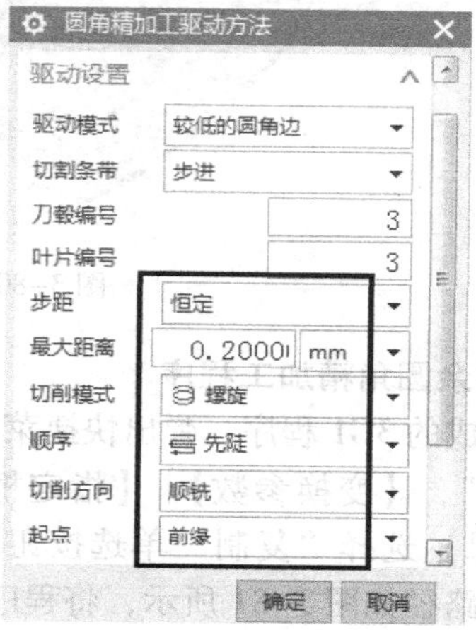

图 3-77　驱动方法设置

（3）单击切削参数按钮，在【叶片余量】中输入“0”，【轮毂余量】输入“0”，其余默认，【公差】均输入“0.01”，如图 3-78 所示，单击【确定】按钮。

（4）单击非切削移动按钮，在【进刀】|【开放区域】|【进刀类型】中选择“圆弧-垂直于刀轴”，在【转移/快速】|【安全设置选项】中选择“包容圆柱体”，【安全距离】中输入“3”，其余默认，如图 3-79 所示，单击【确定】按钮。

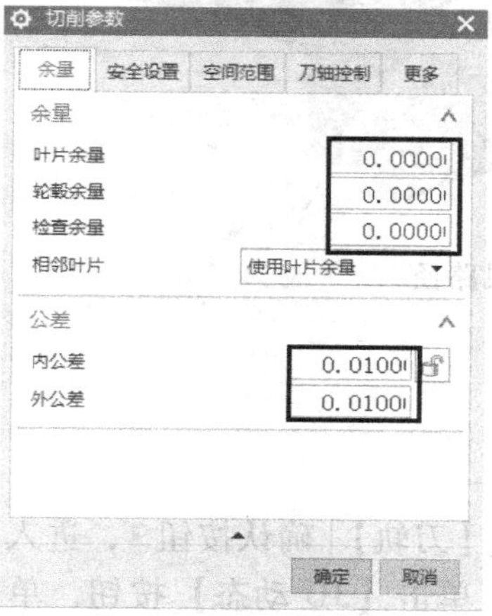

图 3-78　余量设置

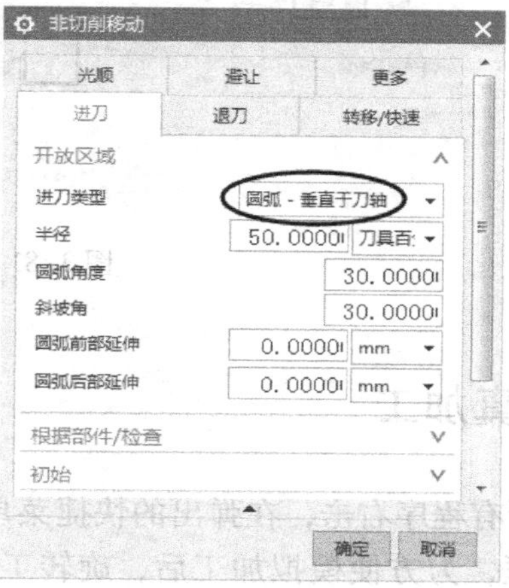

图 3-79　进刀设置

（5）单击进给率和速度按钮，在【主轴速度】中输入“3000”，【进给率】中输入“1500”，单击【确定】按钮。

（7）单击生成按钮，生成的刀具路径如图 3-80 所示。

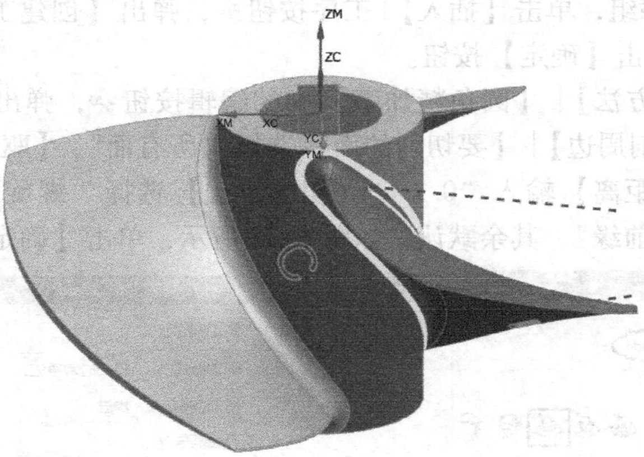

图 3-80　生成刀具路径

2. 创建其余圆角精加工程序

右击刚生成的 3G1 程序，弹出快捷菜单，单击【对象】|变换按钮，在【类型】下选择“绕点旋转”，【变换参数】|【指定枢轴点】中选择加工坐标系原点，【角度】输入“120”，【结果】选择“复制”单选按钮，【非关联副本数】输入“2”，单击【确定】按钮，生成刀具路径如图 3-81 所示，将程序分别重命名为 3G2、3G3。

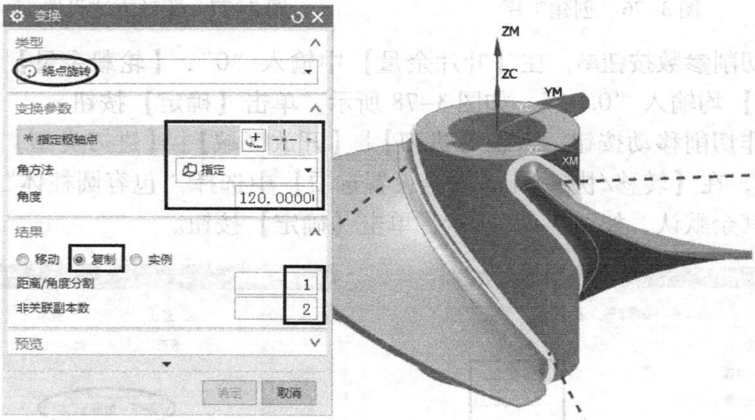

图 3-81　复制刀具路径

3.5　仿真加工

选择所有程序右击，在弹出的快捷菜单中单击【刀轨】|确认按钮，进入【刀轨可视化】对话框，为方便模拟加工后，旋转工件观察，单击【3D 动态】按钮，单击播放按钮，完成模拟加工如图 3-82 所示。

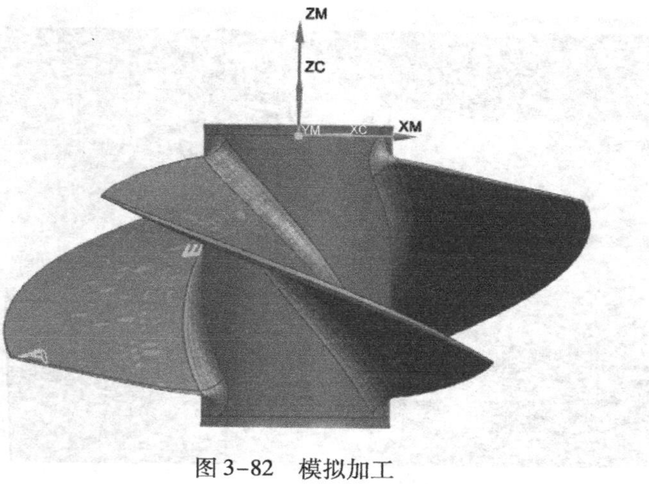

图 3-82　模拟加工

3.6　程序后处理

选择任一程序，如 C1，单击鼠标右键，在弹出的快捷菜单中，选择后处理，单击浏览查找后处理器按钮，选择预先设置好的 LM600HD 后处理器，在【文件名】中输入程序路径和名称，单击【确定】按钮，如图 3-83 所示。

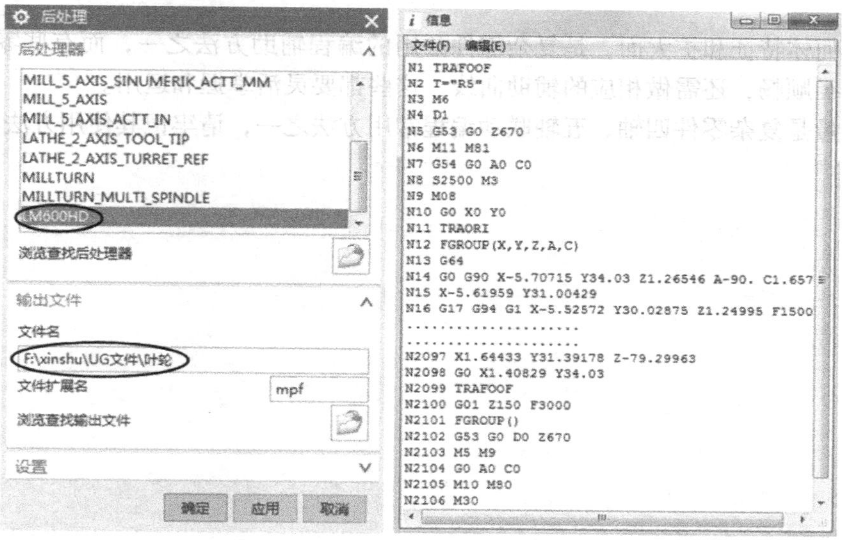

图 3-83　转换成 NC 程序

3.7　Vericut 程序验证

将所有程序后处理为 NC 程序，导入 Vericut7.3，结果如图 3-84 所示。

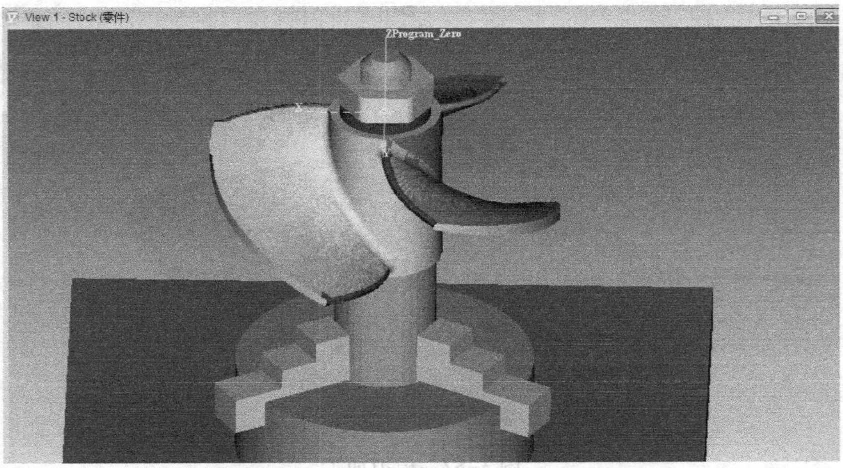

图 3-84　VT 验证

【项目总结】

本项目用传统编程和现代专用模块编程两种方法，详细地讲解了叶轮的具体编程与加工，值得注意的是：当用曲面作驱动时，没有选择几何体，此时余量设置不起作用，因此在此步若设置余量，需在曲面偏置里面设置；同样，因没选择几何体，此部分程序不能用 UG 仿真加工。

抽取几何体特征和扩大面，是复杂零件常用的编程辅助方法之一，而有些零件编程时，为了刀具路径顺畅，还需做相应的辅助曲线，这些都要灵活掌握和运用。

插补矢量是复杂零件四轴、五轴联动编程常用方法之一，请牢记其使用方法。

模块二 车铣复合编程与加工

本模块以传动轴、桨杯和双头锥度蜗杆为例，详细介绍了 UG NX 10.0 车削、车铣复合的编程方法及常用参数的设置方法。通过本模块的学习，学生能完成一般零件的车铣复合多轴编程与加工。

项目4 传动轴车削编程与加工

【教学目标】

知识目标： 掌握数控车床的运行特点。
掌握钻孔参数的设置方法。
掌握外圆粗、精车参数设置方法。
掌握内孔粗、精镗参数设置方法。
掌握切槽和螺纹的参数设置方法。

能力目标： 能运用 UG 软件完成一般性轴类零件的车削编程与后处理、仿真加工和程序验证。

素质目标： 培养学生创新意识和团队合作意识，通过模拟加工，让学生体验学习成就感，激发学生的学习积极性。

【教学重点与难点】

- 数控车削初始设置（坐标系建立、几何体创建）的要点。
- 数控车削刀具创建注意事项。
- 数控车削编程的各项参数设置方法。
- 数控车削零件掉头加工参数的设置方法。

【项目导读】

本项目中的传动轴为典型轴类零件，如图 4-1 所示。它综合了数控车床编程的多个知识要点：螺纹、螺纹退刀槽、圆弧、球面、外圆柱面、倒角及内孔车削等。在本案例中为了教学方便，先将 R 端的各个尺寸编程加工到图纸要求后再编程加工 L 端部分。

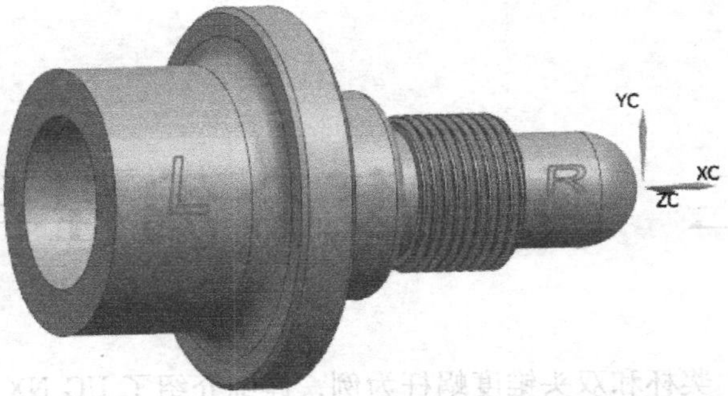

图 4–1　零件图形

【项目实施】

制定合理的加工工艺，完成传动轴的编程与仿真加工，并将程序后处理，导入 Vericut 进行程序验证。

4.1　工艺分析及刀路规划

1. 零件分析

此零件基于长度方向定位考虑，先加工有螺纹的 R 端部分，再调头校正工件后，车削有孔的 L 端部分。

2. 毛坯选用

材料选用 40Gr 钢，已经过调质处理。棒料尺寸为：Φ70 mm × 110 mm。

3. 刀路规划

（1）先加工 R 端部分

① 程序 4A：外圆粗加工，刀具为外圆粗车刀 80°菱形刀片，加工余量为径向 0.5 mm，轴向 0.1 mm。

② 程序 4B：外圆精加工，刀具为外圆粗车刀 55°菱形刀片，加工余量均为 0 mm。

③ 程序 4C：外侧切槽，刀片宽度为 3 mm，加工余量为 0 mm。

④ 程序 4D：外螺纹加工，刀片为 60°。

（2）调头加工 L 端部分

① 程序 4E：用 Φ20 mm 麻花钻头钻孔。

② 程序 4F：外圆粗加工，刀具为外圆粗车刀 80°菱形刀片，加工余量为径向 0.5 mm，轴向 0.1 mm。

③ 程序 4G：外圆精加工，刀具为外圆粗车刀 55°菱形刀片，加工余量均为 0 mm。

④ 程序 4H：内孔粗加工，刀具为内孔粗车刀 35°菱形刀片，加工余径向 0.5 mm，轴向为 0.1 mm。

⑤ 程序 4I：内孔精加工，刀具为内孔精加工车刀 35°菱形刀片，加工余量均为 0 mm。

4.2 创建程序

4.2.1 进入加工模块

1. 设置加工环境

单击【启动】|加工按钮，在弹出的【加工环境】对话框的【要创建的 CAM 设置】中，选择“turning”，单击【确定】按钮。

2. 建立加工坐标系

在导航器中切换到几何视图。单击“+”符号将其展开，双击“MCS_SPINDLE”，在 MCS 主轴对话框中单击“CSYS”，调整动态坐标系，按如图 4-2 所示设置，单击【确定】按钮。

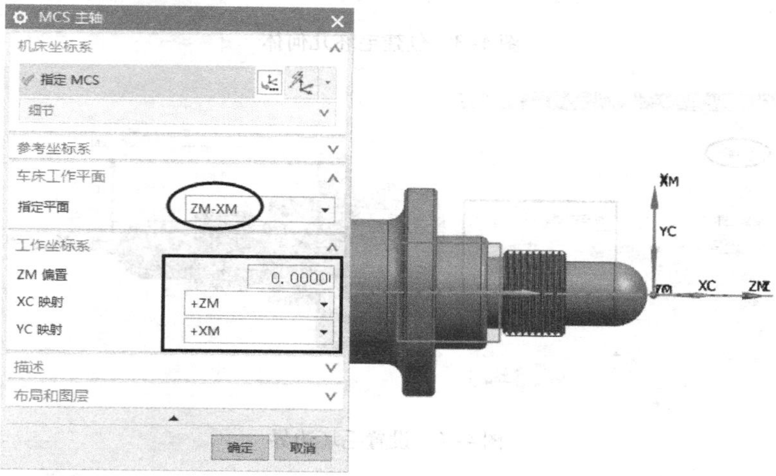

图 4-2 设置加工坐标系

3. 创建几何体

（1）创建工件几何体。双击“WORKPIECE”节点，弹出【工件】对话框，单击【指定部件】按钮，弹出【部件几何体】对话框，选择传动轴模型，单击【确定】按钮。单击【指定毛坯】按钮，弹出【毛坯几何体】对话框，在【类型】下拉列表框中选择包容圆柱体，在【限制】|【ZM +】和【-ZM +】框里输入“1”，【半径】|【偏置】框里输入“2”，如图 4-3 所示，其余默认，单击【确定】按钮。继续单击【确定】按钮，完成几何体设置。

（2）指定毛坯边界。双击“TURNING_WORKPIECE”节点，弹出【车削工件】对话框，单击指定毛坯边界按钮，弹出【毛坯边界】对话框，在【类型】中选择“棒料”，【安装位置】选择“远离主轴箱”，【指定点】选择加工坐标系，【长度】输入“110”，【直径】输入“70”。如图 4-4 所示，单击【确定】按钮。

（3）避让设置。单击创建几何体按钮，在弹出的对话框中按如图 4-5 所示设置，单击【确定】按钮，弹出【避让】对话框。在【出发点】|【点选项】中选择“指定”，在【指定点】中输入坐标“100，60，0”，单击【确定】按钮。在【运动到起点】|【运动类型】

中选择“轴向 -> 径向”，在【指定点】中输入坐标“10，40，0”。在【运动到回零点】|【运动类型】中选择“径向 -> 轴向”，【点选项】中选择“与起点相同”，其余默认，如图 4-6 所示，单击【确定】按钮。

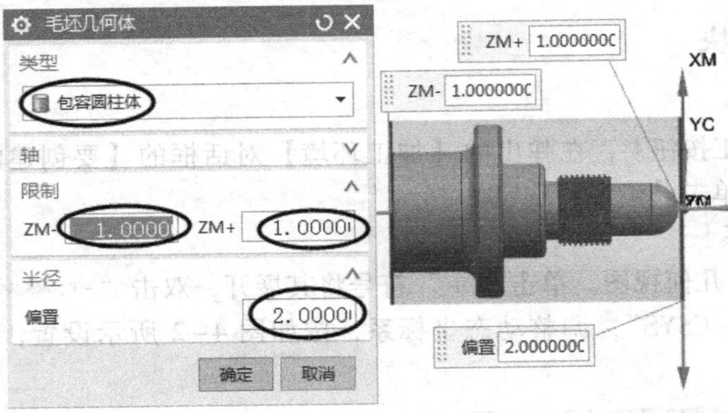

图 4-3　创建毛坯几何体

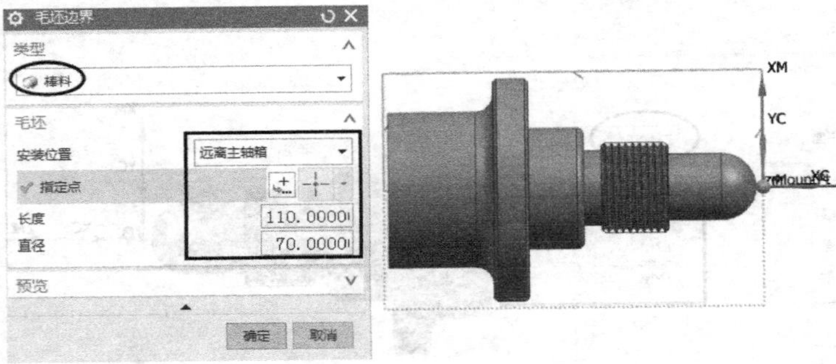

图 4-4　设置毛坯边界

图 4-5　创建避让几何体

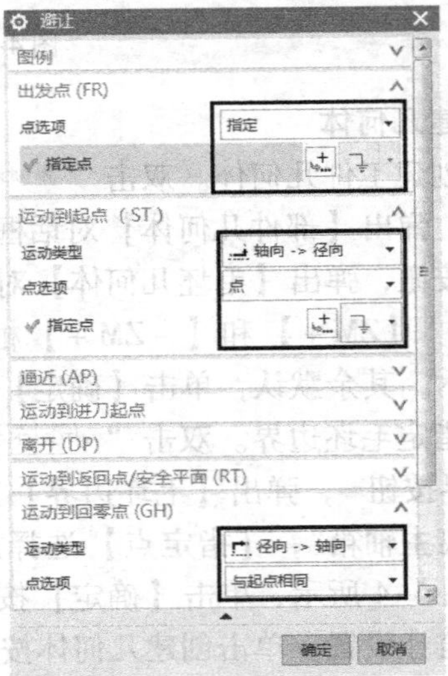

图 4-6　避让设置

重复前面几个步骤，创建的 R 端和 L 端加工几何体组如图 4-7 所示。

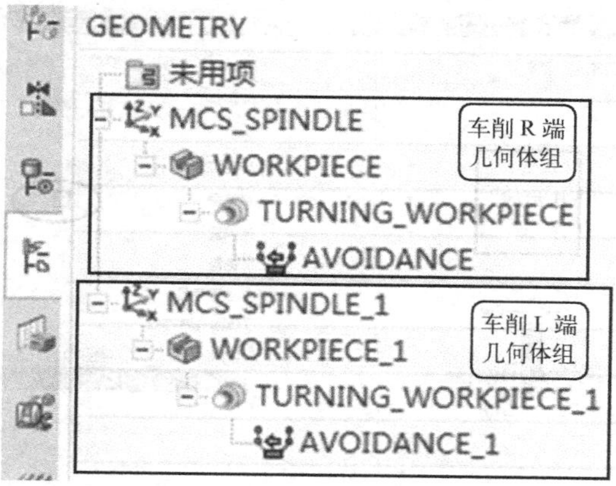

图 4-7　创建的几何体组

4. 创建刀具

（1）创建外圆粗车左偏刀

单击【插入】|刀具按钮，弹出【创建刀具】对话框，按如图 4-8 所示设置，单击【确定】按钮，弹出【车刀－标准】对话框，在【工具】|【刀片】中选择“C（菱形 80）”，【刀片位置】中选择“顶侧”，【尺寸】|【刀尖半径】中输入“0.8”，在【刀具号】中输入“1”，如图 4-9 所示，其余默认，单击【确定】按钮。

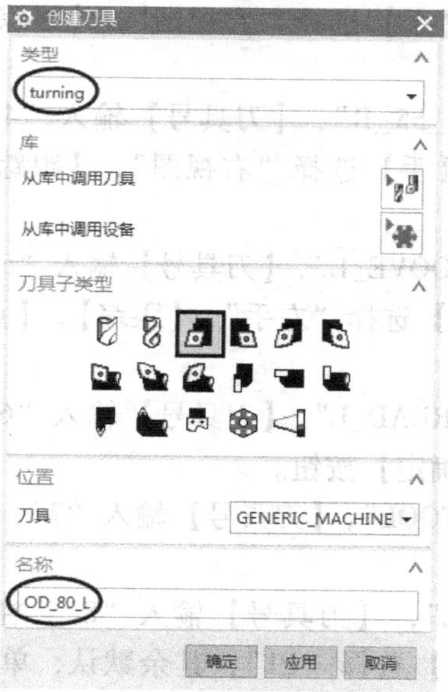

图 4-8　创建刀具

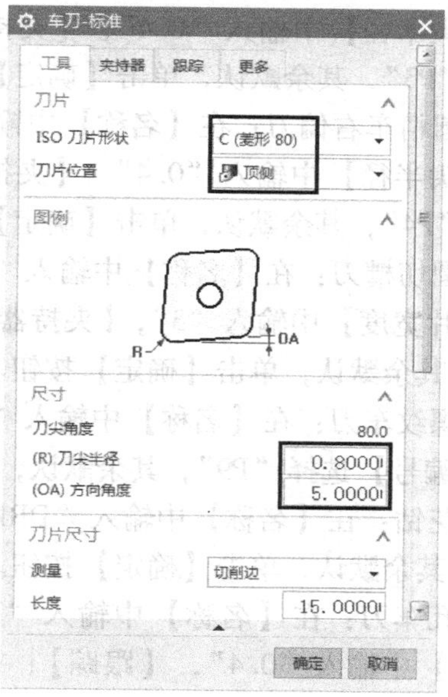

图 4-9　车刀参数设置

单击【夹持器】按钮，在弹出的对话框中，勾选“使用车刀夹持器”复选按钮，如图 4-10 所示，其余默认。

单击【跟踪】按钮，在弹出的对话框中，【点编号】选择 P3，如图 4-11 所示，其余默认，单击【确定】按钮。

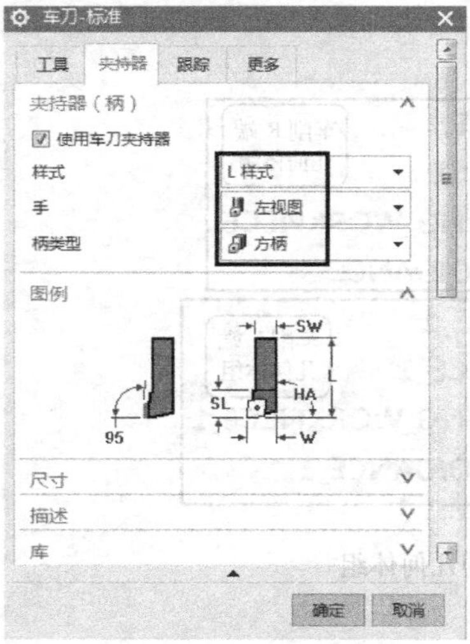

图 4-10　选择夹持器

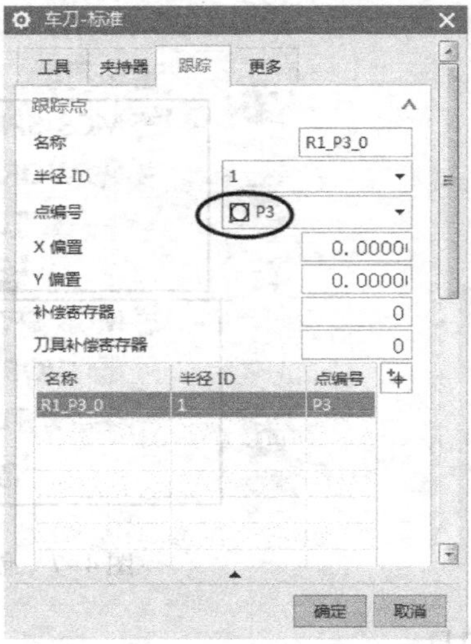

图 4-11　设置跟踪点

（2）用同样方法创建以下刀具：

① 外圆粗车右偏刀：【名称】中输入“OD_80_R”，【刀具号】输入“2”，【夹持器】|【手】选择“右视图”，【跟踪】|【点编号】选择“P4”，其余默认，单击【确定】按钮。

② 外圆精车左偏刀：在【名称】中输入“OD_55_L”，【刀具号】输入“3”，在【工具】|【刀尖半径】中输入“0.4”，【夹持器】|【手】选择“左视图”，【跟踪】|【点编号】选择“P3”，其余默认，单击【确定】按钮。

③ 外圆精车右偏刀：在【名称】中输入“OD_55_R”，【刀具号】输入“4”，在【工具】|【刀尖半径】中输入“0.4”，【夹持器】|【手】选择“右视图”，【跟踪】|【点编号】选择“P4”，其余默认，单击【确定】按钮。

④ 外圆切槽刀：在【名称】中输入“OD_GROOVE_L”，【刀具号】输入“5”，在【工具】|【刀片宽度】中输入“3”，【夹持器】|【手】选择“左手”，【跟踪】|【点编号】选择“P3”，其余默认，单击【确定】按钮。

⑤ 外螺纹车刀：在【名称】中输入“OD_THREAD_L”，【刀具号】输入“6”，在【跟踪】|【点编号】选择“P9”，其余默认，单击【确定】按钮。

⑥ 麻花钻：在【名称】中输入“DRILLING_TOOL”，【刀具号】输入“7”，【直径】输入“20”，其余默认，单击【确定】按钮。

⑦ 内孔车刀：在【名称】中输入“ID_35_L”，【刀具号】输入“8”，在【尺寸】|【刀尖半径】中输入“0.4”，【跟踪】|【点编号】选择“P1”，其余默认，单击【确定】按钮。

5. 创建加工程序组

（1）在加工工序导航器空白处右击，在弹出的快捷菜单中，选择程序顺序视图，在工具条中单击创建程序按钮，弹出【创建程序】对话框，在【类型】中选择“turning”，在【名称】栏输入名称“右端”，如图 4-12 所示，其余默认，两次单击【确定】按钮，完成程序组的创建。

图 4-12　创建程序组

（2）用同样的方法创建“L 端”程序组。

4.2.2　创建 R 端加工程序

1. 创建 R 端外轮廓粗加工程序

（1）单击【插入】|工序按钮，弹出【创建工序】对话框，在【类型】中选择“turning”，【程序】中选择“R 端”，【刀具】选择“OD_80_L”，【几何体】选择“AVOIDANCE”，在【名称】中输入“4A”，如图 4-13 所示，单击【确定】按钮。

（2）单击【几何体】|【切削区域】编辑按钮，在【轴向修剪平面 1】|【限制选项】中选择“点”，限制轴向的车削范围，如图 4-14 所示，在【指定点】中输入坐标“-80，

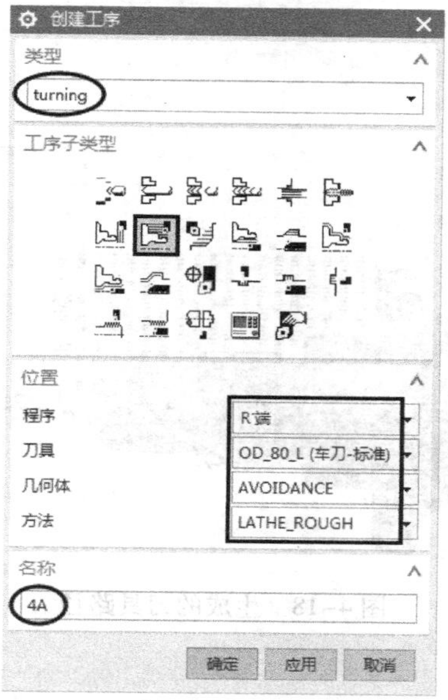

图 4-13　创建粗车工序

图 4-14　设置车削范围

0，0”，单击【确定】按钮。

（3）在【切削策略】中选择“单向线性切削”，在【步进】|【切削深度】中选择“恒定”，【深度】中输入“1”，【变换模式】选择“省略”，如图4-15所示，其余默认。

（4）单击切削参数按钮，在【余量】|【面】中输入“0.1”，【径向】输入“0.5”，其余默认，如图4-16所示，单击【确定】按钮。

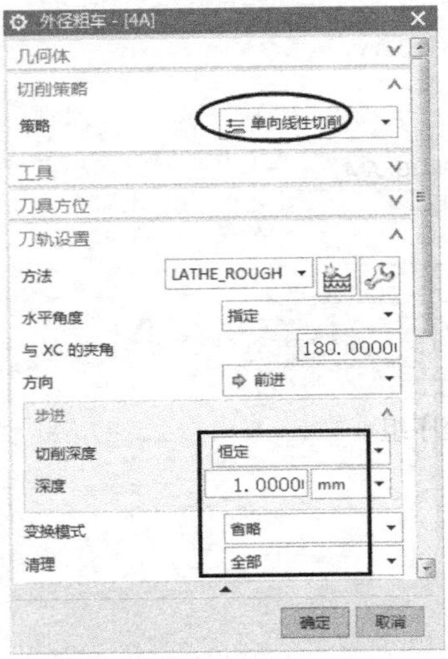

图4-15　设置切削方式和步距

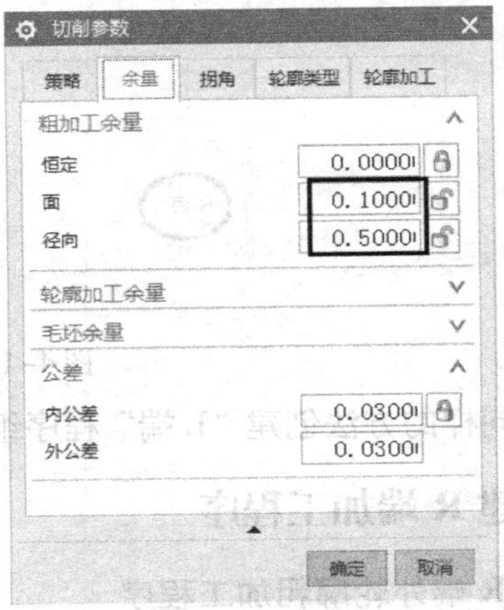

图4-16　余量设置

（5）单击进给率和速度按钮，在【主轴速度】中输入“1000”，在【进给率】|【切削】中输入“300”，如图4-17所示，单击【确定】按钮。

（6）单击生成按钮，生成的刀具路径如图4-18所示。

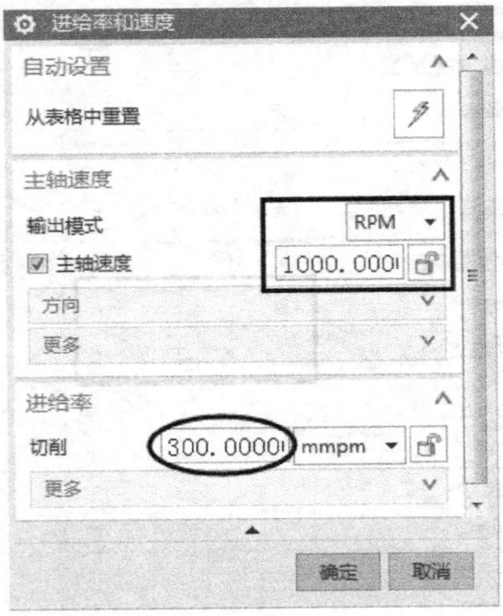

图4-17　设置速度和进给率

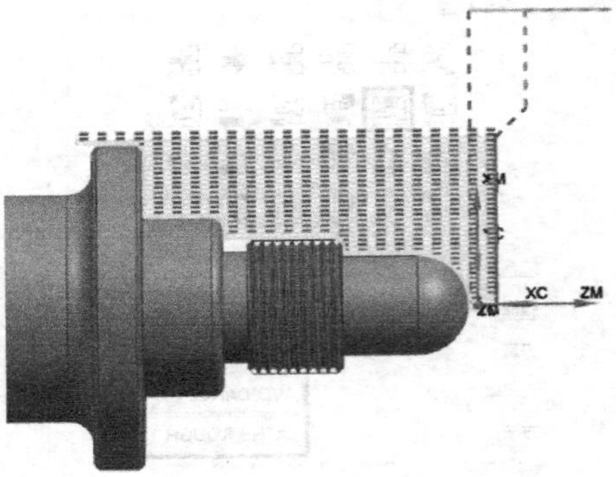

图4-18　生成的刀具路径

2. 创建R端外轮廓精加工程序

（1）单击【插入】|工序按钮，弹出【创建工序】对话框，在【刀具】选择“OD_55

_L”，【方法】中选择“LATHE_FINISH”，【名称】中输入“4B”，其余默认，如图 4-19 所示，单击【确定】按钮。

（2）单击【几何体】|【切削区域】编辑按钮，在【轴向修剪平面 1】|【限制选项】中选择“点”，在【指定点】中输入坐标“-80，0，0”，如图 4-20 所示，单击【确定】按钮。

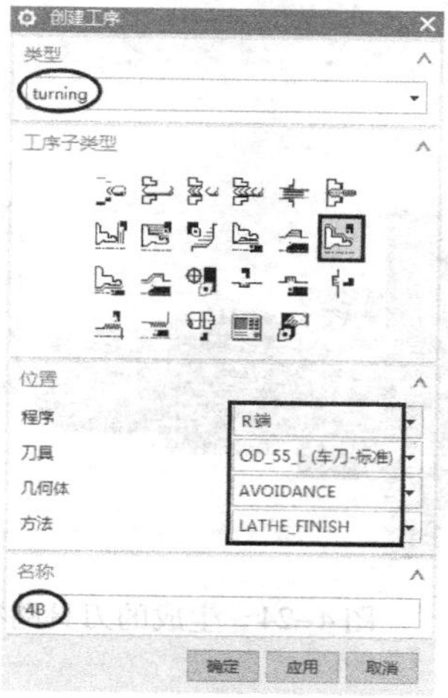

图 4-19　创建精车工序

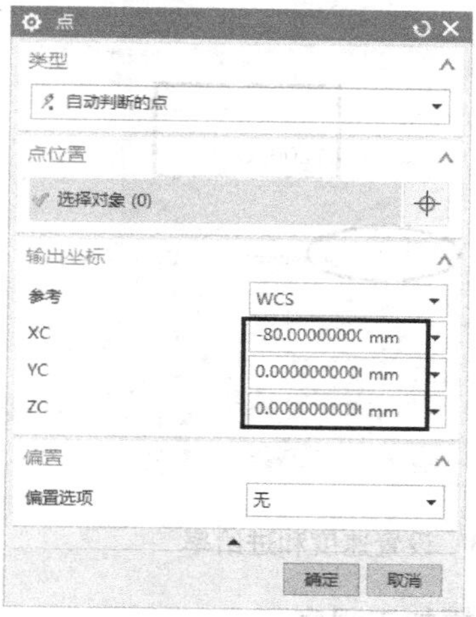

图 4-20　设置车削范围

（3）在【切削策略】中选择“全部精加工”，勾选【省略变换区】复选按钮，如图 4-21 所示。

（4）单击切削参数按钮，在【余量】中全部输入“0”，内外公差均输入“0.01”，如图 4-22 所示，单击【确定】按钮。

图 4-21　策略和刀轨设置

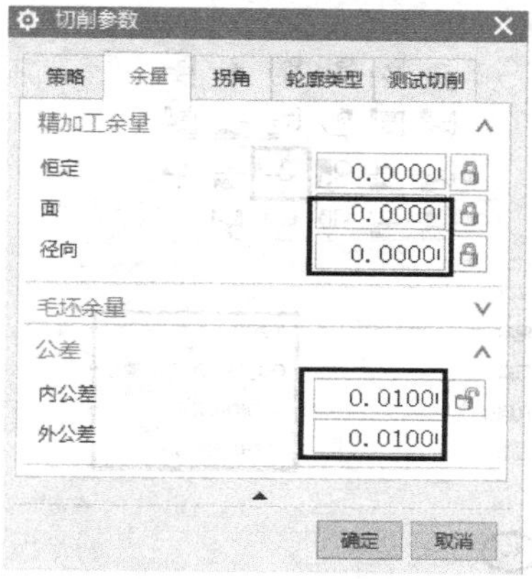

图 4-22　余量设置

（5）单击进给率和速度按钮，在【主轴速度】中输入“1200”，在【进给率】|【切削】中输入“100”，如图4-23所示，单击【确定】按钮。

（6）单击生成按钮，生成的刀具路径如图4-24所示。

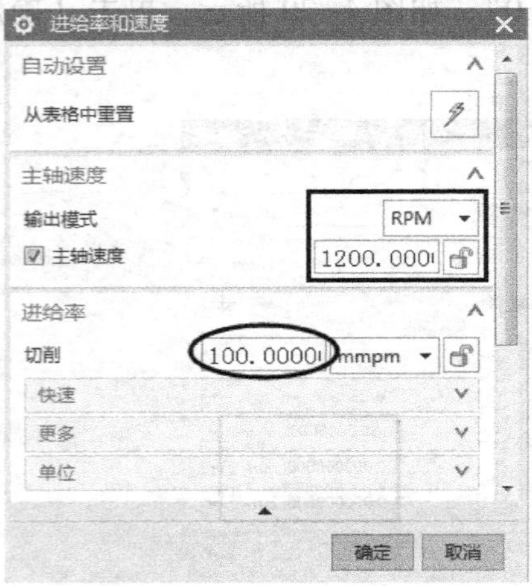

图4-23　设置速度和进给率

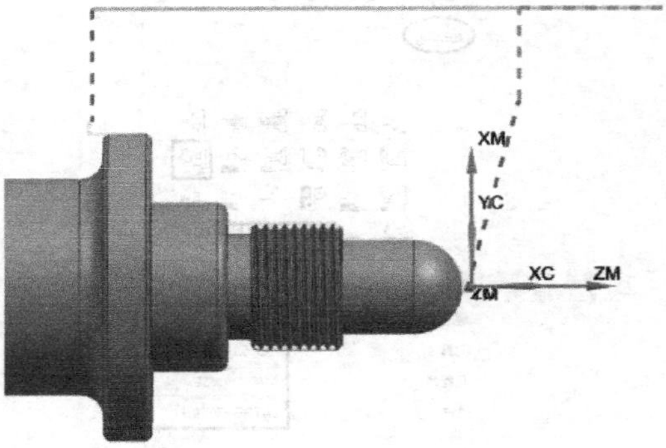

图4-24　生成的刀具路径

3. 创建切槽加工程序

（1）单击【插入】|工序按钮，弹出【创建工序】对话框，在【刀具】中选择“OD_GROOVE_L”，【名称】中输入“4C”，如图4-25所示，单击【确定】按钮。

（2）单击【几何体】|【切削区域】编辑按钮，在【轴向修剪平面1】|【限制选项】中选择“点”，在【指定点】中输入坐标“-51，0，0”，【轴向修剪平面2】|【限制选项】中选择“点”，在【指定点】中输入坐标“-46，0，0”，如图4-26所示，单击【确定】按钮。

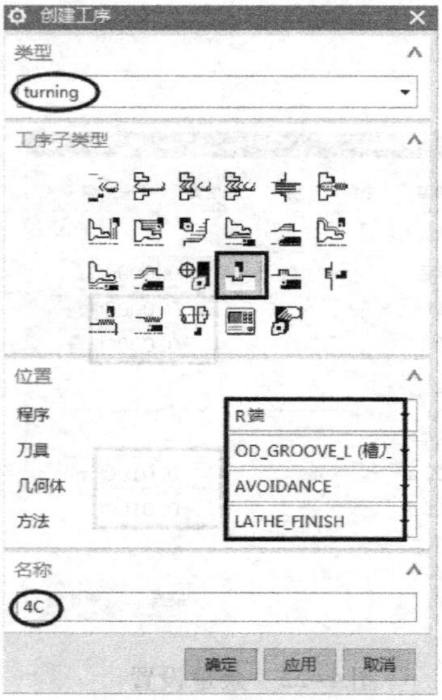

图4-25　创建切槽工序

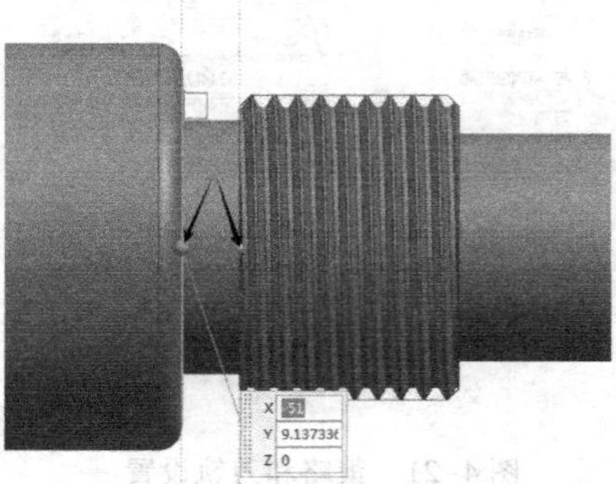

图4-26　设置切槽范围

（3）在【切削策略】中选择“单向插削”，【步进】|【步距】中选择“变量平均值”，在【最大值】中选择刀具百分比并输入“50”，如图 4–27 所示其余默认。

（4）单击切削参数按钮，在【余量】中全部输入“0”，内外公差均输入“0.01”，如图 4–28 所示，单击【确定】按钮。

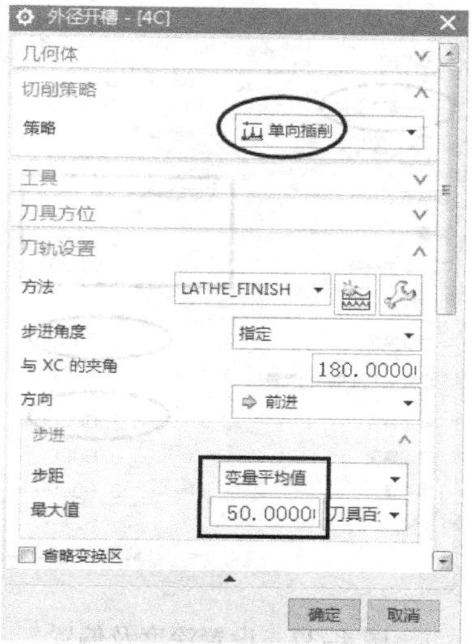

图 4–27　策略和刀轨设置

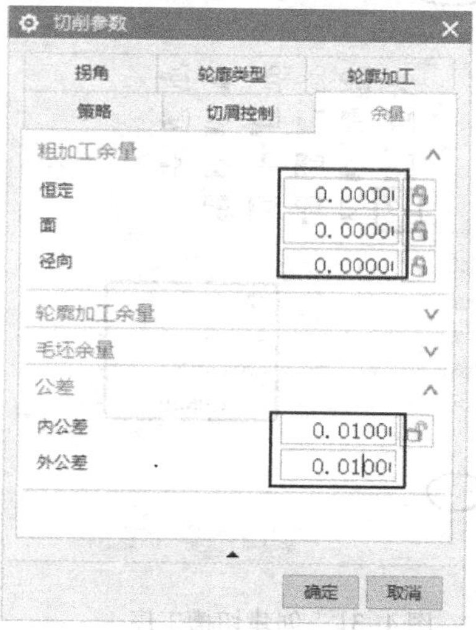

图 4–28　余量设置

（5）单击进给率和速度按钮，在【主轴速度】中输入“1200”，在【进给率】|【切削】中输入“40”，如图 4–29 所示，单击【确定】按钮。

（6）单击生成按钮，生成的刀具路径如图 4–30 所示。

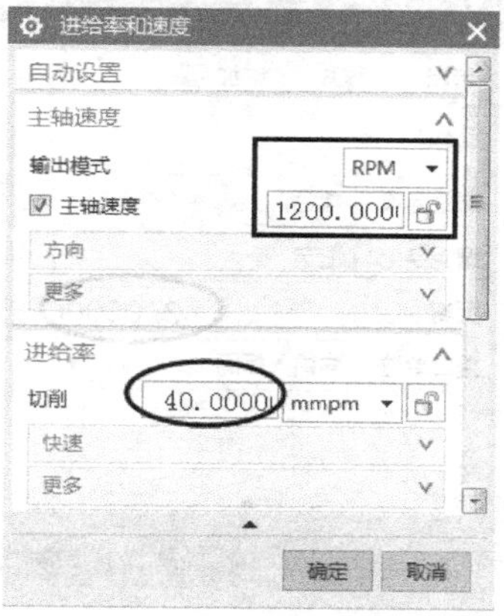

图 4–29　设置速度和进给率

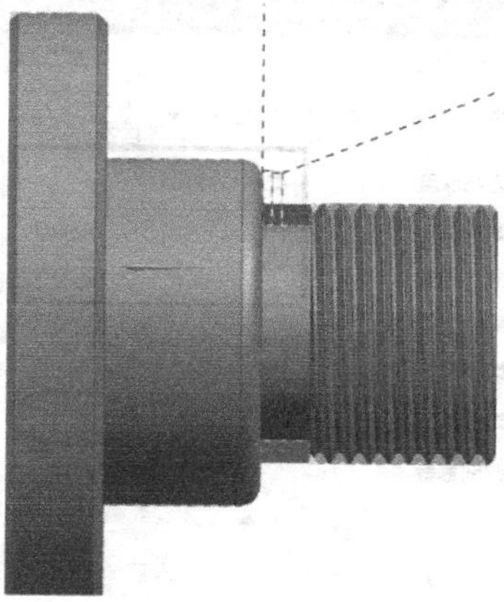

图 4–30　生成的刀具路径

4. 创建螺纹加工程序

（1）单击【插入】|工序按钮，弹出【创建工序】对话框，在【刀具】中选择“OD_THREAD_L”，【名称】中输入“4D”，如图 4–31 所示，单击【确定】按钮。

（2）在【螺纹形状】|【选择顶线】中选择图形螺纹的顶线，【深度选项】中选择“深

度和角度”，【深度】中输入“1.1”，【偏置】|【起始偏置】中输入“5”，【终止偏置】中输入“2”，如图 4-32 所示。

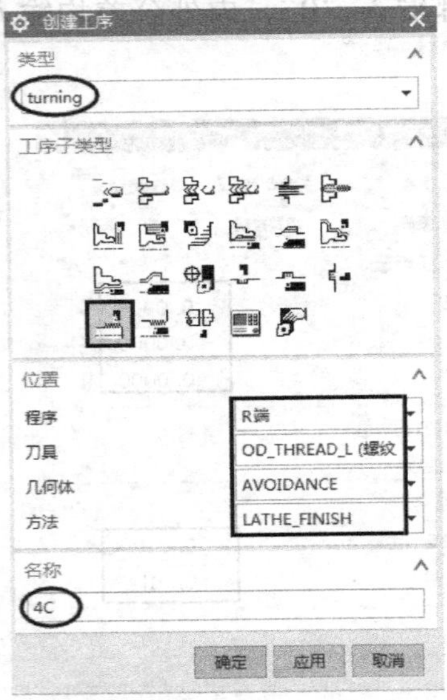

图 4-31 创建切槽工序

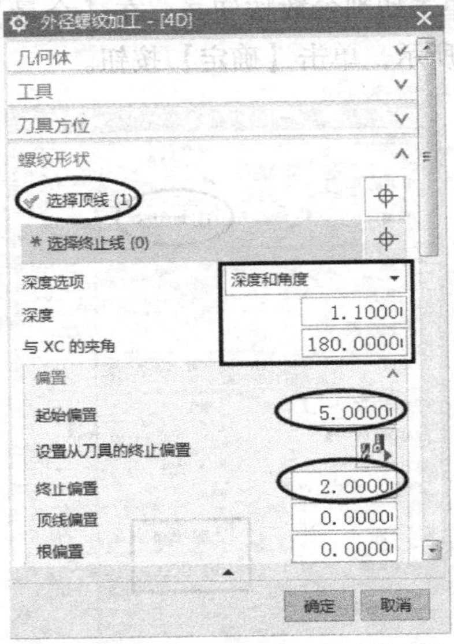

图 4-32 设置深度及偏置

(3) 在【刀轨设置】|【切削深度】中选择“剩余百分比”，【剩余百分比】中输入“30”，【最大距离】中输入“0.5”，【螺纹头数】选择“1”，其余默认，如图 4-33 所示。

(4) 单击切削参数按钮，在【螺距】|【距离】中输入“2”，其余默认，如图 4-34 所示，单击【确定】按钮。

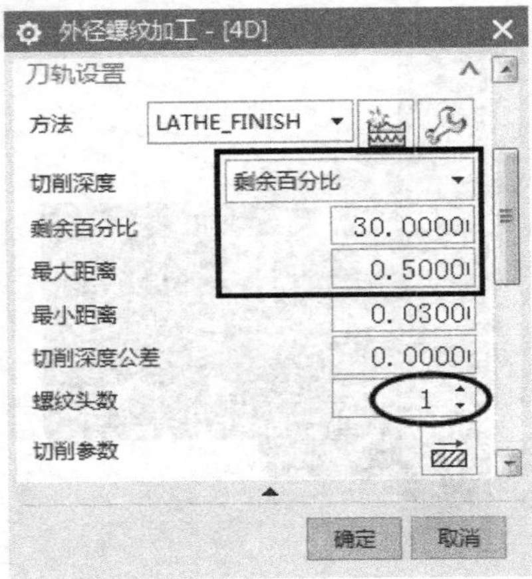

图 4-33 刀轨设置

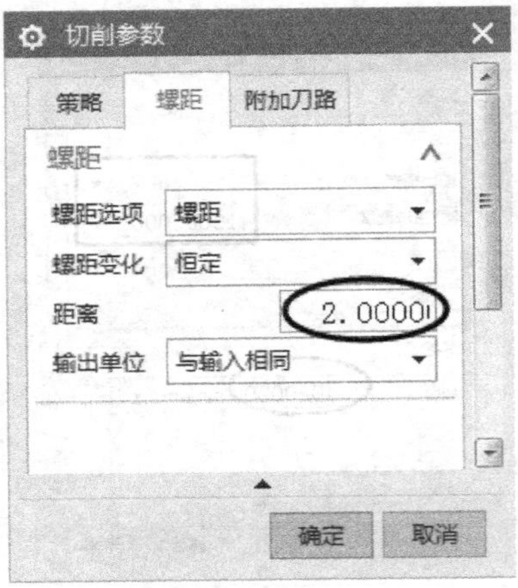

图 4-34 螺距设置

(5) 单击进给率和速度按钮，在【主轴速度】中输入“500”，在【进给率】|【切削】中输入“0.5”，单位选择“mmpr”，如图 4-35 所示，单击【确定】按钮。

(6) 单击生成按钮，生成的刀具路径如图 4-36 所示。

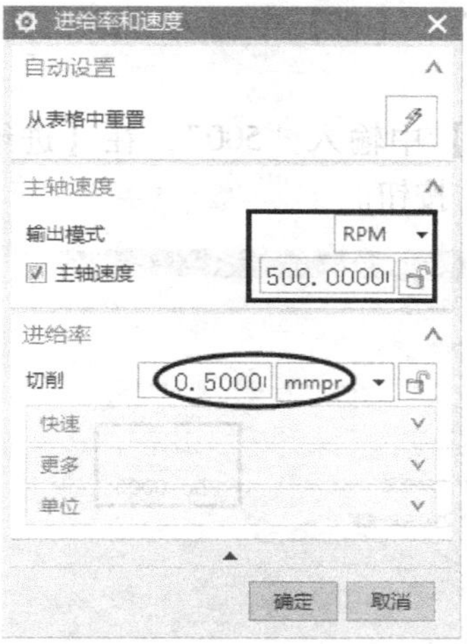

图 4-35　设置速度和进给率

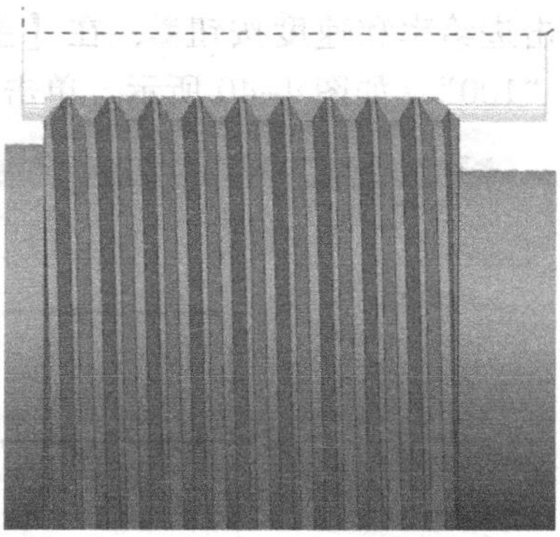

图 4-36　生成的刀具路径

4.2.3　创建 L 端加工程序

1. 创建 L 端钻孔加工程序

（1）单击【插入】|工序按钮，弹出【创建工序】对话框，在【工序子类型】中选择“”中心线断屑，【几何体】选择“AVOIDANCE_1”，【刀具】选择“DRILLING_TOOL”，【名称】中输入“4E”，如图 4-37 所示，单击【确定】按钮。

（2）在【循环类型】|【循环】中选择“钻，断屑”，【起点和深度】|【起始位置】中选择“指定”，【指定点】中输入坐标“5，0，0”，【距离】中输入“38”，其余默认，如图 4-38 所示。

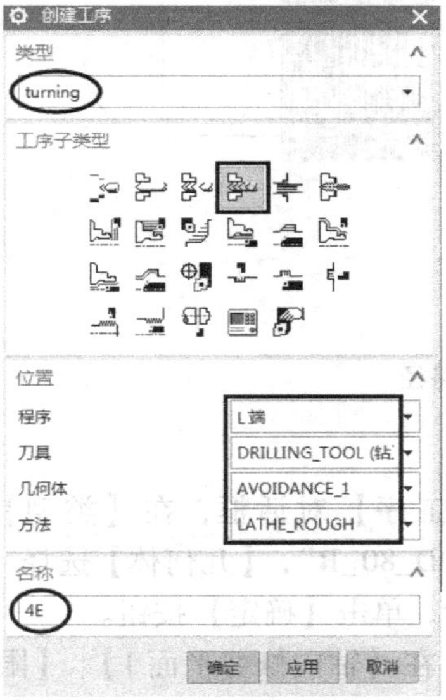

图 4-37　创建钻孔工序

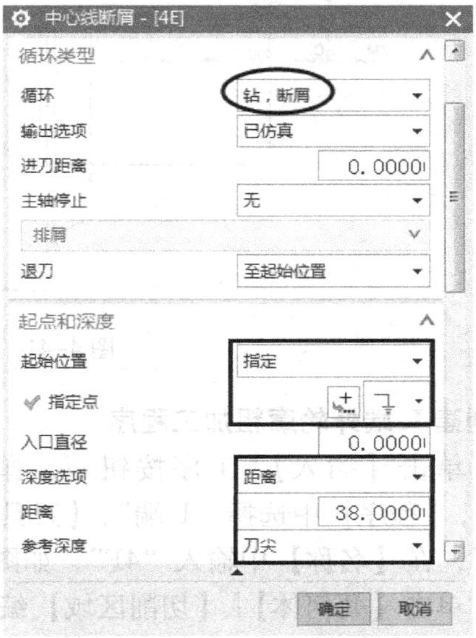

图 4-38　设置循环类型和深度

（3）在【刀轨设置】|【驻留】中选择“时间”，【秒】中输入“2”，其余默认，如图 4-39 所示。

（4）单击进给率和速度按钮，在【主轴速度】中输入“500”，在【进给率】|【切削】中输入“100”，如图 4-40 所示，单击【确定】按钮。

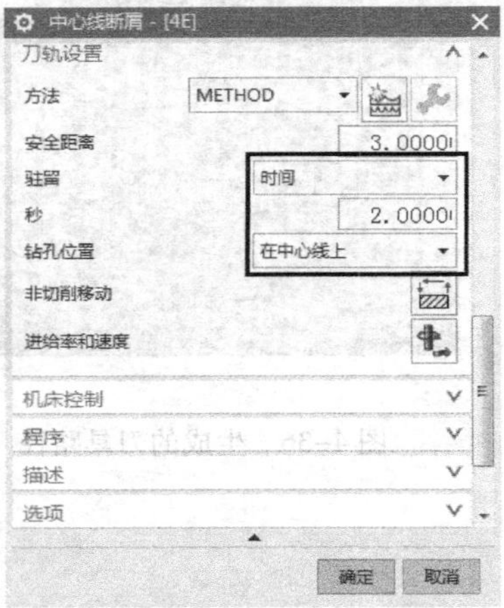

图 4-39　刀轨设置

图 4-40　转速和进给设置

（5）单击生成按钮，生成的刀具路径如图 4-41 所示。

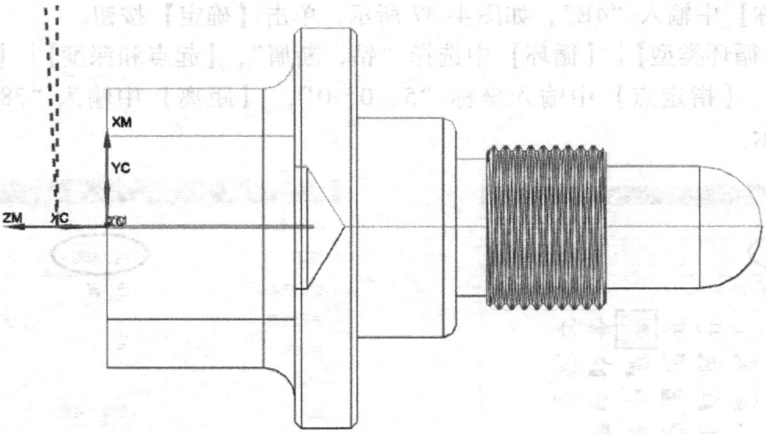

图 4-41　生成的刀具路径

2. 创建 L 端外轮廓粗加工程序

（1）单击【插入】|工序按钮，弹出【创建工序】对话框，在【类型】中选择“turning”，【程序】中选择“L 端”，【刀具】选择“OD_80_R”，【几何体】选择“AVOIDANCE_1”，在【名称】中输入“4F”，如图 4-42 所示，单击【确定】按钮。

（2）单击【几何体】|【切削区域】编辑按钮，在【轴向修剪平面 1】|【限制选项】中选择“点”，在【指定点】中输入坐标“－32，0，0”，如图 4-43 所示，单击【确定】按钮。

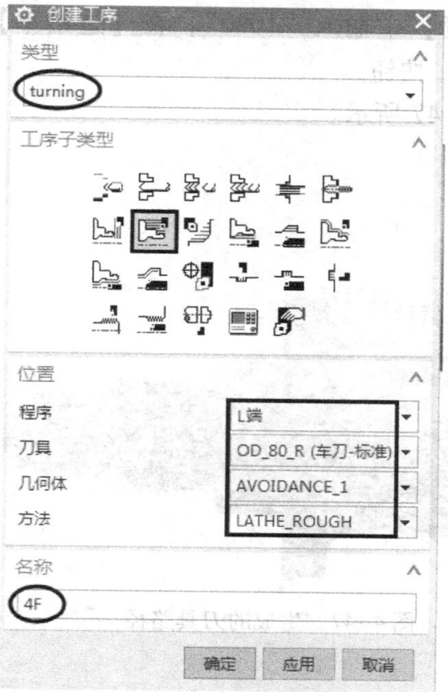

图 4-42　创建粗车工序

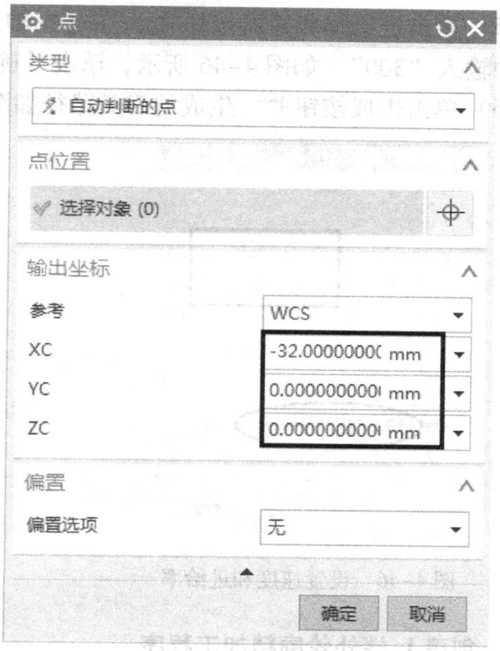

图 4-43　设置车削范围

（3）在【步进】|【切削深度】中选择“恒定”，【深度】中输入“1”，其余默认，如图 4-44 所示。

（4）单击切削参数按钮，在【余量】|【面】中输入“0.1”，【径向】输入“0.5”，其余默认，如图 4-45 所示，单击【确定】按钮。

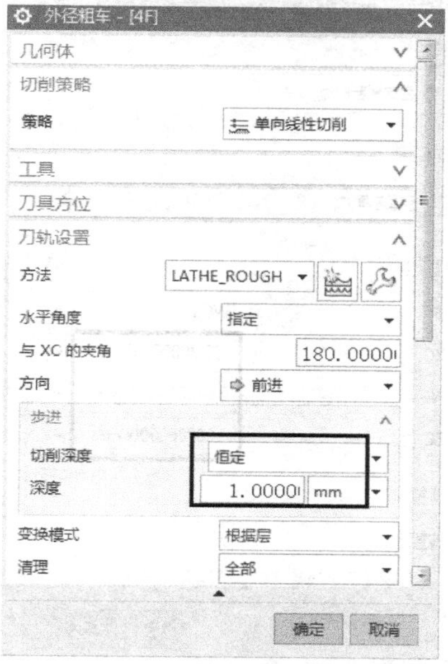

图 4-44　步距设置

图 4-45　余量设置

（5）单击进给率和速度按钮，在【主轴速度】中输入“1000”，在【进给率】|【切削】中输入“300”，如图 4-46 所示，单击【确定】按钮。

（6）单击生成按钮，生成的刀具路径如图 4-47 所示。

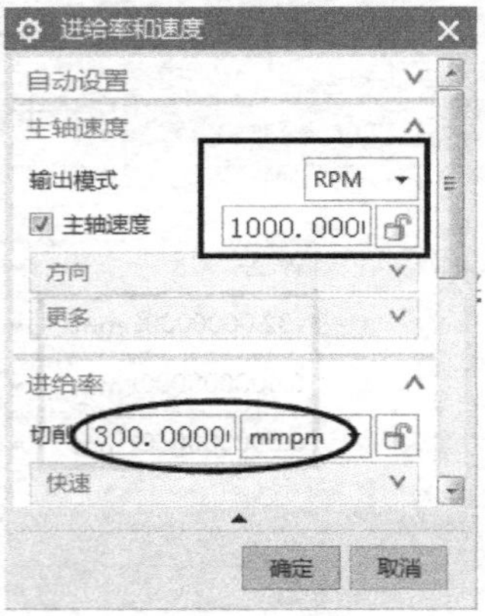

图 4-46　设置速度和进给率

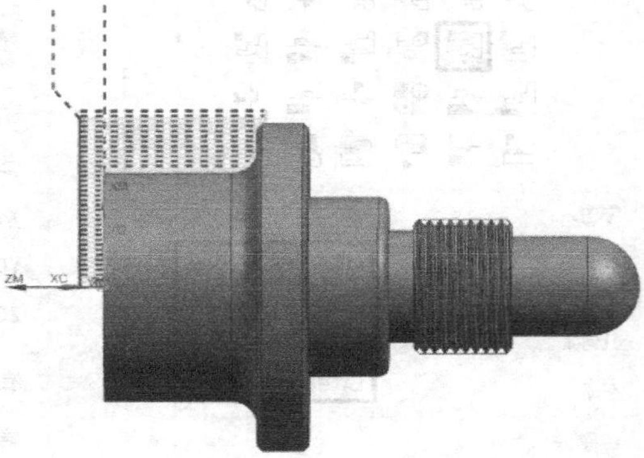

图 4-47　生成的刀具路径

3. 创建 L 端外轮廓精加工程序

（1）单击【插入】|工序按钮，弹出【创建工序】对话框，在【刀具】中选择“OD_55_R”，【名称】中输入“4G”，如图 4-48 所示，单击【确定】按钮。

（2）单击【几何体】|【切削区域】编辑按钮，在【轴向修剪平面 1】|【限制选项】中选择“点”，限制轴向的车削范围，在【指定点】中输入坐标“－32，0，0”，如图 4-49 所示，单击【确定】按钮。

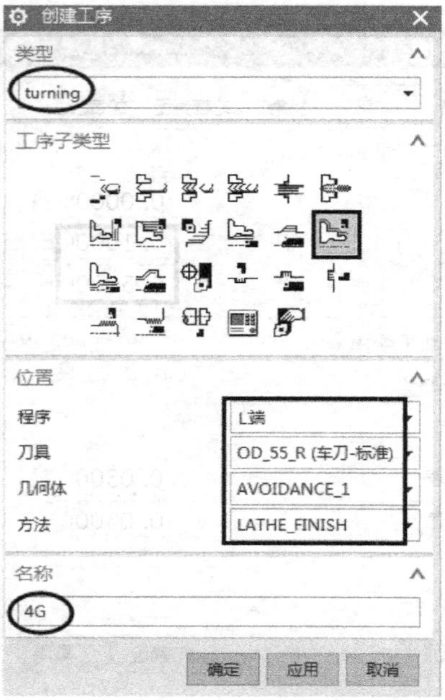

图 4-48　创建精车工序

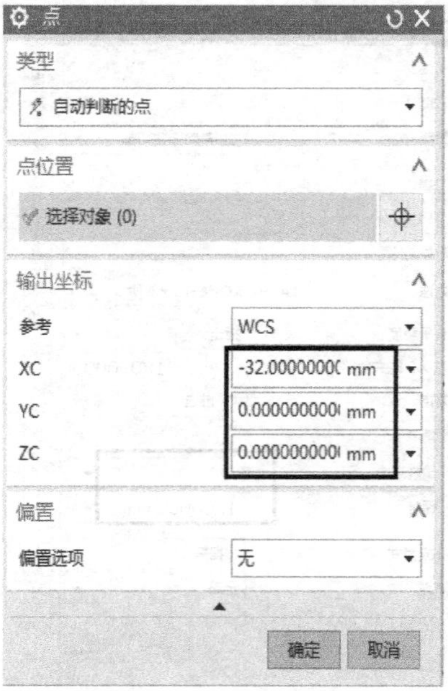

图 4-49　设置车削范围

（3）在【切削策略】中选择“全部精加工”，其余默认，如图 4-50 所示。

（4）单击切削参数按钮，在【余量】中全部输入“0”，内外公差均输入“0.01”，如图 4-51 所示，单击【确定】按钮。

图 4-50　策略和刀轨设置

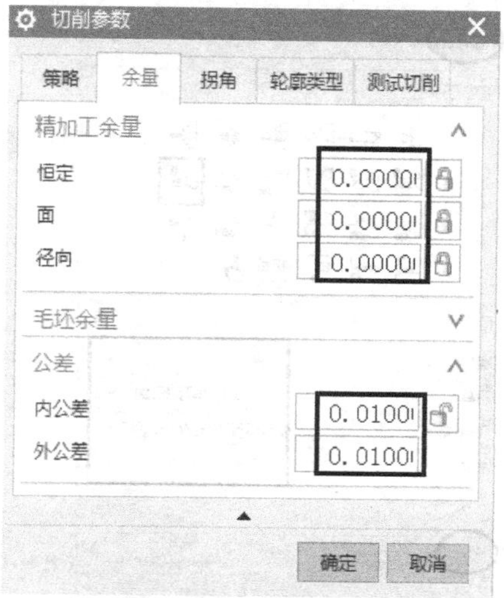

图 4-51　余量设置

（5）单击进给率和速度按钮，在【主轴速度】中输入“1200”，在【进给率】|【切削】中输入“150”，如图 4-52 所示，单击【确定】按钮。

（6）单击生成按钮，生成的刀具路径如图 4-53 所示。

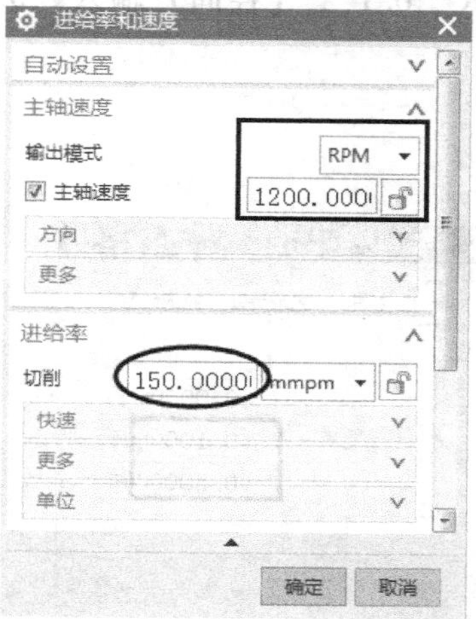

图 4-52　设置速度和进给率

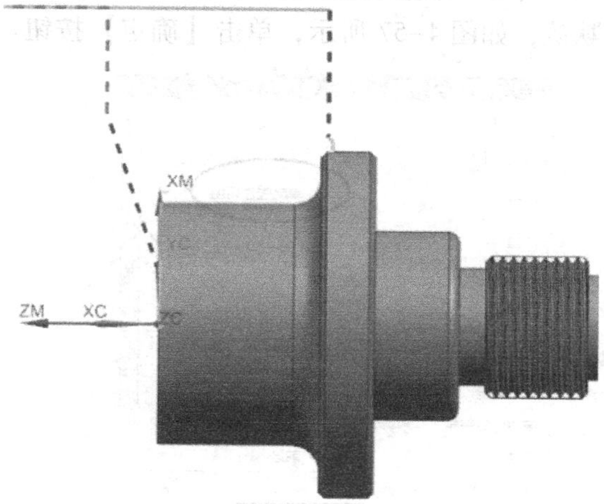

图 4-53　生成的刀具路径

4. 创建 L 端内孔粗加工程序

（1）单击【插入】|工序按钮，弹出【创建工序】对话框，在【刀具】中选择“ID_35_L”，【几何体】中选择“TURNING_WORKPIECE_1”，在【名称】中输入“4H”，如图 4-54 所示，单击【确定】按钮。

（2）单击【几何体】|【切削区域】编辑按钮，在【轴向修剪平面1】|【限制选项】中选择“点”，在【指定点】中输入坐标“-30，0，0”，如图4-55所示，单击【确定】按钮。

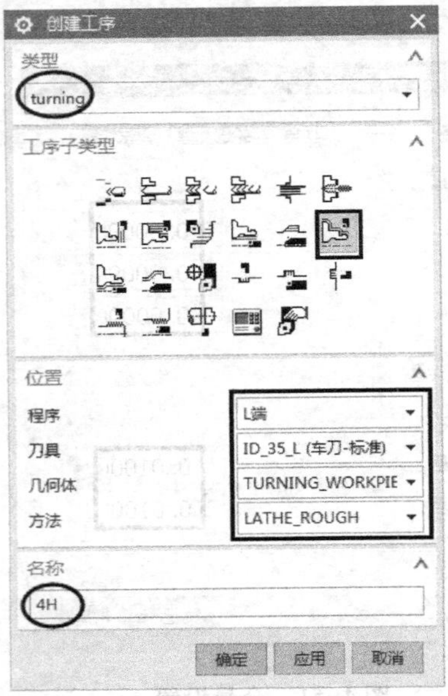

图4-54　创建内孔粗镗工序

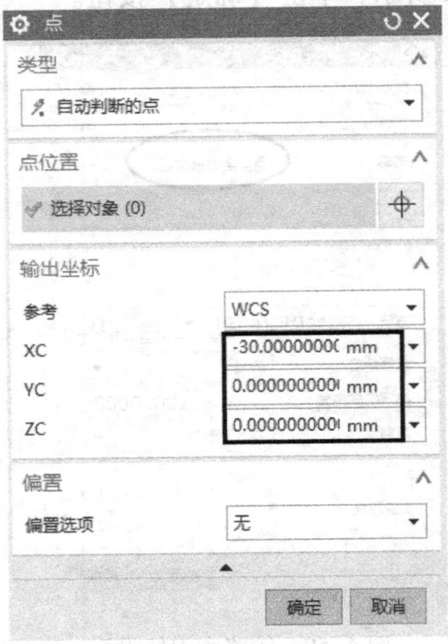

图4-55　设置车削范围

（3）在【切削策略】中选择“单向线性切削”，在【步进】|【切削深度】中选择“恒定”，【深度】中输入“0.5”，其余默认，如图4-56所示。

（4）单击切削参数按钮，在【余量】|【面】中输入“0.1”，【径向】输入“0.3”，其余默认，如图4-57所示，单击【确定】按钮。

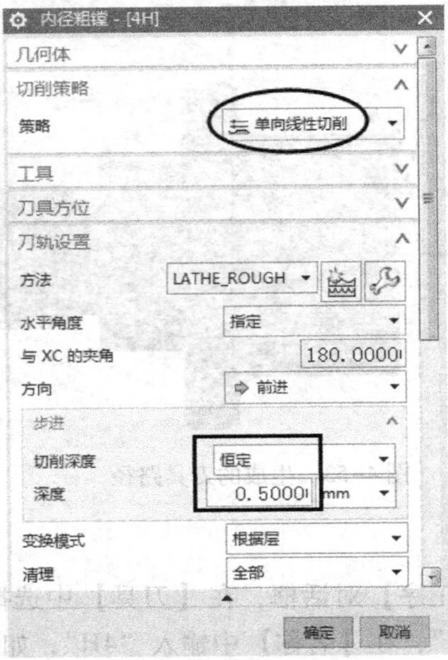

图4-56　刀轨设置

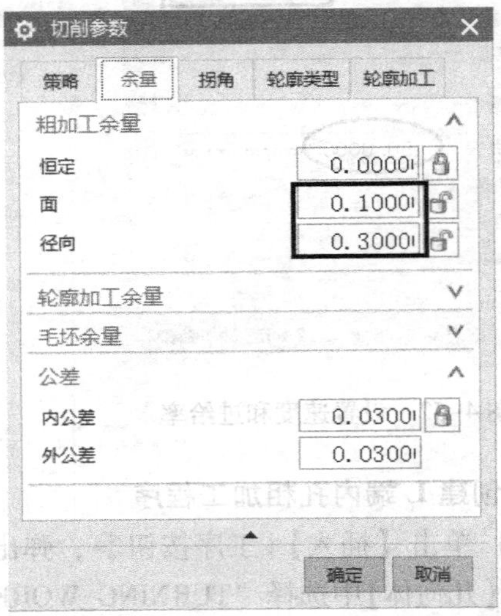

图4-57　余量设置

（5）单击非切削移动按钮，在【逼近】|【出发点】|【点选项】中选择“指定”，【指定点】中输入坐标“100，60，0”，在【运动到起点】|【运动类型】中选择“轴向 -> 径向”，在【指定点】中输入坐标（10，8，0），在【运动到进刀起点】|【运动类型】中选择“直接”，如图 4–58 所示。在【离开】|【刀轨选项】中选择“点”，在【指定点】中输入坐标“10，8，0”，如图 4–59 所示。在【运动到回零点】|【运动类型】中选择“径向 -> 轴向”，【点选项】中选择“与起点相同”，其余默认，如图 4–60 所示，单击【确定】按钮。

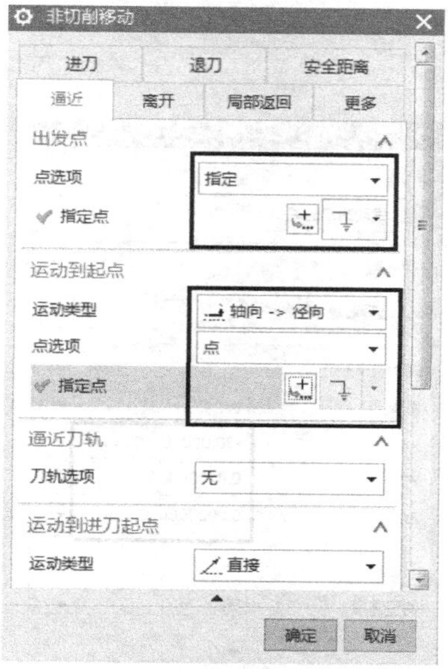

图 4–58　逼近设置

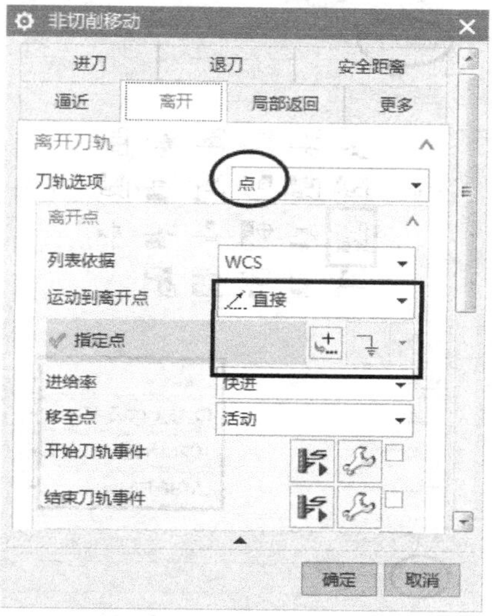

图 4–59　设置离开点

（5）单击进给率和速度按钮，在【主轴速度】中输入“1000”，在【进给率】|【切削】中输入“300”，单击【确定】按钮。

（6）单击生成按钮，生成的刀具路径如图 4–61 所示。

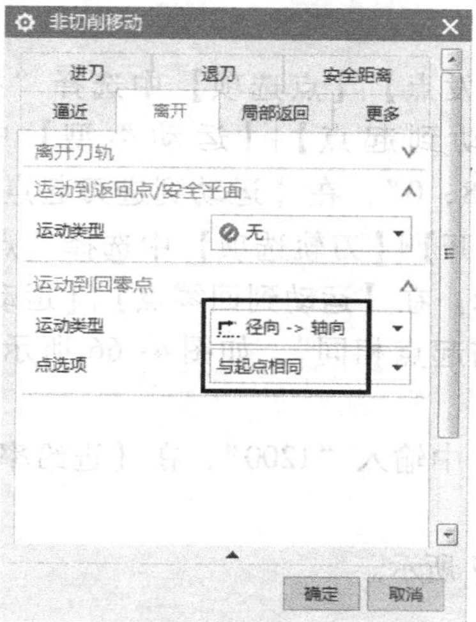

图 4–60　设置回零点

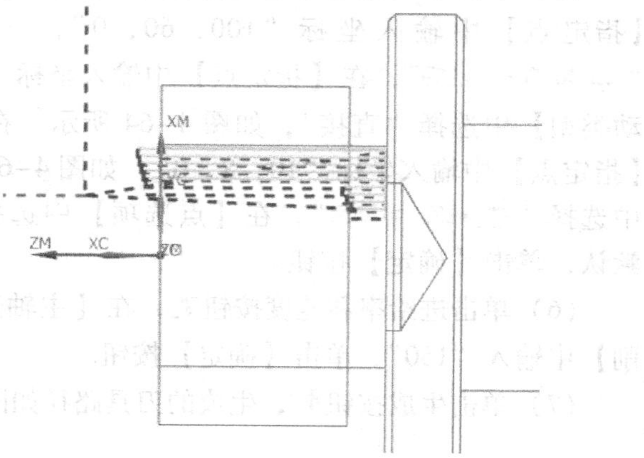

图 4–61　生成的刀具路径

5. 创建 L 端内孔精加工程序

（1）单击【插入】|工序按钮，弹出【创建工序】对话框，在【刀具】选择“ID_35_L”；【名称】中输入“4I”，如图 4-62 所示，单击【确定】按钮。

（2）单击【几何体】|【切削区域】|编辑按钮，在【轴向修剪平面 1】|【限制选项】中选择“点”，在【指定点】中输入坐标“-30，0，0”，如图 4-63 所示，单击【确定】按钮。

图 4-62　创建内孔精镗工序

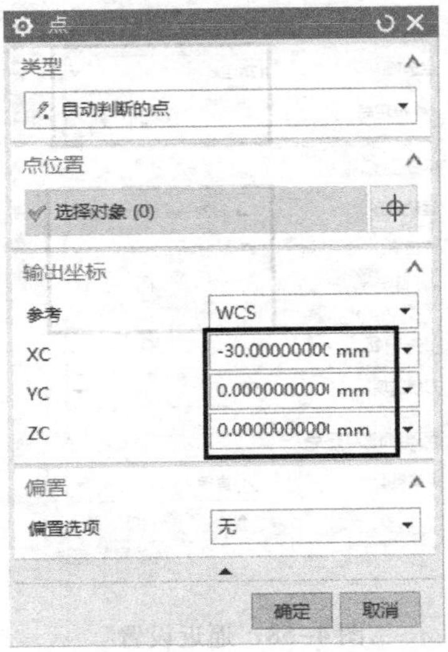

图 4-63　设置精镗范围

（3）在【切削策略】和【刀轨设置】中均采用默认。

（4）单击切削参数按钮，在【余量】中全部输入“0”，内外公差均输入“0.01”，单击【确定】按钮。

（5）单击非切削移动按钮，在【逼近】|【出发点】|【点选项】中选择“指定”，【指定点】中输入坐标“100，60，0”，【运动到起点】|【运动类型】中选择“轴向 -> 径向”，在【指定点】中输入坐标“10，8，0”，在【运动到进刀起点】|【运动类型】中选择“直接”，如图 4-64 所示。在【离开】|【刀轨选项】中选择“点”，在【指定点】中输入坐标“10，8，0”，如图 4-65 所示。在【运动到回零点】|【运动类型】中选择“径向 -> 轴向”，在【点选项】中选择“与起点相同”，如图 4-66 所示，其余默认，单击【确定】按钮。

（6）单击进给率和速度按钮，在【主轴速度】中输入“1200”，在【进给率】|【切削】中输入“150”，单击【确定】按钮。

（7）单击生成按钮，生成的刀具路径如图 4-67 所示。

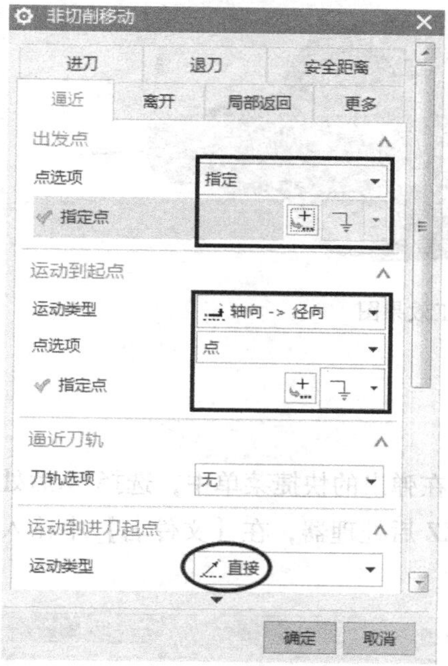

图 4-64　逼近设置

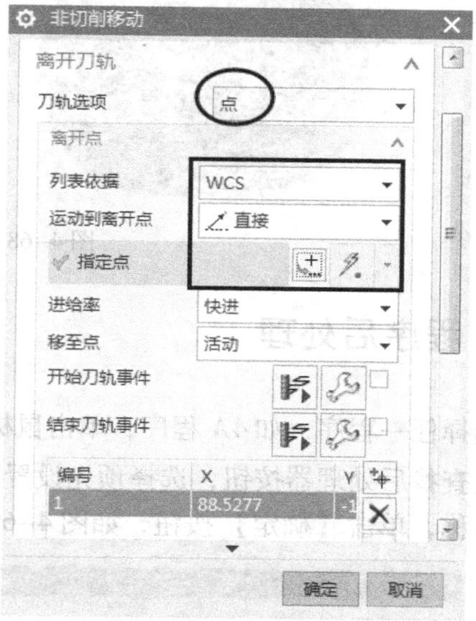

图 4-65　设置离开点

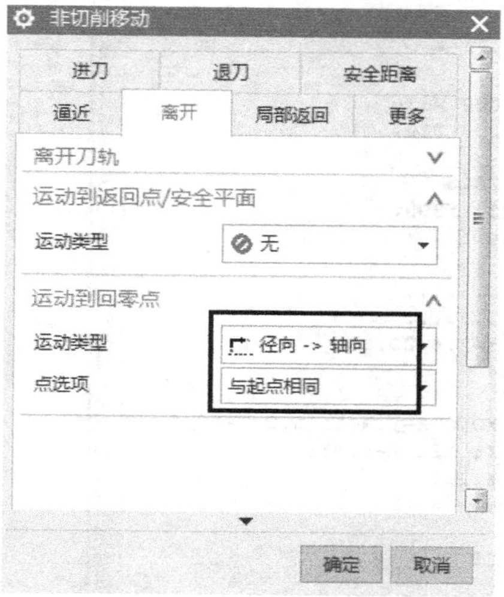

图 4-66　设置回零点

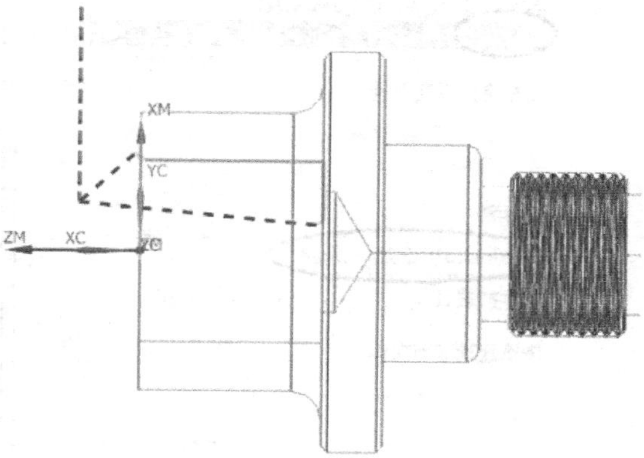

图 4-67　生成的刀具路径

4.3　仿真加工

在“NC_PROGRAM”上单击鼠标右键，在弹出的快捷菜单中单击【刀轨】|确认按钮，进入【刀轨可视化】对话框，为方便模拟加工后，旋转工件观察，单击【3D 动态】按钮，单击播放按钮，完成模拟加工如图 4-68 所示。

图 4-68　模拟加工效果图

4.4　程序后处理

选择任一程序，如 4A 程序，单击鼠标右键，在弹出的快捷菜单中，选择后处理，单击浏览查找后处理器按钮，选择预先设置好的 65XZ 后处理器，在【文件名】中输入程序路径和名称，单击【确定】按钮，如图 4-69 所示。

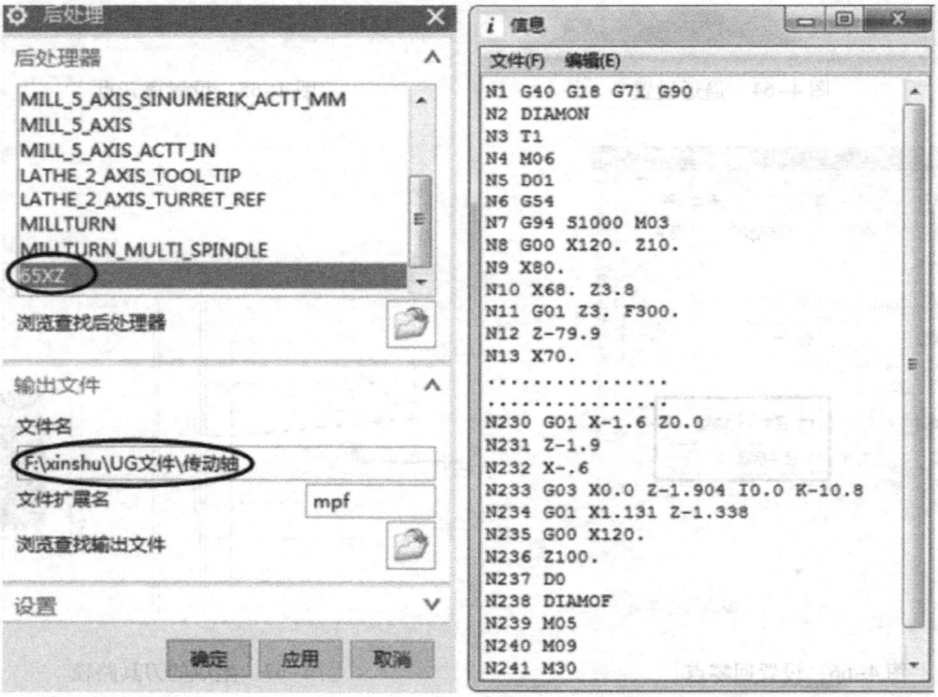

图 4-69　转换成 NC 程序

4.5　Vericut 程序验证

将所有程序后处理为 NC 程序，导入 Vericut7. 3，结果如图 4-70 所示。

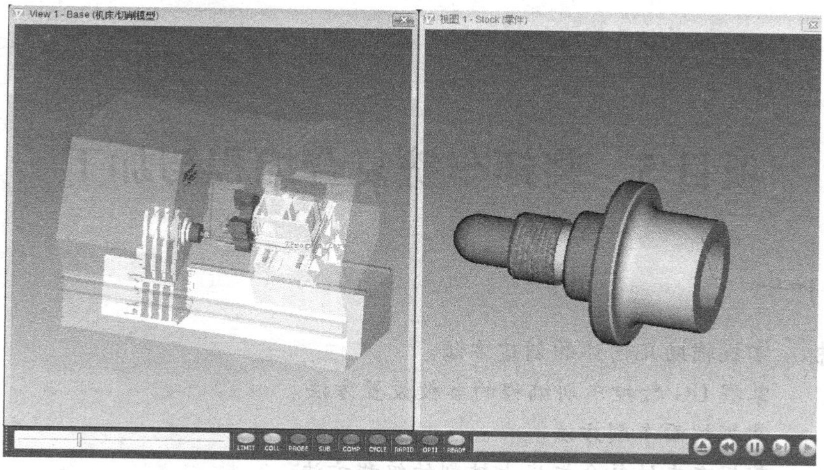

图 4-70　VT 验证

【项目总结】

本项目介绍了在数控车床上编程加工典型轴类零件的方法，要求掌握加工坐标系、几何体、刀具的创建方法，特别要注意刀轨的设置方法及非切削移动参数的相关设置方法，为后面的复杂零件车铣复合编程打下良好的基础。

项目5　奖杯车铣复合编程与加工

【教学目标】

知识目标： 掌握辅助几何体的创建方法。

掌握UG数控车削编程的参数设置方法。

掌握端面车削方法。

掌握在车铣复合机床上铣削的编程方法。

能力目标： 能独立完成奖杯的编程与仿真加工、后处理和程序验证。

素质目标： 培养学生创新意识和团队合作协调意识，通过模拟加工，让学生体验学习成就感，激发学生的学习积极性。

【教学重点与难点】

- 辅助几何体在数控编程中的灵活运用方法。
- 数控车削编程的参数设置方法。
- 车削和铣削坐标几何体的创建方法。
- 车铣复合机床铣削编程的参数设置方法。

【项目导读】

本项目是车铣复合编程与加工的典型例子。奖杯由球面、圆弧面、圆柱面及诸多曲面构成，如图5-1所示。该零件若仅用车削加工，则曲面部分较难加工；若用五轴机床铣削加工，虽然能完成零件加工，但效率较低，因此本例采用车铣复合编程与加工。

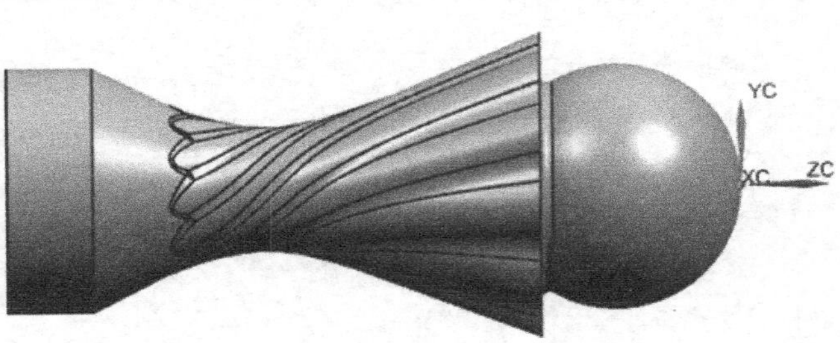

图5-1　奖杯三维图

【项目实施】

制定合理的加工工艺，完成奖杯的刀具路径设置、仿真加工。将程序后处理并导入Vericut验证。

5.1 工艺分析及刀路规划

1. 零件分析

奖杯由圆球、圆柱、圆锥及诸多曲面构成，车削时球和圆柱体部分可精加工到图样尺寸，中间曲面部分车削时留足够余量，再用动力头通过四轴联动铣削加工完成。

2. 毛坯选用

本例毛坯选择合金铝棒料，尺寸为：Φ80 ×210 mm。

3. 刀路规划

(1) 程序组 5A：球端面粗加工，刀具为外圆粗车刀 55°菱形刀片，加工余量为径向 0.5 mm，面向 0.1 mm。

(2) 程序组 5B：奖杯外轮廓粗加工，刀具为外圆粗车刀 55°菱形刀片，加工余量为径向 1.5mm，面向 0.1mm。

(3) 程序组 5C：球和左端圆柱体精加工，刀具为外圆精车刀，35°菱形片，在【精加工余量】中均输入“0”。

(4) 程序组 5D：中间曲面部分半精加工，刀具为 R3，在【部件余量】中输入“0.1”。

(5) 程序组 5E：中间曲面部分精加工，刀具为 R3，在【部件余量】中输入“0”。

5.2 编程准备

1. 创建辅助几何体

(1) 单击【格式】|复制至图层按钮，在弹出的【类选择】对话框中选择奖杯模型，单击【确定】按钮。

(2) 在【图层复制】|【目标图层或类别】中输入“10”，如图 5-2 所示，单击【确定】按钮。

(3) 将 10 层设为工作层，1 层设为不可见。

(4) 创建基准平面 1。单击【插入】|【基准/点】|基准平面按钮，选择如图 5-3 所示的面，在【距离】中输入“0”，单击【确定】按钮。

图 5-2 复制至图层

图 5-3 创建基准平面 1

（5）创建基准平面2。再次单击【插入】|【基准/点】|基准平面按钮，在【基准平面】|【类型】下选择“点和方向”，选择如图5-4所示的圆锥面底边缘，在【指定矢量】中选择“XC”，单击【确定】按钮。

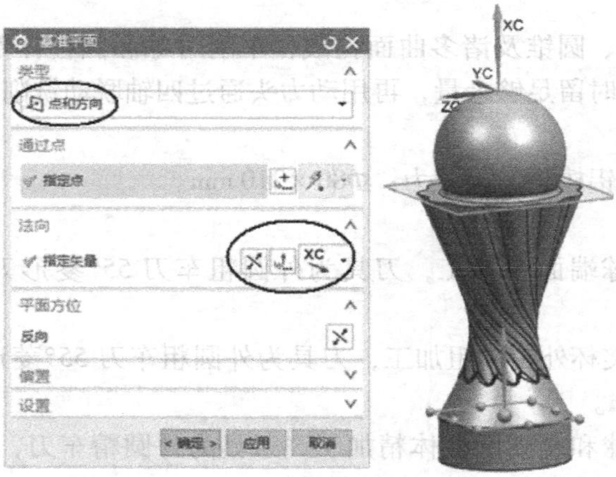

图5-4　创建基准平面2

（6）单击【插入】|【修剪】|修剪体按钮，在【目标】|【选择体】中选择奖杯模型，在【工具】|【选择面或平面】中选择前面创建的基准平面1，如图5-5所示，注意修剪的方向是否正确，单击【确定】按钮。

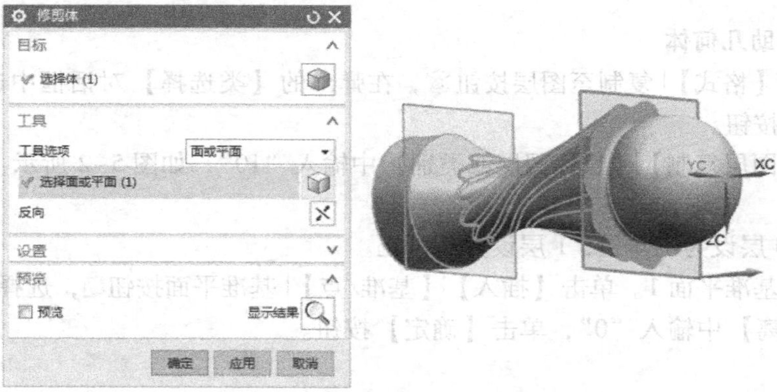

图5-5　修剪体

（7）用同样的方法以基准平面2修剪另一端，结果如图5-6所示。

（8）将1层设为工作层，10层设为不可见。

2. 创建驱动曲面

（1）单击在任务环境中绘制草图按钮，在【选择平的面或平面】中选择如图5-7所示的面，并勾选“投影工作部件原点”复选按钮，单击【确定】按钮。

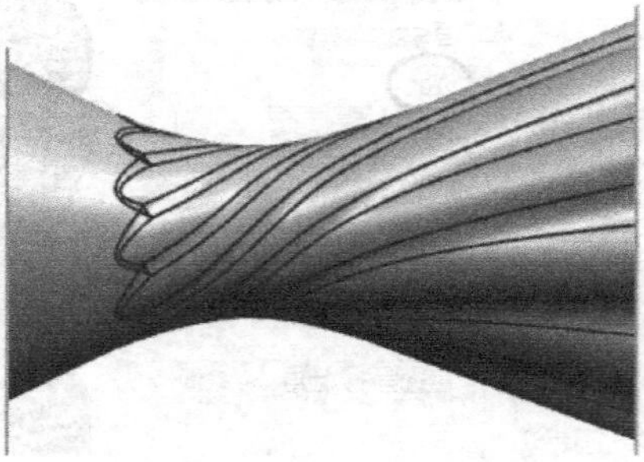

图5-6　完成修剪体

（2）在草图中绘制直径为80mm的圆，如图5-8

所示。单击完成草图按钮，返回到建模模块。

图 5-7　创建草图平面

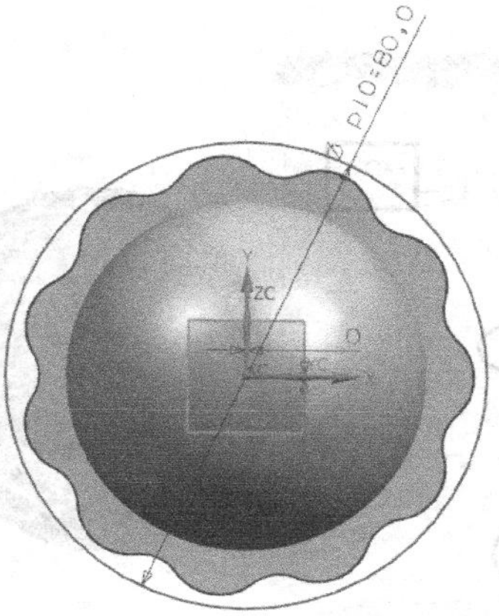

图 5-8　绘制草图

（3）单击【插入】|【设计特征】|拉伸按钮，在【截面】|【选择曲线】中选择刚绘制的草图曲线，在【指定矢量】中选择“－XC”，【限制】|【结束距离】中输入“106.65”，其余默认，如图 5-9 所示。

图 5-9　设置拉伸参数

（4）在【布尔】中选择“无”，【设置】|【体类型】中选择“片体”，其余默认，如图 5-10 所示，单击【确定】按钮。

（5）将拉伸片体移动至 20 层，并设为不可见。

1. 创建毛坯几何体

单击【插入】|【设计特征】|拉伸按钮，在【截面】|【选择曲线】中选择刚绘制的草图曲线，在【指定矢量】中选择“XC”，在【限制】|【开始距离】中输入“50”，【结束距离】中输入“－160”，其余默认，如图 5-11 所示，单击【确定】按钮。将拉伸实体移动至 30 层，并设为不可见。

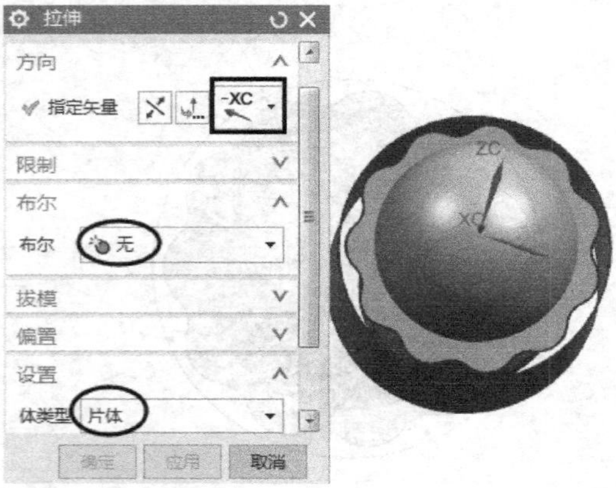

图 5-10　拉伸片体　　　　图 5-11　创建毛坯

5.3　创建程序

5.3.1　进入加工模块

1. 设置加工环境

单击【启动】|加工按钮，在弹出的【加工环境】|【要创建的 CAM 设置】对话框中，选择“turning”，如图 5-12 所示，单击【确定】按钮。

2. 创建车削加工坐标系

在导航器中切换到几何视图。单击“+”将其展开，双击“MCS_SPINDLE”节点，在【MCS 主轴】对话框中按如图 5-13 所示设置，单击【确定】按钮。

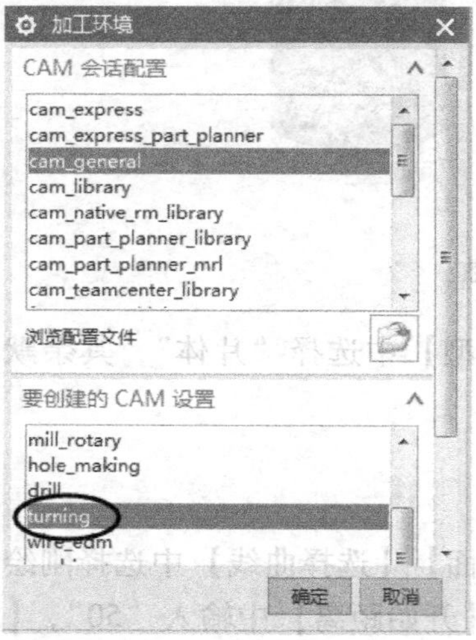

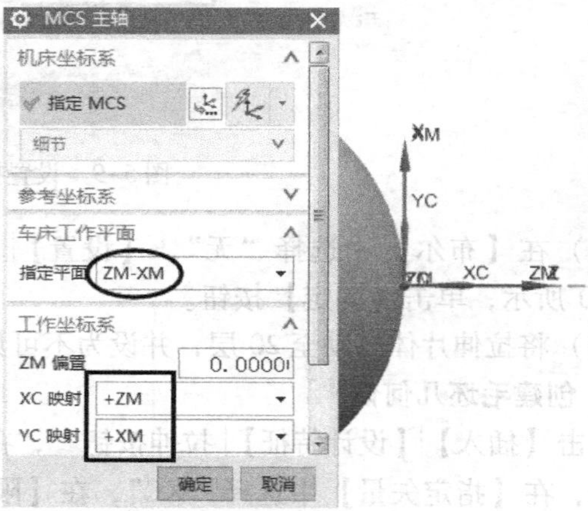

图 5-12　创建加工环境　　　　图 5-13　设置加工坐标系

3. 创建车削几何体组

（1）将 30 层设为可见。双击“WORKPIECE”节点，弹出【工件】对话框，单击指定部件按钮，弹出【部件几何体】对话框，在【几何体】|【选择部件】中选择奖杯模型，单击【确定】按钮；单击【指定毛坯】按钮，弹出【毛坯几何体】对话框，在【类型】下拉列表框中选择前面拉伸的圆柱体，如图 5-14 所示，单击【确定】按钮。继续单击【确定】按钮，完成几何体设置。

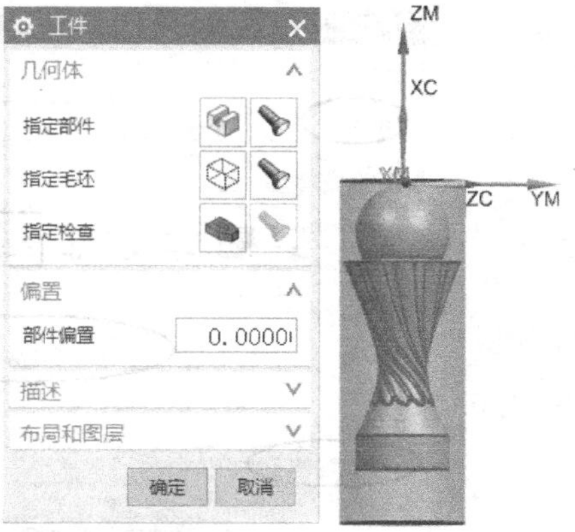

图 5-14　设置毛坯几何体

（2）将 30 层设为不可见。双击“TURNING_WORKPIECE”节点，弹出【车削工件】对话框，单击指定毛坯边界按钮，弹出【毛坯边界】对话框，在【类型】中选择“棒料”。【安装位置】中选择“远离主轴箱”，【指定点】中输入“2，0，0”，【长度】中输入“180”，【直径】中输入“80”，如图 5-15 所示，单击【确定】按钮。

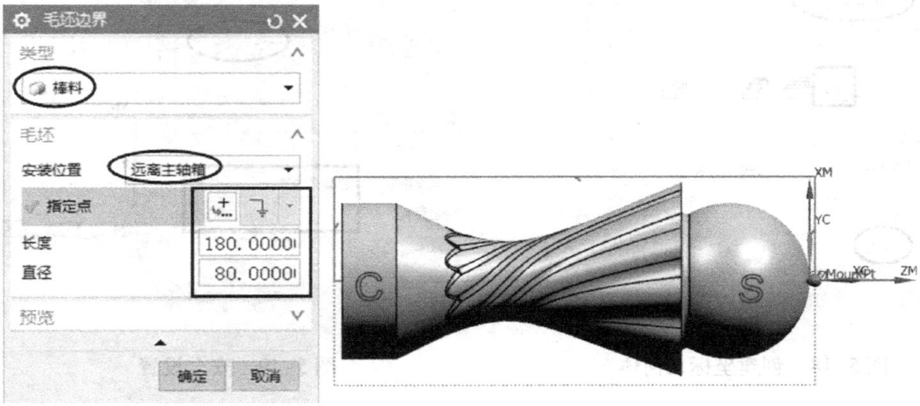

图 5-15　毛坯边界设置

（3）创建避让几何体。单击创建几何体按钮，在弹出的对话框中按如图 5-16 所示设置，单击【确定】按钮。在避让对话框【出发点】|【点选项】中选择“指定”，在【指定点】中输入坐标“100，50，0”，单击【确定】按钮。在【运动到起点】|【运动类型】中选择“轴向 -> 径向”，在【指定点】中输入坐标“5，45，0”；在【运动到回零点】|【运动类型】选择“径向 -> 轴向”，在【点选项】中选择“与起点相同”，如图 5-17 所示，单击【确定】按钮。

4. 创建铣削几何体组

（1）将图形全部隐藏，并将 10 层设为可见。

（2）单击【插入】|几何体按钮，在【几何体子类型】中选择“MCS”，【名称】中输入“MCS”，如图 5-18 所示，单击【确定】按钮。在【机床坐标系】|【指定 MCS】中选择坐标系原点，旋转坐标系，使之与机床动力头坐标系一致。在【安全设置选项】中选择“包容圆柱体”，【安全距离】中输入“10”，如图 5-19 所示，单击【确定】按钮。

图 5-16　创建避让几何体

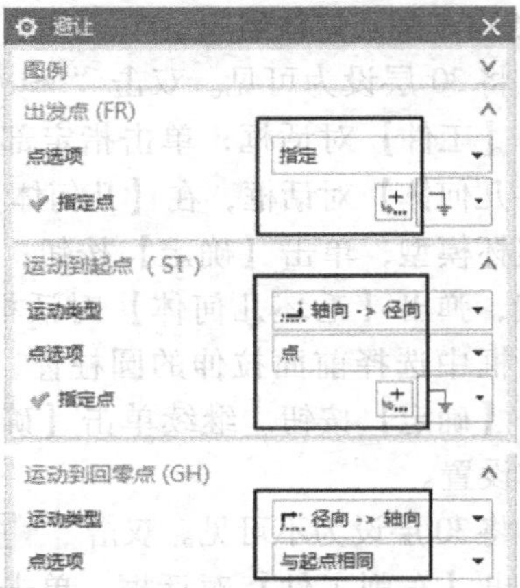

图 5-17　避让设置

图 5-18　创建坐标几何体

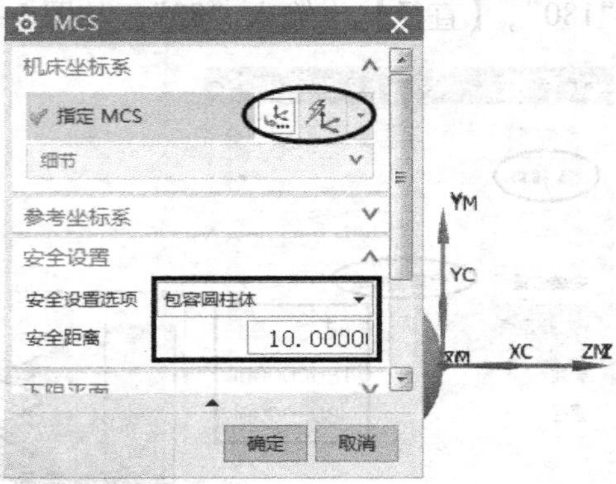

图 5-19　安全设置

（3）双击“WORKPIECE_1”，在【几何体】|【指定部件】中选择前面修剪的实体，如图 5-20 所示，单击【确定】按钮。单击指定毛坯几何体按钮，在【毛坯几何体】|【类型】中选择“部件的偏置”，在【偏置】中输入“1.5”，如图 5-21 所示，两次单击【确定】按钮。

图 5-20　设置部件几何体

图 5-21　设置毛坯几何体

（4）将图形全部显示，并将10层设为可见。

5. 创建刀具

（1）创建外圆粗车刀

将工序导航器切换到机床视图。单击【插入】|刀具按钮，弹出【创建刀具】对话框，按如图5-22所示设置，单击【确定】按钮。在【工具】|【刀片】中选择“D（菱形55）”，【刀片位置】中选择“顶侧”，【尺寸】|【刀类半径】中输入“0.8”，在【刀具号】中输入“1”，如图5-23所示。

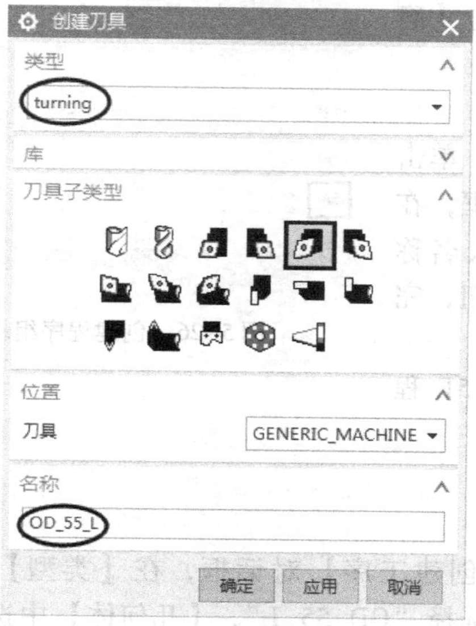

图5-22　创建刀具

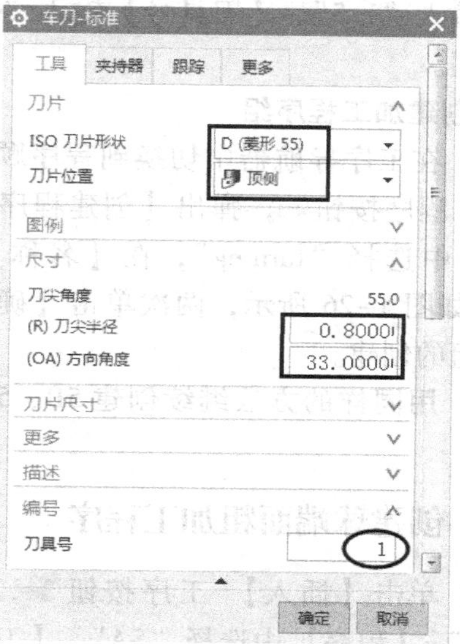

图5-23　车刀参数设置

单击【夹持器】按钮，在弹出的对话框中，勾选“使用车刀夹持器”复选按钮，按如图5-24所示设置。

单击【跟踪】按钮，在【点编号】选择P3，其余默认，如图5-25所示，单击【确定】按钮。

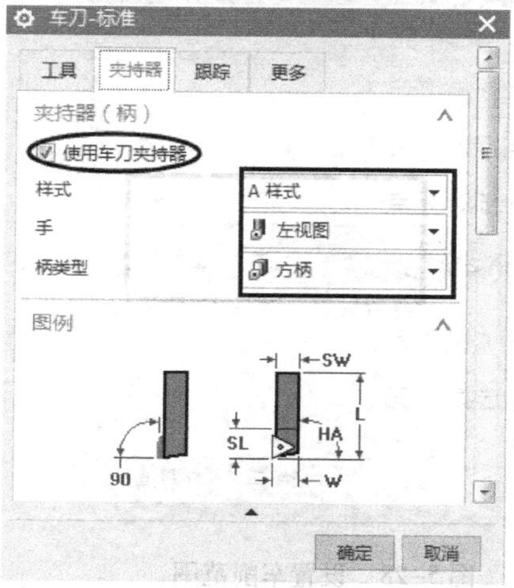

图5-24　选择夹持器

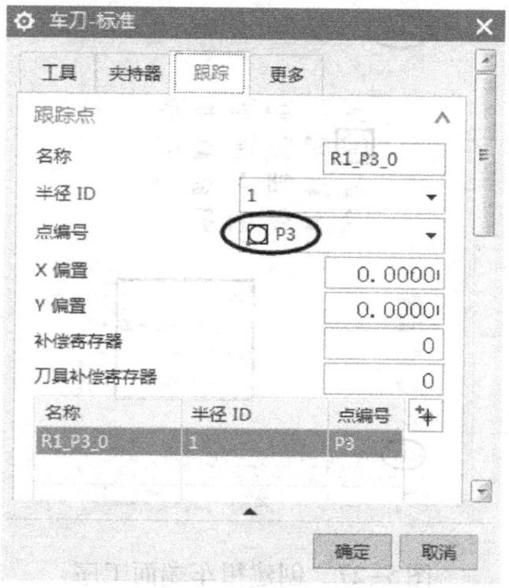

图5-25　选择刀尖方位

(2) 用同样方法创建以下刀具：

① 外圆精车刀：在【名称】中输入“OD_35_L”，【刀具号】中输入“2”，其余设置跟上一步相同，单击【确定】按钮。

② R3 铣刀：在【直径】中输入“6”，【下半径】中输入“3”，【刀具号】输入“3”，单击【确定】按钮。

③ R1.5 铣刀：在【直径】中输入“3”，【下半径】中输入“1.5”，【刀具号】输入“4”，单击【确定】按钮。

6. 创建加工程序组

(1) 在工序导航器中切换到程序顺序视图。单击【插入】|程序按钮，弹出【创建程序】对话框，在【类型】中选择“turning”，在【名称】栏输入名称“5A”，如图 5-26 所示，两次单击【确定】按钮，完成程序组的创建。

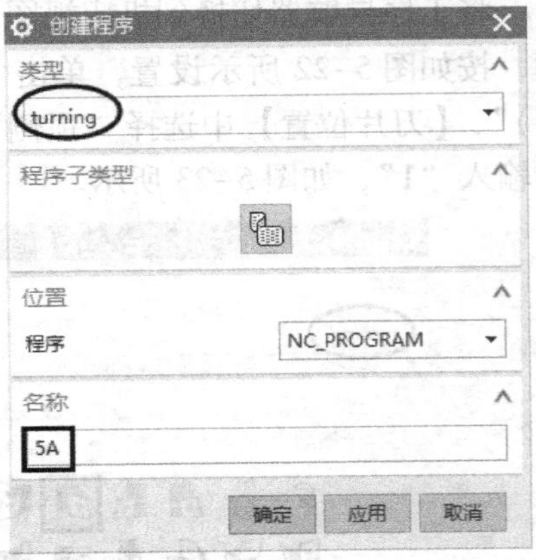

图 5-26　创建程序组

(2) 用同样的方法继续创建 5B、5C、5D、5E 程序组。

5.3.2　创建球端面粗加工程序

(1) 单击【插入】|工序按钮，弹出【创建工序】对话框，在【类型】中选择“turning”，【程序】中选择“5A”，【刀具】中选择“OD_55_L”，【几何体】中选择“AVOIDANCE”，在【名称】中输入“5A1”，如图 5-27 所示，单击【确定】按钮。

(2) 单击【几何体】|【切削区域】编辑按钮，在【轴向修剪平面 1】|【限制选项】中选择“点”，限制轴向的车削范围，如图 5-28 所示，在【指定点】中输入坐标“0，0，0”，单击【确定】按钮。

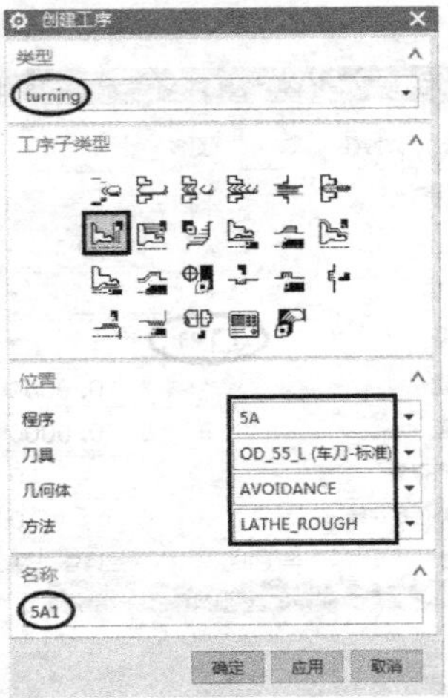

图 5-27　创建粗车端面工序

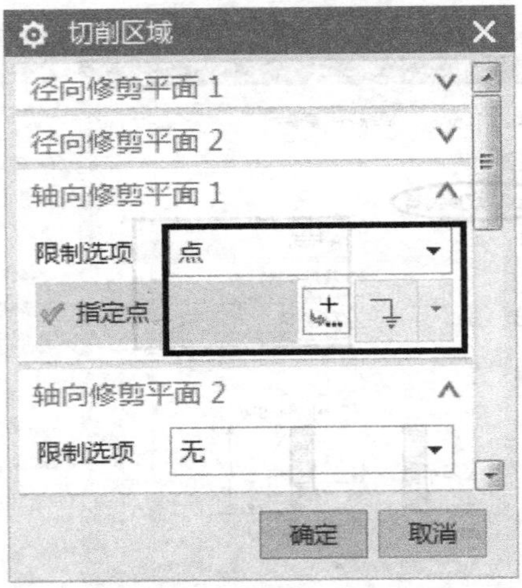

图 5-28　设置车削范围

（3）在【切削策略】中选择“单向线性切削”，在【步进】|【切削深度】选择“恒定”，【深度】输入“1”，【变换模式】选择“省略”，如图 5-29 所示。

（4）单击切削参数按钮，在【余量】|【面】中输入“0.1”，【径向】输入“1.5”，其余默认，如图 5-30 所示，单击【确定】按钮。

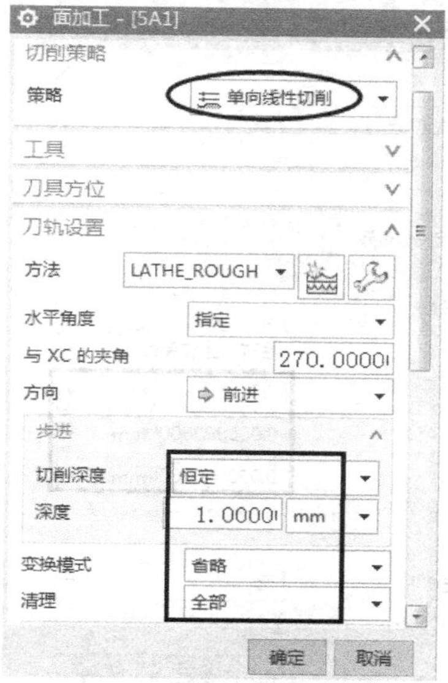

图 5-29　策略和步距设置

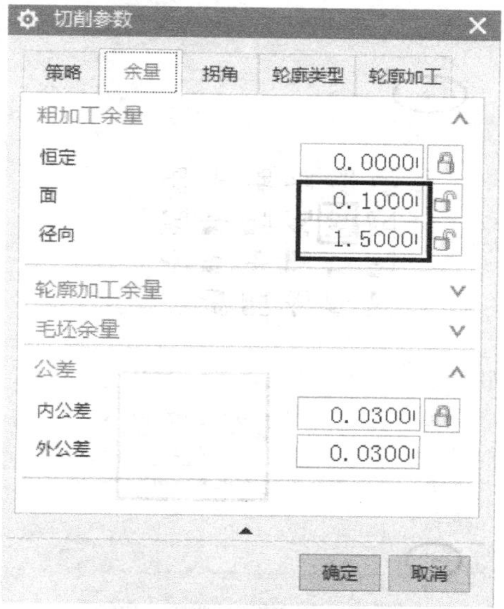

图 5-30　余量设置

（5）单击进给率和速度按钮，在【主轴速度】中输入“1000”，在【进给率】|【切削】中输入“300”，如图 5-31 所示，单击【确定】按钮。

（6）单击生成按钮，生成的刀具路径如图 5-32 所示。

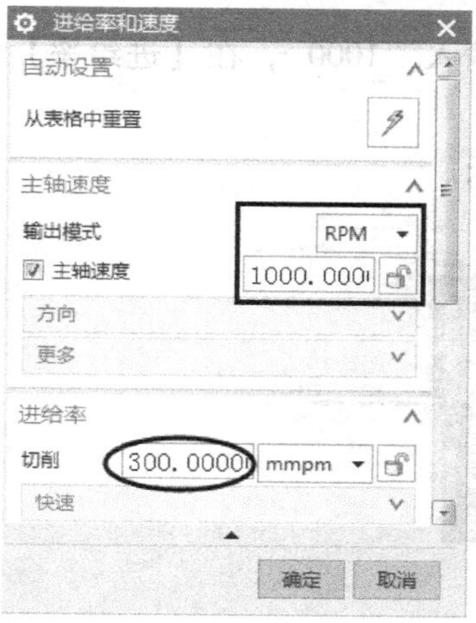

图 5-31　设置速度和进给率

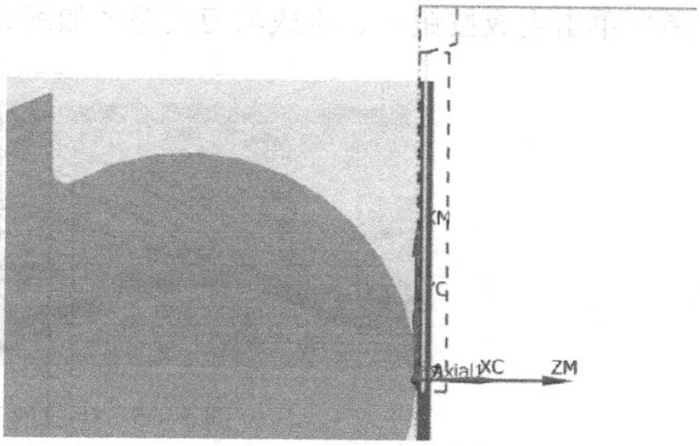

图 5-32　生成的刀具路径

5.3.3　创建桨杯外轮廓粗加工程序

（1）单击【插入】|工序按钮，弹出【创建工序】对话框，在【刀具】选择“OD_55_

L"，【名称】中输入"5B"，其余默认，如图5-33所示，单击【确定】按钮。

（2）单击【几何体】|【切削区域】编辑按钮，【轴向修剪平面1】|【限制选项】中选择"点"，在【指定点】中输入坐标"-176，0，0"，如图5-34所示，单击【确定】按钮。

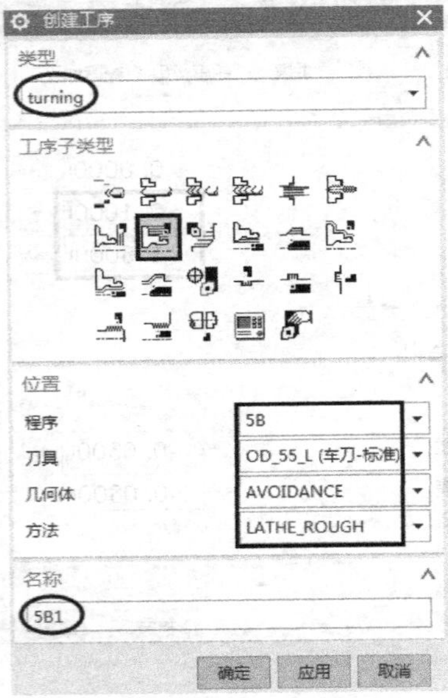

图5-33　创建粗车工序

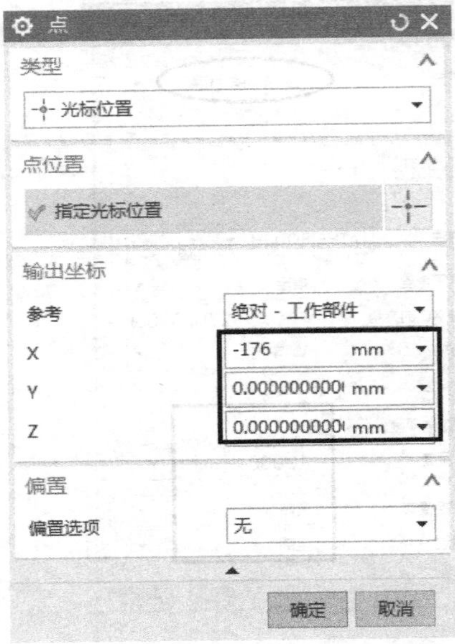

图5-34　设置车削范围

（3）在【步进】|【切削深度】中选择"恒定"，在【深度】中输入"1"。

（4）单击切削参数按钮，在【余量】|【面】中输入"0.1"，【径向】中输入"1.5"，其余默认，单击【确定】按钮。

（5）单击进给率和速度按钮，在【主轴速度】中输入"1000"，在【进给率】|【切削】中输入"300"，单击【确定】按钮。

（6）单击生成按钮，生成的刀具路径如图5-35所示。

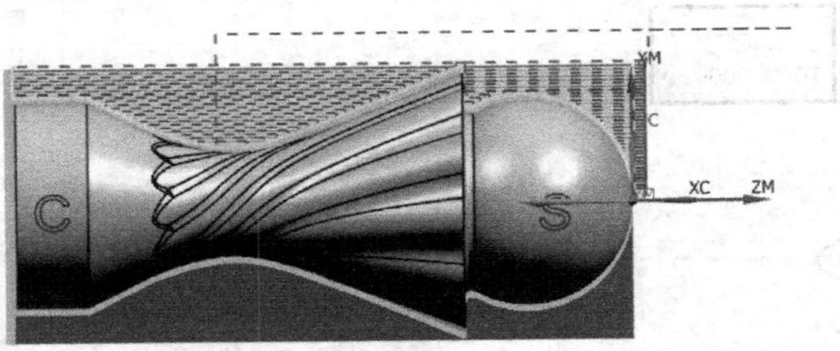

图5-35　生成的刀具路径

5.3.4　创建局部精加工程序

1. 创建球面至平台面精加工程序

（1）单击【插入】|工序按钮，弹出【创建工序】对话框，在【刀具】中选择"OD_

35_L”，在【名称】中输入“5C1”，【方法】中选择“LATHE_FINISH”，如图5-36所示，单击【确定】按钮。

（2）单击【几何体】|【切削区域】|编辑按钮，【轴向修剪平面1】|【限制选项】中选择“点”，在【指定点】中选择如图5-37所示的端点，单击【确定】按钮。

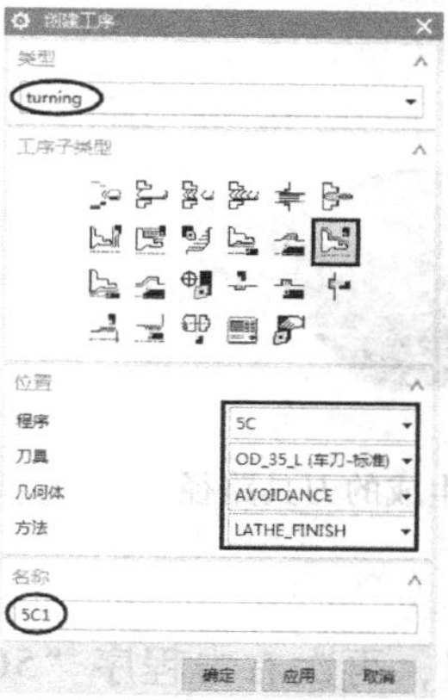

图5-36　创精车工序

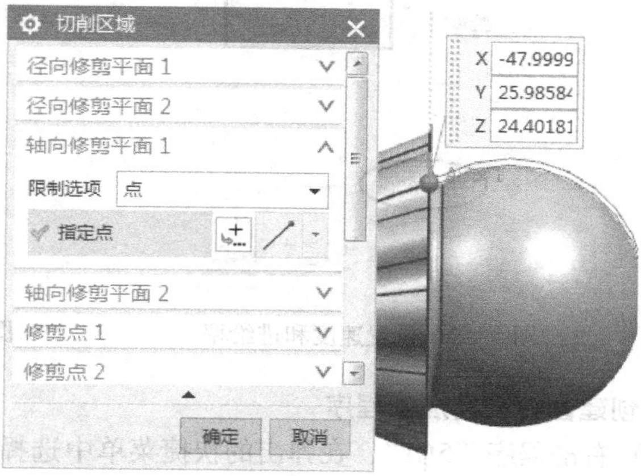

图5-37　设置精车范围

（3）在【切削策略】中选择“全部精加工”，【与XC的夹角】中输入“180”，其余默认，如图5-38所示。

（4）单击切削参数按钮，在【余量】中全部输入“0”，内外公差均输入“0.01”，如图5-39所示，单击【确定】按钮。

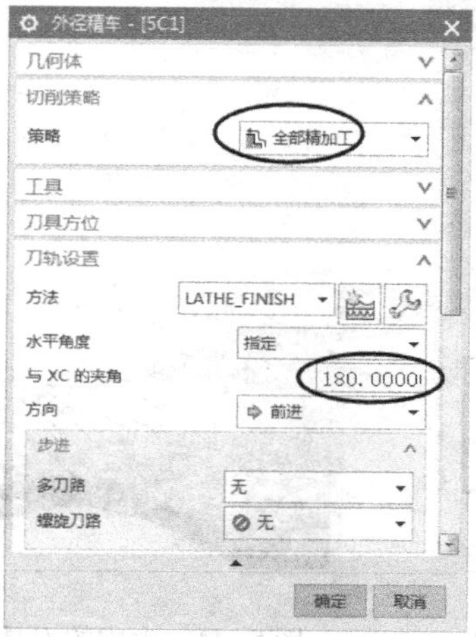

图5-38　策略和刀轨设置

图5-39　余量设置

（5）单击进给率和速度按钮，在【主轴速度】中输入“1200”，在【进给率】|【切削】中输入“150”，如图5-40所示，单击【确定】按钮。

（6）单击生成按钮，生成的刀具路径如图5-41所示。

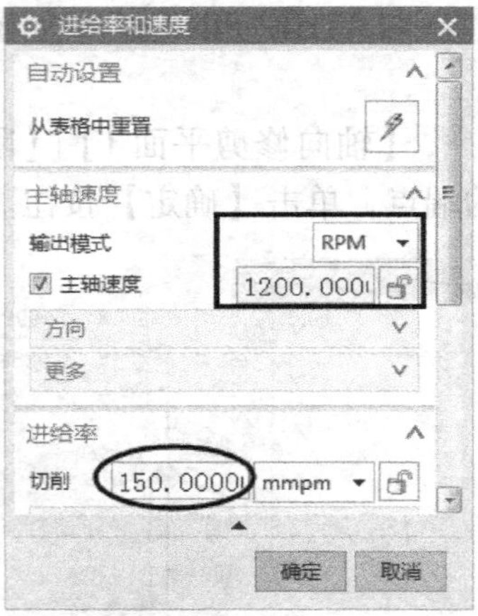

图 5-40　设置速度和进给率

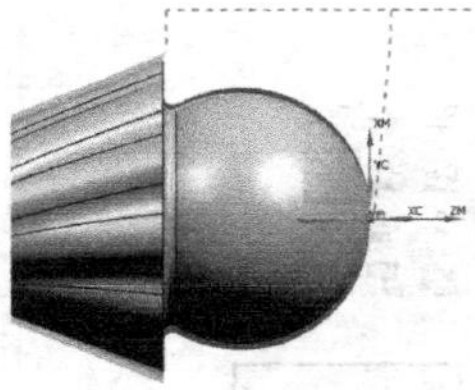

图 5-41　生成的刀具路径

2. 创建圆柱面精加工程序

（1）右击程序“5C1”，在弹出的快捷菜单中选择“复制”，再次右击程序“5C1”，在弹出的快捷菜单中选择“粘贴”，将程序重命名为“5C2”。

（2）双击“5C2”程序，单击【几何体】|【切削区域】|编辑按钮，在【轴向修剪平面 1】|【限制选项】中选择“点”，在【指定点】中输入“-153.5，-30，0”，如图 5-42 所示。在【轴向修剪平面 2】|【限制选项】中选择“点”，在【指定点】中输入“-178，0，0”，如图 5-43 所示，单击【确定】按钮。

（3）勾选“省略变换区”，单击生成按钮，生成的刀具路径如图 5-44 所示。

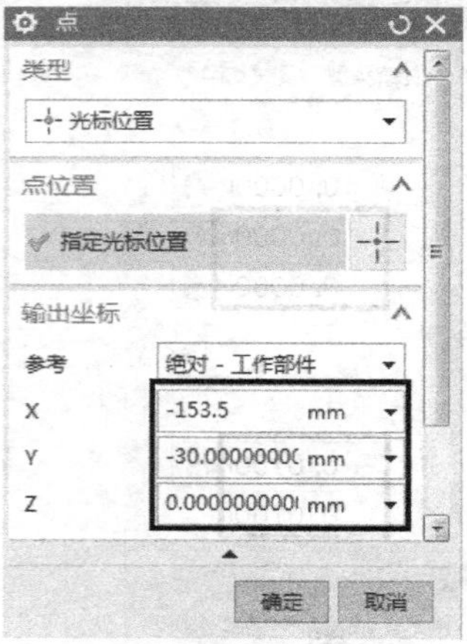

图 5-42　设置修剪 1

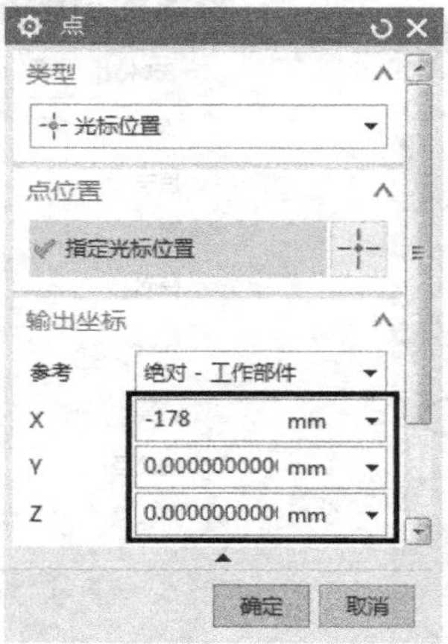

图 5-43　设置修剪 2

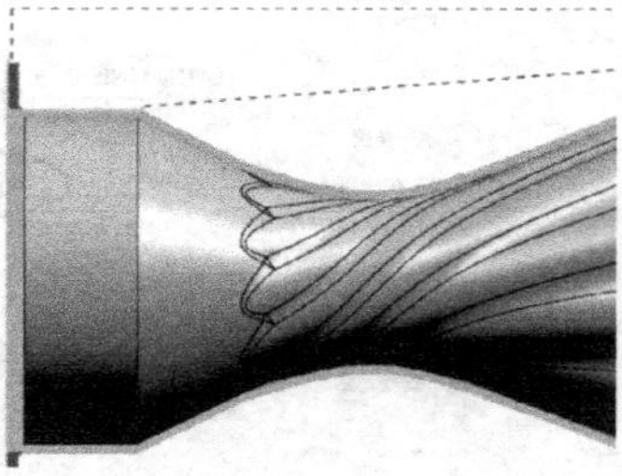

图 5-44　生成的刀具路径

5.3.5　创建中间部分半精加工程序

（1）将 20 层设为可见。单击【插入】|工序按钮，弹出【创建工序】对话框，按照如图 5-45 所示设置，单击【确定】按钮。

（2）在【驱动方法】|【方法】中选择“曲面”，在弹出信息对话框中单击【确定】按

钮，如图 5-46 所示。

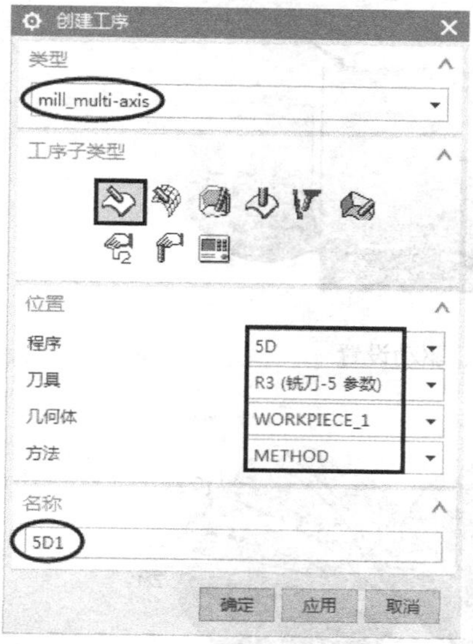

图 5-45　创建工序

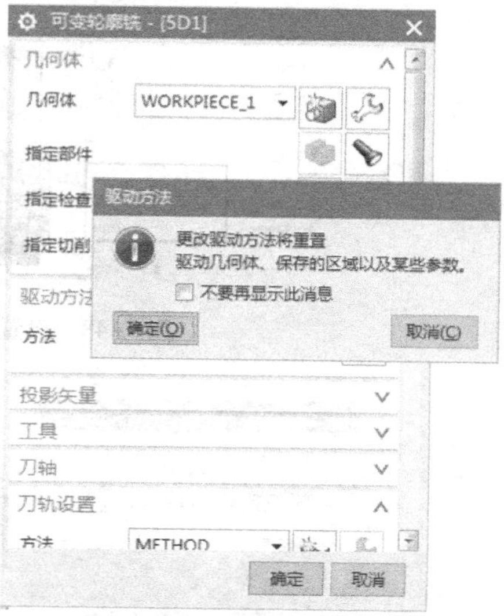

图 5-46　驱动信息

（3）单击【指定驱动几何体】|选择或编辑驱动几何体按钮，选择如图 5-47 所示的拉伸片体，单击【确定】按钮。

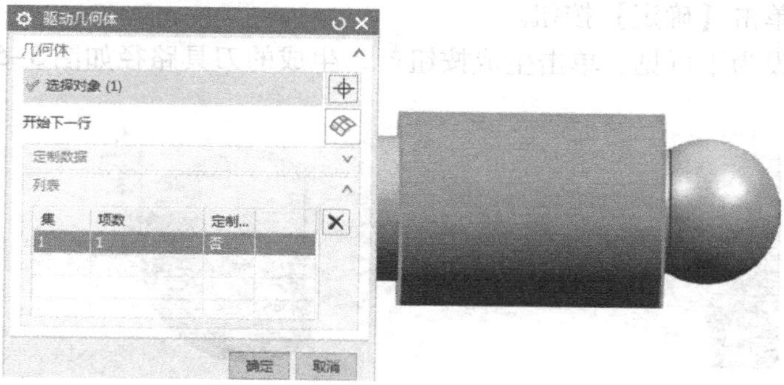

图 5-47　选择驱动几何体

（4）单击切削方向按钮，选择如图 5-48 所示的箭头，检查材料方向是否正确。在【切削模式】中选择“螺旋”，【步距】中选择“残余高度”，在【最大残余高度】中输入“0.03”，单击【确定】按钮。

（5）在【刀轴】|【轴】中选择“远离直线”，在【指定矢量】中选择如图 5-49 所示的圆柱底面，单击【确定】按钮。

（6）单击切削参数按钮，在【部件余量】中输入“0.1”，其余默认，单击【确定】按钮。

（7）单击非切削移动按钮，在【转移/快速】|【安全设置选项】中选择“包容圆柱体”，其余默认，单击【确定】按钮。

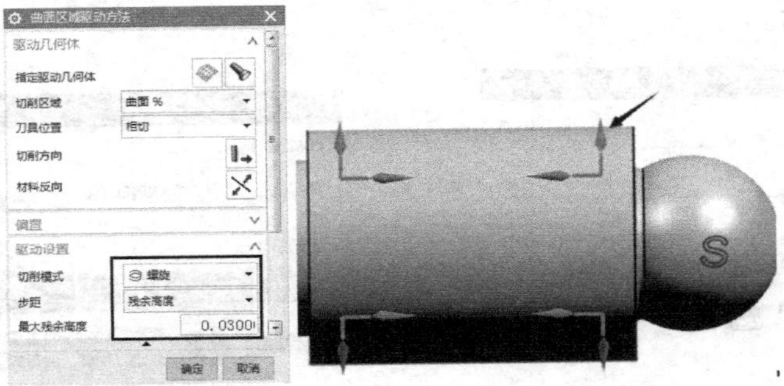

图 5-48　设置切削方向、驱动设置

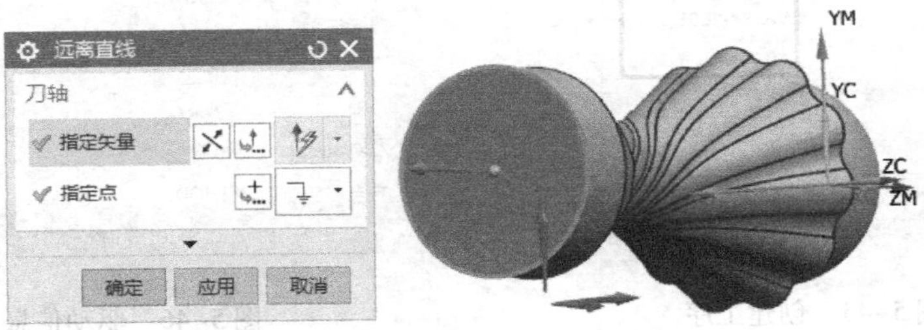

图 5-49　指定矢量

（8）单击进给率和速度按钮，在【主轴速度】中输入“3500”，【进给率】|【切削】中输入“1000”，单击【确定】按钮。

（9）将 20 层设为不可见。单击生成按钮，生成的刀具路径如图 5-50 所示。

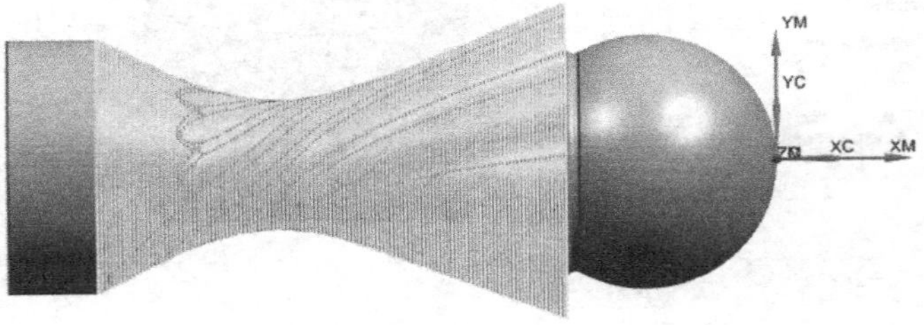

图 5-50　生成的刀具路径

5.3.6　创建中间部分精加工程序

（1）右击 5D1 程序，在弹出的快捷菜单中选择“复制”，右击程序组“5E”，在弹出的快捷菜单中选择“内部粘贴”，将程序重命名为“5E1”。

（2）双击 5E1 程序，单击【驱动方法】|【方法】中的编辑按钮，在【驱动设置】|【最大残余高度】中输入“0.001”，如图 5-51 所示，其余默认，单击【确定】按钮。

（3）在【工具】|【刀具】中选择“R1.5”。

（4）单击切削参数按钮，在【余量】|【部件余量】中输入“0”，内外公差均输入“0.01”，如图 5-52 所示，单击【确定】按钮。

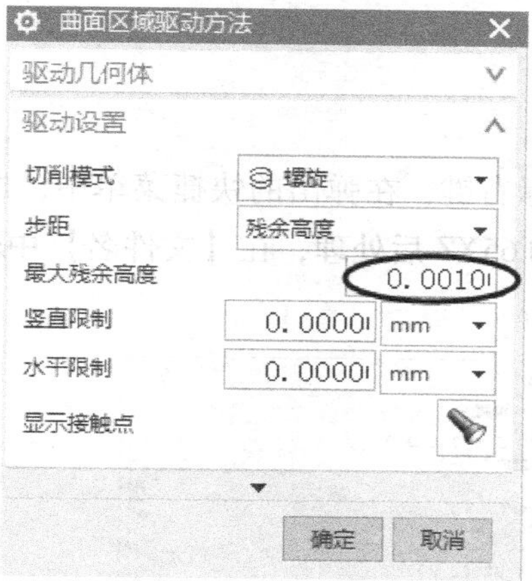

图 5-51　驱动设置

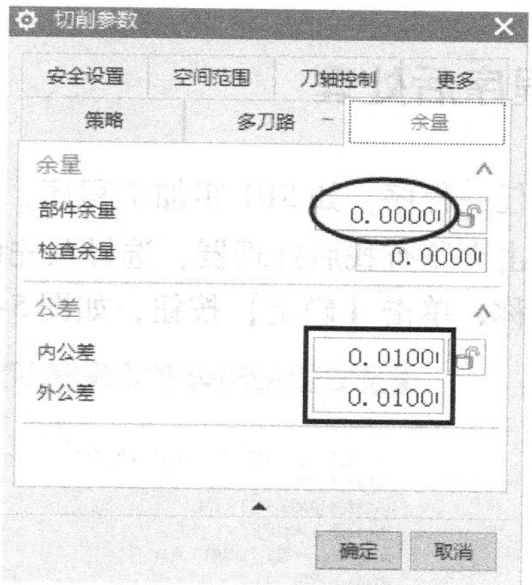

图 3-52　余量设置

（5）单击进给率和速度按钮，在【主轴速度】中输入“4000”，其余默认，单击【确定】按钮。

（6）单击生成按钮，生成的刀具路径如图 5-53 所示。

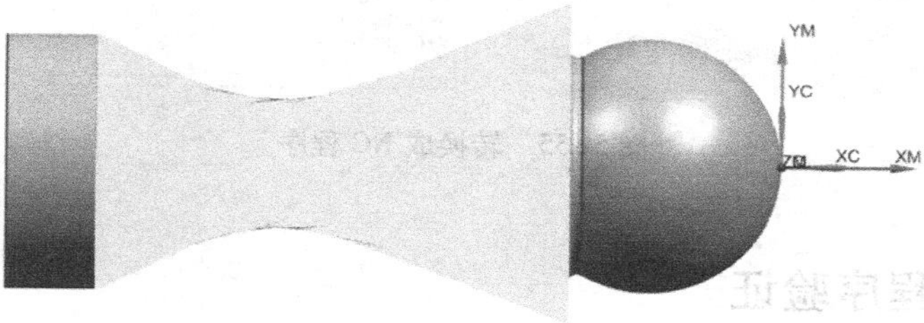

图 5-53　生成刀具路径

5.4　仿真加工

在“NC_PROGRAM”上单击鼠标右键，在弹出的快捷菜单中单击【刀轨】|确认按钮，进入【刀轨可视化】对话框，为方便模拟加工后，旋转工件观察，选择【3D 动态】模拟，单击播放按钮，完成模拟加工如图 5-54 所示。

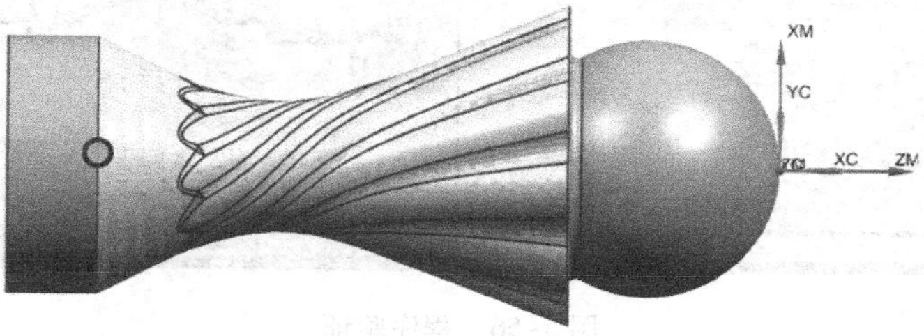

图 5-54　模拟加工图

5.5 程序后处理

选择任一程序，如 5B1 粗加工程序，单击鼠标右键，在弹出的快捷菜单中，选择 后处理，单击浏览查找后处理器，选择预先设置好的 65XZ 后处理，在【文件名】中输入程序路径和名称，单击【确定】按钮，如图 5-55 所示。

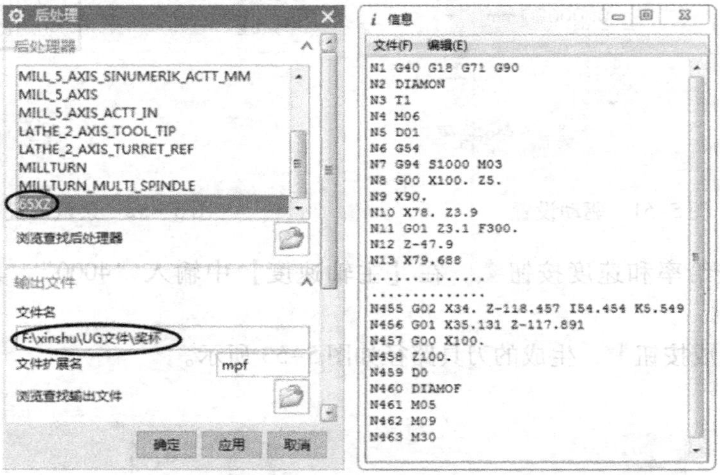

图 5-55　转换成 NC 程序

5.6 Vericut 程序验证

将所有程序后处理为 NC 程序，导入 Vericut7.3，结果如图 5-56 所示。

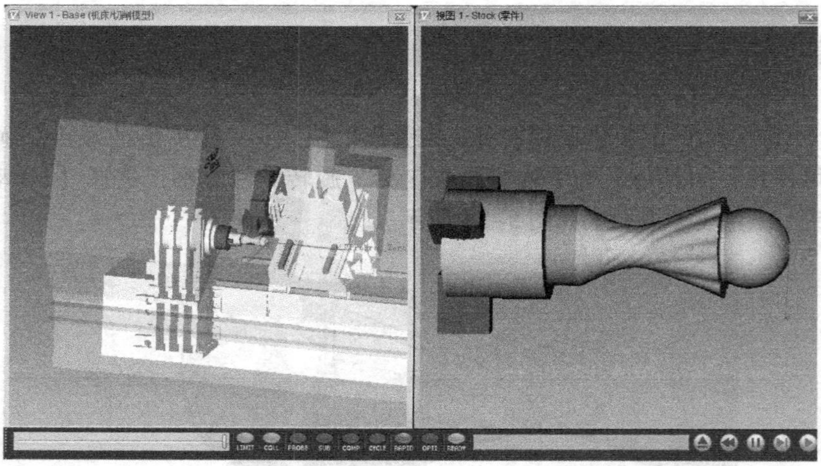

图 5-56　程序验证

【项目总结】

本项目是在车铣复合机床上编程加工的。不难看出，车铣复合编程加工实际上是在数控车削基础上多一个铣削步骤而已，但是要注意车削几何体和铣削几何体的设置方法。整个加工只涉及 XC、ZC 两个坐标轴，此案例虽然简单，却为后面的复杂零件车铣复合编程打下了良好的基础。

项目 6　双头锥度蜗杆车铣复合编程与加工

【教学目标】

知识目标：掌握投影曲线、编辑曲线及扫掠的运用方法。

掌握辅助线、面、体在编程过程中的运用方法。

掌握车削编程的各项参数设置。

掌握可变轮廓铣曲面驱动的参数设置方法。

掌握“远离直线”在车铣复合编程中的运用方法。

能力目标：能运用 UG NX 软件独立完成双头锥度蜗杆的编程与仿真加工、后处理和程序验证。

素质目标：培养学生创新意识和团队合作意识，通过模拟加工，让学生体验学习成就感，激发学生的学习积极性。

【教学重点与难点】

- 辅助线、面、体的创建方法。
- 辅助线、面、体在多轴编程中的灵活运用方法。
- 可变轮廓铣曲面驱动的参数设置方法。
- 远离直线在可变轮廓铣中的运用方法。

【项目导读】

双头锥度蜗杆因其心轴带有锥度，在数控车床上较难完成所有加工部位，如图 6-1 所示。本例将用无 Y 轴的车铣复合机床，先用车削功能加工双头锥度蜗杆的外形轮廓尺寸，再用铣削功能加工螺旋槽，铣刀仅在 XC、ZC 方向作切削移动。

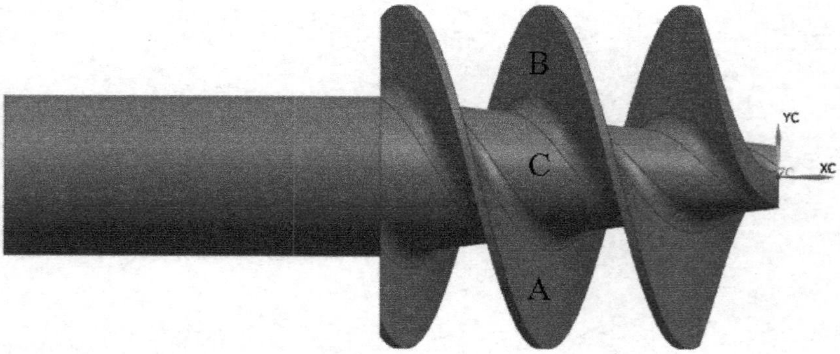

图 6-1　双头锥度蜗杆三维图

【项目实施】

制定合理的加工工艺，完成双头蜗杆的刀具路径设置、仿真加工。将程序后处理并导入 Vericut 验证。

6.1 工艺分析及刀路规划

1. 零件分析

此零件为双头蜗杆，而且齿根圆带有锥度。在普通数控车床上利用宏程序，靠偏摆刀具逐层加工，虽然可以勉强加工，但加工质量很难达到设计要求，生产效率也相对较低。本例采用无 Y 轴的车铣复合机床编程加工。左端轴部分编程较简单，为节省篇幅，此处省略不讲。

2. 毛坯选用

本例选用 40 铬钢，棒料尺寸为：$\Phi 70$ mm × 145 mm。

3. 刀路规划（标识符号见图 6-1）

（1）程序组 6A：外轮廓粗、精加工，刀具分别为 OD_80_L、OD_55_L。粗加工时面余量为 0.1，径向余量为 0.5 mm。

（2）程序组 6B：齿廓 A、B 粗加工，刀具为 ED12，加工余量为 0.3 mm。

（3）程序组 6C：齿根圆 C 粗加工，刀具为 R3，加工余量为 0.3 mm。

（4）程序组 6D：圆弧粗加工，刀具为 R3，加工余量为 0.3 mm。

（5）程序组 6E：齿廓 A、B 精加工，刀具为 R3，加工余量为 0 mm。

（6）程序组 6F：齿根圆 C 精加工，刀具为 R3，加工余量为 0 mm。

（7）程序组 6G：圆弧精加工，刀具为 R3，加工余量为 0 mm。

6.2 编程准备

1. 创建外轮廓车削几何体

（1）单击【插入】|【派生曲线】|连结曲线，选择如图 6-2 所示的两条边，在【输入曲线】中选择“隐藏”，【距离公差】中输入“0.01”，其余默认，单击【确定】按钮，在

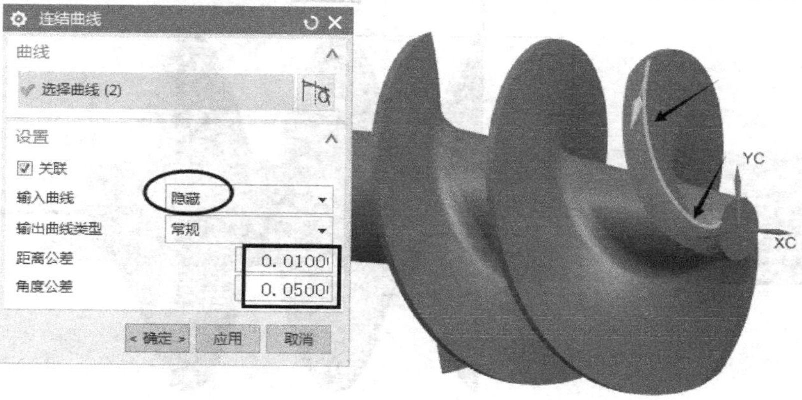

图 6-2　选择边缘

弹出的对话框中单击【确定】按钮。

（2）单击【插入】|【设计特征】|旋转按钮，在【截面】|【选择曲线】中选择刚创建的连结曲线，在【轴】|【矢量】中选择“XC”，在【指定点】中选择坐标系原点。在【限制】|【开始】选择“值”，【角度】输入“0”，在【结束】选择“值”，【角度】中输入“360”。在【布尔】中选择“无”，在【设置】|【体类型】中选择“实体”，其余默认，如图6-3所示，单击【确定】按钮。

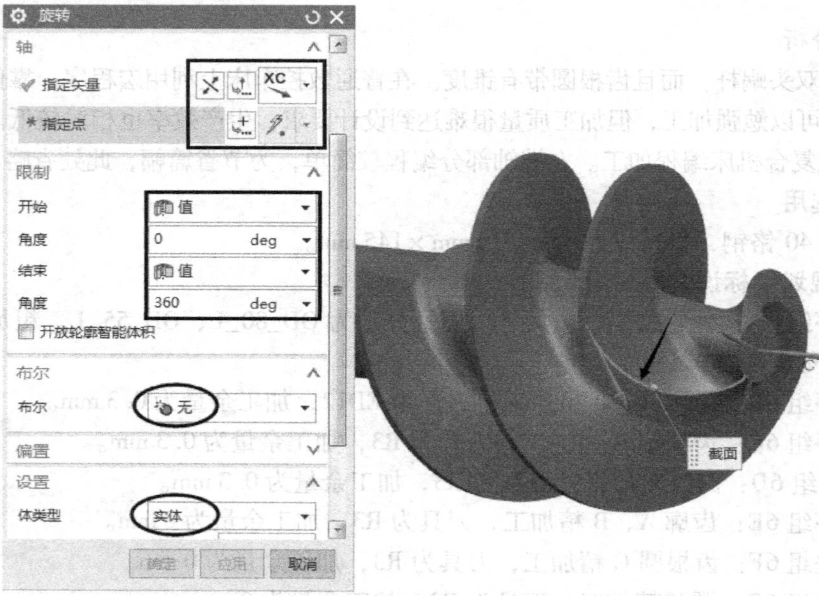

图6-3　旋转设置

（3）单击【插入】|草图按钮，在【草图类型】中选择“在平面上”，【平面方法】选择“创建平面”，在【指定平面】中选择“XC-YC平面”，绘制如图6-4所示矩形，尺寸为“33×54.3”，单击【确定】按钮。

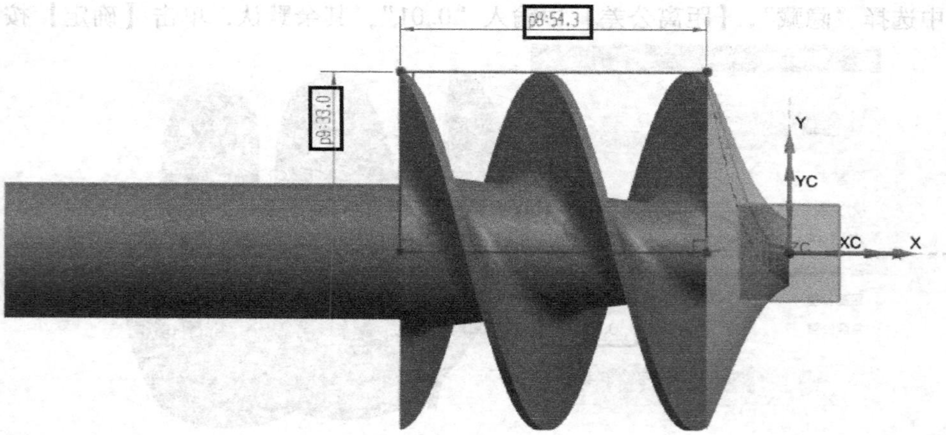

图6-4　绘制草图

（4）单击【插入】|【设计特征】|旋转按钮，在【截面】|【选择曲线】中选择刚创建的草图曲线，在【轴】|【矢量】中选择“XC”，【指定点】中选择坐标系原点，在【布尔】中选择“求和”，选择前面创建的旋转实体，其余默认，单击【确定】按钮，创建的实体如图6-5所示。

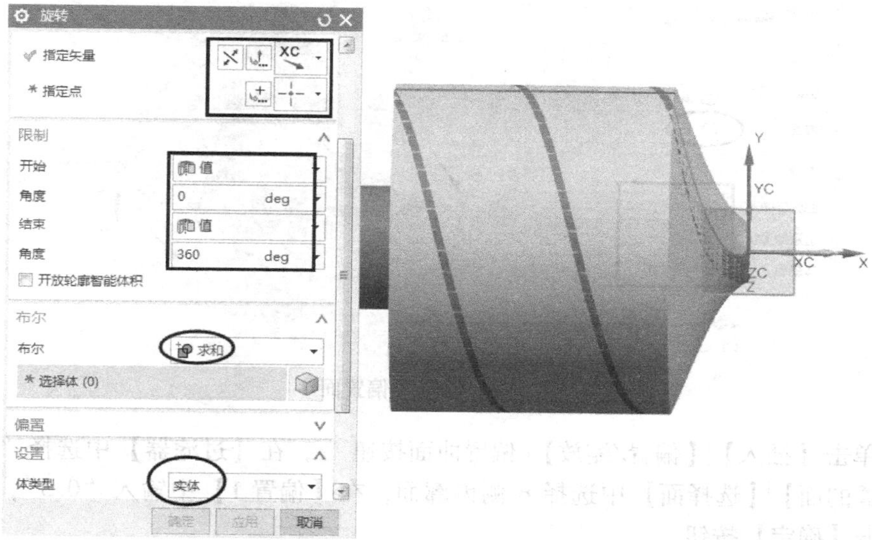

图6-5　创建并求和实体

（5）将旋转实体和草图移动至10层，并设为不可见。

2. 创建驱动曲面

（1）为方便描述，在第一个头的左右轮廓面齿根圆分别以A、B、C作标识。

（2）单击【插入】|【偏置/缩放】|偏置曲面按钮，在过滤器中选择“单个面”，在【要偏置的面】|【选择面】中选择A侧齿廓面，在【偏置1】中输入“0.3”，如图6-6所示，单击【确定】按钮。

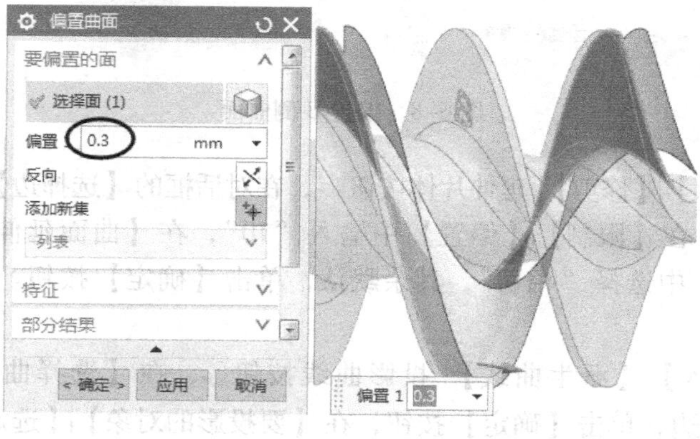

图6-6　偏置A侧曲面

（3）单击【插入】|【修剪】|延伸片体按钮，在对话框的【选择边】中选择如图6-7所示偏置曲面的边缘，在【限制】|【偏置】中输入“20”，在【曲面延伸形状】中选择“镜像”，

【边延伸形状】中选择“相切”，其余默认，单击【确定】按钮。将偏置面移动至15层，设为不可见。

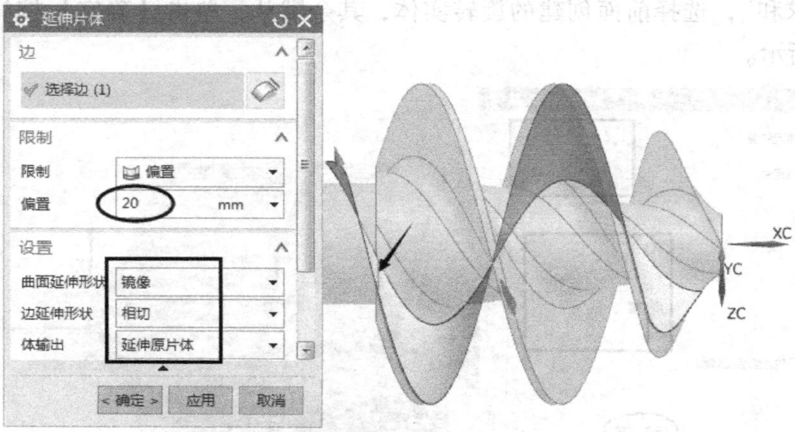

图6-7　延伸A偏置面

（4）单击【插入】|【偏置/缩放】|偏置曲面按钮，在【过滤器】中选择“单个面”，在【要偏置的面】|【选择面】中选择B侧齿廓面，在【偏置1】中输入“0.3”，如图6-8所示，单击【确定】按钮。

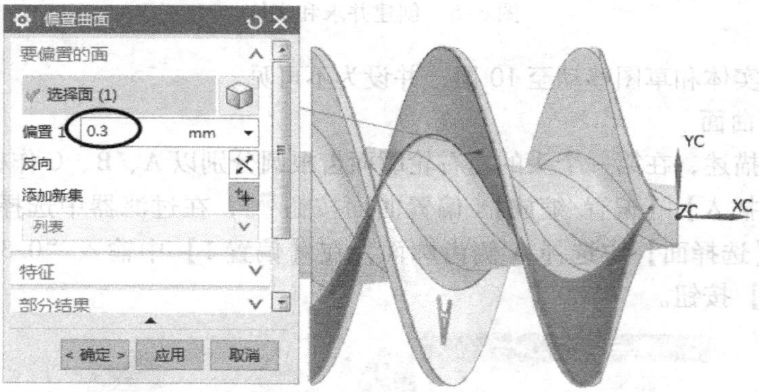

图6-8　偏置B侧曲面

（5）单击【插入】|【修剪】|延伸片体按钮，在对话框的【选择边】中选择如图6-9所示偏置曲面的边缘，在【限制】|【偏置】中输入“10”，在【曲面延伸形状】中选择“镜像”,【边延伸形状】中选择“相切”，其余默认，单击【确定】按钮。将偏置面移动至20层，设为不可见。

（6）单击【插入】|【派生曲线】|投影曲线按钮，在【选择曲线或点】中选择如图6-10所示的两条边，单击【确定】按钮；在【要投影的对象】|【选定对象】中选择如图6-11所示的面，单击【确定】按钮。

（7）单击【插入】|【曲线】|曲面上的曲线按钮，在【选择面】中选择如图6-12所示的面，在【样条约束】|【指定点】中选择如图6-13所示面的底边缘端点和中点，其余默

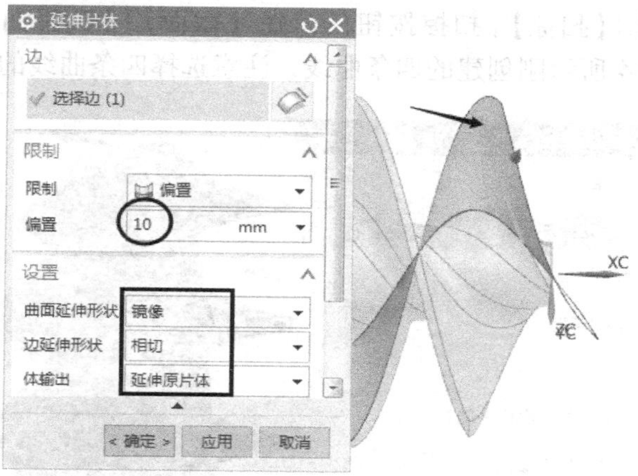

图 6-9　延伸 B 偏置面

认，单击【确定】按钮。用同样的方法，在该选择面上再画三条曲线，四条曲线的间隔距离大致相等，且四条曲线基本平行。

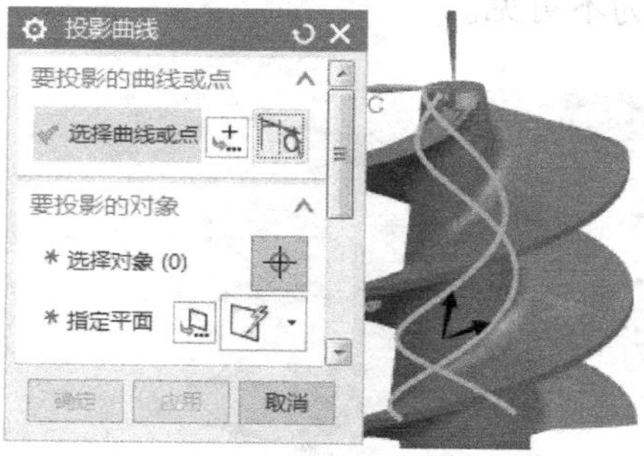

图 6-10　选择边

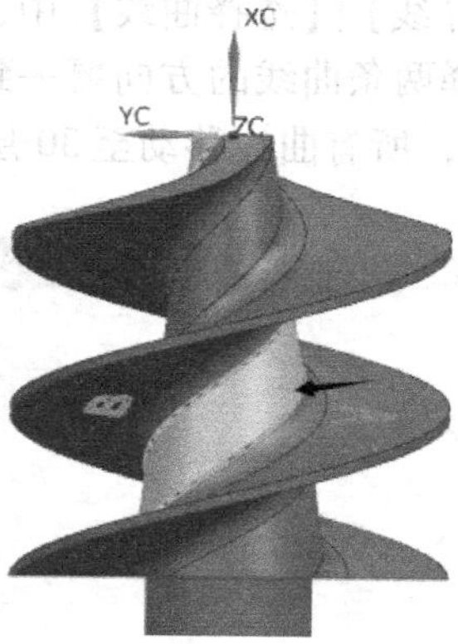

图 6-11　选择面

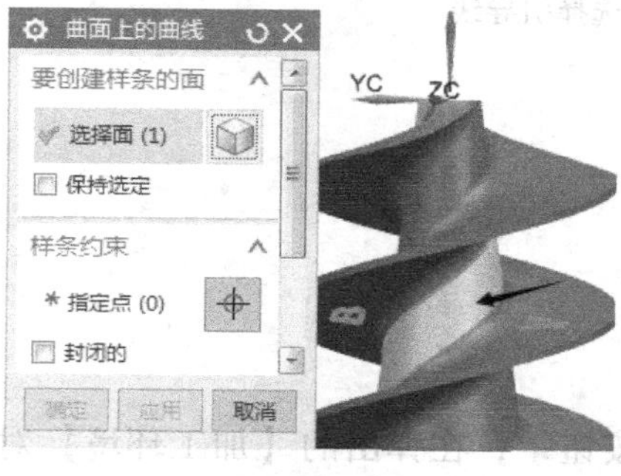

图 6-12　选择面

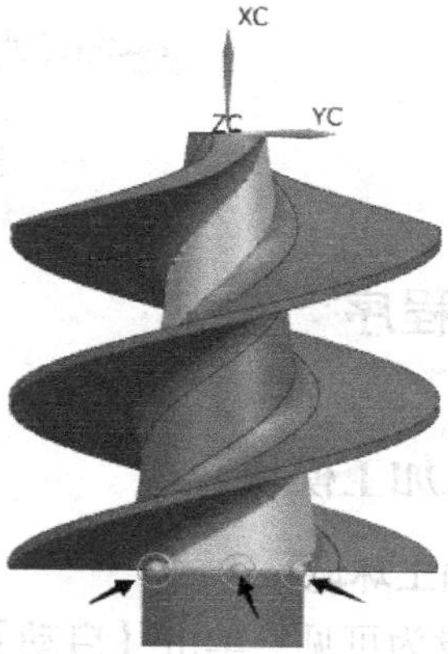

图 6-13　在边缘上选择点

(8) 单击【插入】|【扫掠】|扫掠按钮，在【截面】|【选择曲线】中，通过添加新集，分别选择如图 6-14 所示刚创建的四条曲线，注意选择四条曲线的方向要一致。

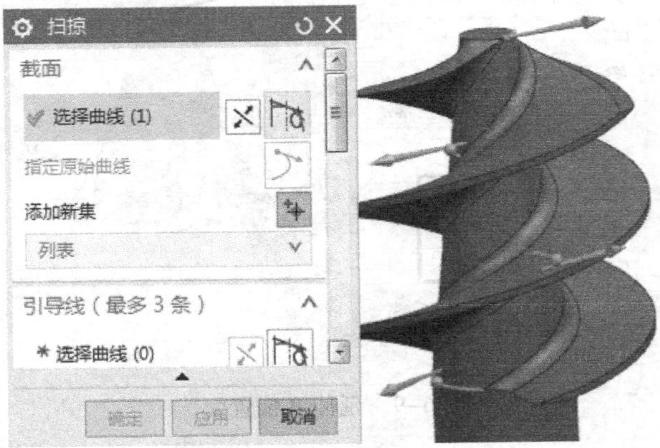

图 6-14　选择截面线

在【引导线】|【选择曲线】中，通过添加新集，分别选择如图 6-15 所示的两条投影曲线，注意选择两条曲线的方向要一致，其余默认，单击【确定】按钮。将创建的扫掠曲面移动至 25 层，所有曲线移动至 30 层，均设为不可见。

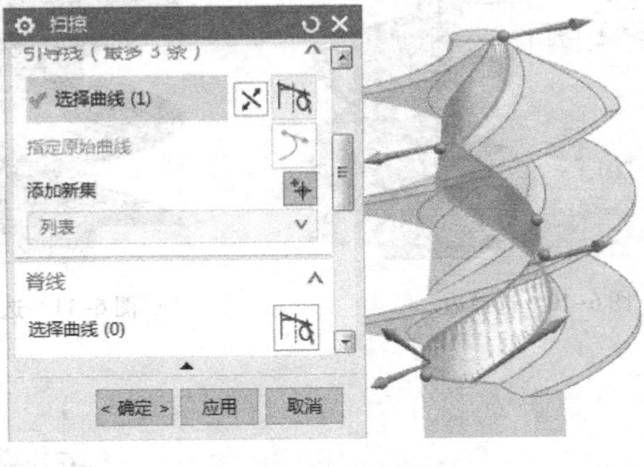

图 6-15　选择引导线

6.3　创建程序

6.3.1　进入加工模块

1. 设置加工环境

将 10 层设为可见。单击【启动】|加工按钮，在弹出的【加工环境】对话框中，按如图 6-16 所示选择。

2. 建立加工坐标系

在加工工序导航器空白处右击，在弹出的快捷菜单中，选择几何视图，单击 MCS_MILL 前的“+”将其展开，双击“MCS_MILL”节点，在【指定 MCS】中选择坐标系原点，将加工坐标系设置如图 6-17 所示，单击【确定】按钮。

图 6-16　设置加工环境

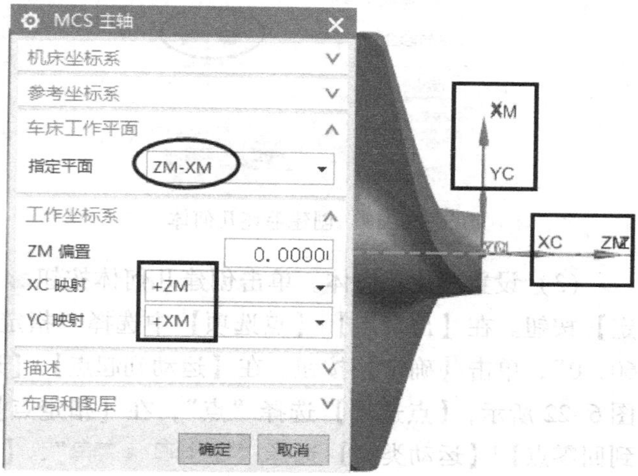

图 6-17　设置加工坐标系

3. 创建几何体

（1）创建工件几何体。双击“WORKPIECE”节点，弹出【工件】对话框，单击【指定部件】按钮，弹出【部件几何体】对话框，选择前面创建的旋转体为部件几何体，如图 6-18 所示，单击【确定】按钮。

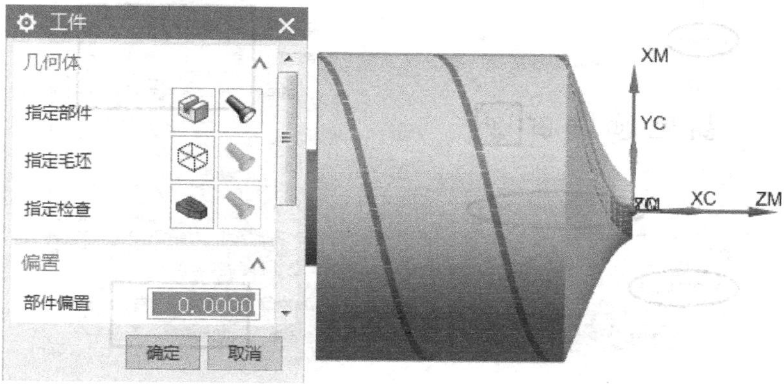

图 6-18　创建几何体

（2）设置毛坯边界。双击“TURNING_WORKPIECE”按钮，在【车削工件】对话框中单击选择或编辑毛坯边界按钮，如图 6-19 所示。在【类型】中选择“棒料”，【毛坯】|【安装位置】选择“远离主轴箱”，【指定点】选择加工坐标系原点，【长度】输入“70”，【直径】输入“70”，如图 6-20 所示，单击【确定】按钮。

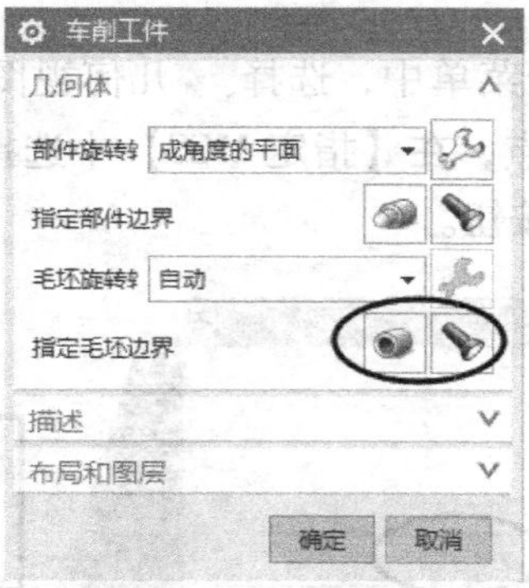

图 6-19　创建毛坯几何体

图 6-20　设置毛坯边界

（3）设置避让几何体。单击创建几何体按钮，按照如图 6-21 所示设置，单击【确定】按钮。在【出发点】|【点选项】中选择“指定点”，在【指定点】中输入坐标“100，60，0”，单击【确定】按钮。在【运动到起点】|【运动类型】中选择“轴向 -> 径向”，如图 6-22 所示，【点选项】选择“点”，在【指定点】中输入坐标“10，35，0”。在【运动到回零点】|【运动类型】选择“径向 -> 轴向”，【点选项】选择“与起点相同”，其余默认，单击【确定】按钮。

图 6-21　创建避让几何体

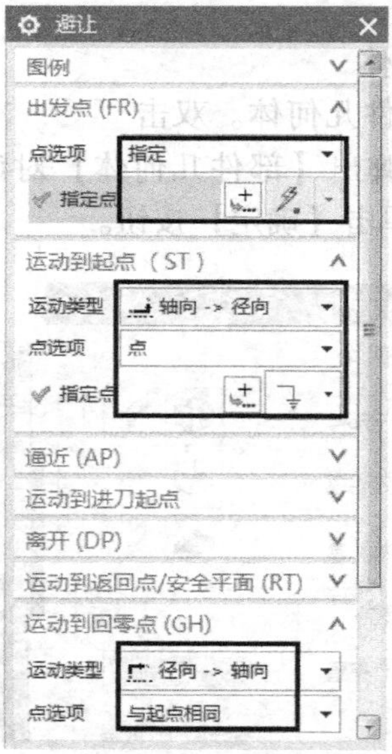

图 6-22　避让设置

4. 创建刀具

（1）创建外圆粗车左偏刀

单击【插入】|刀具按钮，弹出【创建刀具】对话框，按如图 6-23 所示设置，单击【确定】按钮，弹出【车刀 - 标准】对话框。在【工具】|【刀片】中选择“C（菱形 80）”，【刀片位置】中选择“顶侧”，在【尺寸】|【刀尖半径】中输入“0.8”，在【刀具号】中输

入“1”，其余默认，如图 6-24 所示。

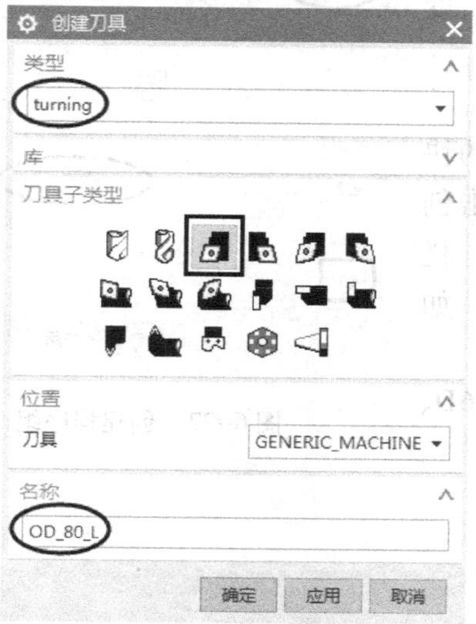

图 6-23　创建车刀

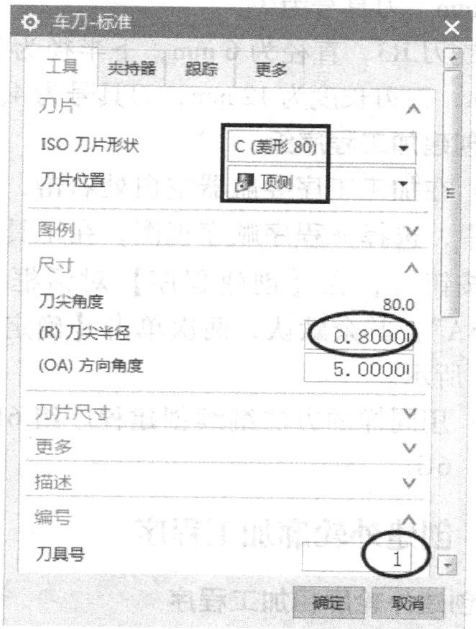

图 6-24　车刀参数设置

单击【夹持器】按钮，在弹出的对话框中，勾选“使用车刀夹持器”复选按钮，其余默认，如图 6-25 所示。

单击【跟踪】按钮，在弹出的对话框中，【点编号】选择 P3，其余默认，如图 6-26 所示，单击【确定】按钮。

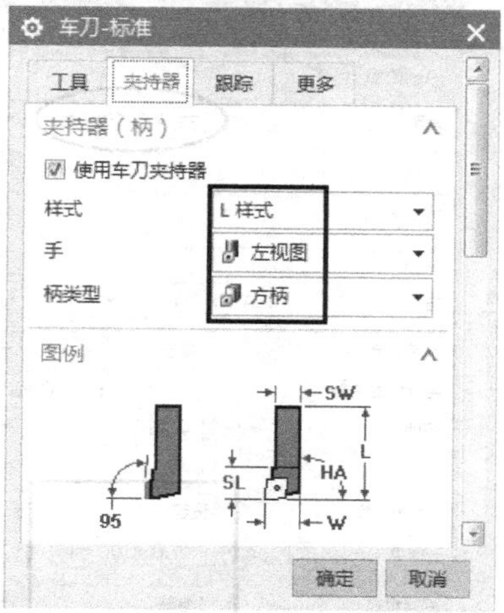

图 6-25　选择夹持器

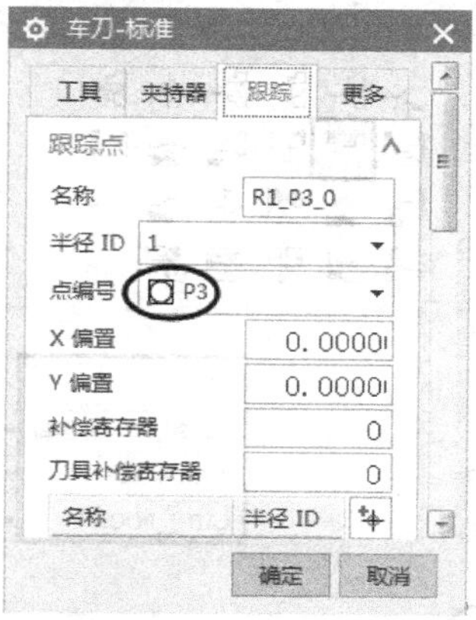

图 6-26　刀尖方位选择

（2）用同样方法创建以下刀具：

① 外圆精车左偏刀：【名称】中输入“OD_55_L”，【刀具号】输入“3”，在【工具】|【刀尖半径】中输入“0.4”，【夹持器】|【手】选择“左视图”，【跟踪】|【点编号】选择“P3”，其余默认，单击【确定】按钮。

② 铣刀 ED12，直径为 12 mm，下半径为 0 mm，长度为 75 mm，刀具号为 3。

③ 铣刀 R3，直径为 6 mm，下半径为 3 mm，长度为 75 mm，刀刃长度为 12 mm，刀具号为 4。

5. 创建加工程序组

（1）在加工工序导航器空白处右击，在弹出的快捷菜单中，选择程序顺序视图，在工具条中单击创建程序按钮，在【创建程序】对话框【名称】栏输入“6A”，其余默认，两次单击【确定】按钮，如图 6-27 所示。

（2）用同样的方法继续创建程序组 6B、6C、6D、6E、6F、6G。

图 6-27　创建程序组

6.3.2　创建外轮廓加工程序

1. 创建外轮廓粗加工程序

（1）单击【插入】|工序按钮，弹出【创建工序】对话框，在【类型】中选择“turning”，【程序】中选择“6A”，【刀具】中选择“OD_80_L”，【几何体】选择“AVOIDANCE”，在【名称】中输入“6A1”，如图 6-28 所示，单击【确定】按钮。

（2）在【切削策略】中选择“单向线性切削”，在【步进】|【切削深度】中选择“恒定”，【深度】中输入“1”，【变换模式】中选择“省略”，其余默认，如图 6-29 所示。

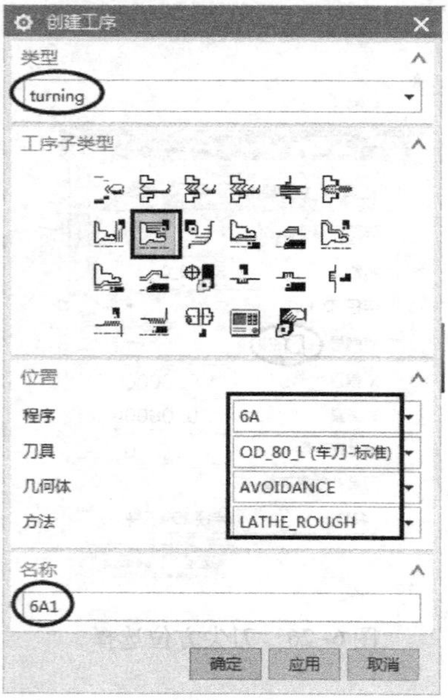

图 6-28　创建粗车工序

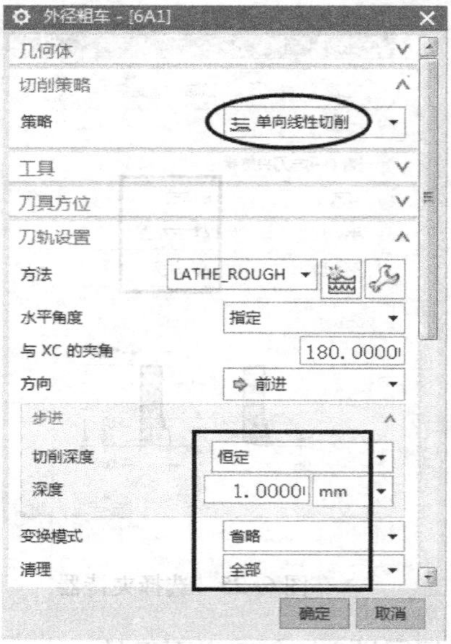

图 6-29　设置切削深度

（3）单击切削参数按钮，在【余量】|【面】中输入“0.1”，【径向】输入“0.5”，其余默认，如图 6-30 所示，单击【确定】按钮。

（4）单击进给率和速度按钮，在【输出模式】中选择“RPM”，在【主轴速度】中输入“1000”，在【进给率】|【切削】中输入“300”，单击【确定】按钮。

（5）单击生成按钮，生成的刀具路径如图6-31所示。

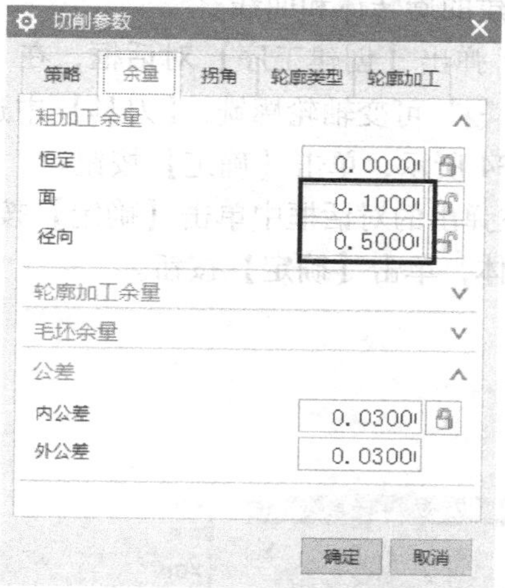

图6-30　余量设置

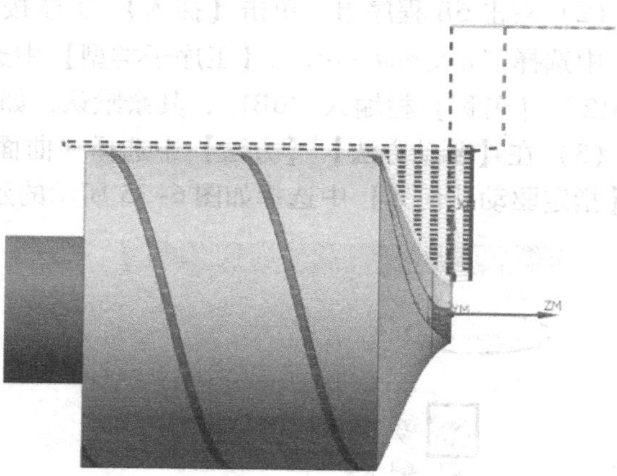

图6-31　生成的刀具路径

2. 创建外轮廓精加工程序

（1）单击【插入】|工序按钮，弹出【创建工序】对话框，在【刀具】中选择“OD_55_L”，【名称】中输入“6A2”，其余默认，如图6-32所示，单击【确定】按钮。

（2）在【切削策略】中选择“全部精加工”，勾选“省略变换区”复选按钮，其余默认。

（3）单击切削参数按钮，在【余量】中全部输入“0”，内外公差均输入“0.01”，单击【确定】按钮。

（5）单击进给率和速度按钮，在【主轴速度】中输入“1200”，在【进给率】|【切削】中输入“150”，单击【确定】按钮。

（6）单击生成按钮，生成的刀具路径如图6-33所示。

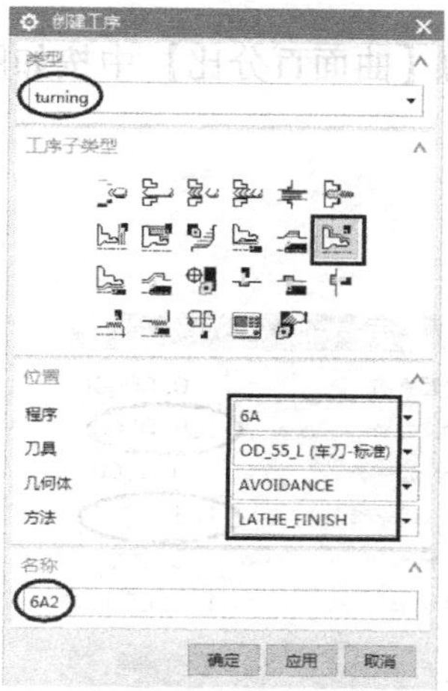

图6-32　创建精车工序

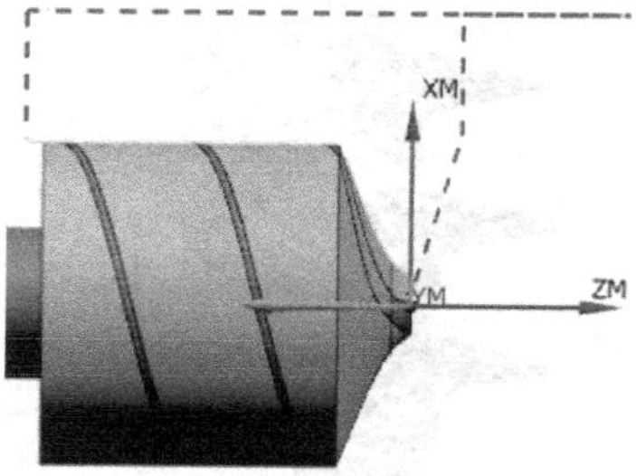

图6-33　生成的刀具路径

6.3.3 创建齿廓粗加工程序

1. 创建 A 侧齿廓粗加工程序

(1) 将 10 层设为不可见，15 层设为可见，隐藏创建的旋转体和曲线。

(2) 右击 6B 程序组，单击【插入】|工序按钮，弹出【创建工序】对话框，在【类型】中选择“mill_multi-axis”，【工序子类型】中选择“”可变轴轮廓铣，【刀具】中选择“ED12”，【名称】栏输入“6B1”，其余默认，如图 6-34 所示，单击【确定】按钮。

(3) 在【驱动方法】|【方法】中选择“曲面”，在弹出的对话框中单击【确定】按钮。在【指定驱动几何体】中选择如图 6-35 所示的延伸片体，单击【确定】按钮。

图 6-34 创建可变轮铣

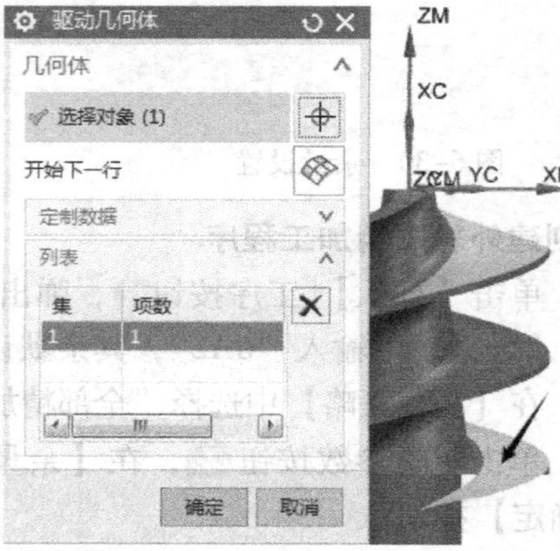

图 6-35 选择驱动几何体

(4) 单击切削方向按钮，选择如图 6-36 所示箭头，检查材料方向是否正确，单击【确定】按钮。

(5) 在【切削区域】中单击“曲面 %”，在弹出的【曲面百分比】中按如图 6-37 所示设置，单击【确定】按钮。

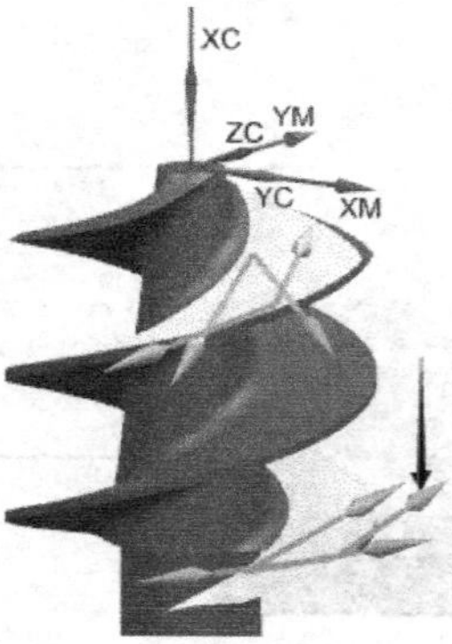

图 6-36 设置切削方向

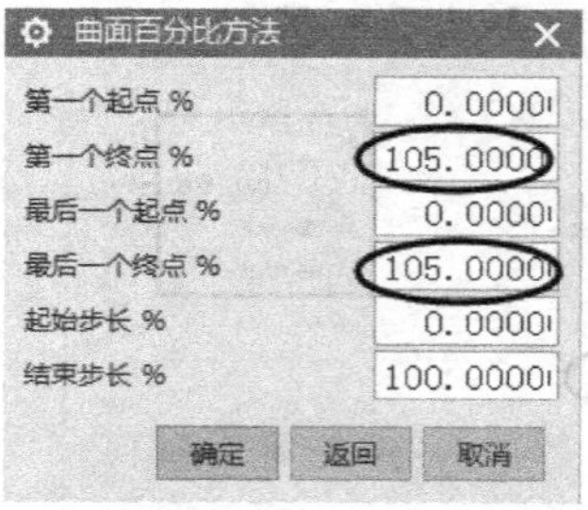

图 6-37 设置曲面百分比

（6）在【驱动设置】|【切削模式】中选择“往复”，【步距】中选择“残余高度”，在【最大残余高度】中输入“0.03”，单击【确定】按钮。

（7）在【投影矢量】中选择“刀轴”，【刀轴】中选择“远离直线”，在【刀轴】|【指定矢量】中选择如图6-38所示的圆柱底面，单击【确定】按钮。

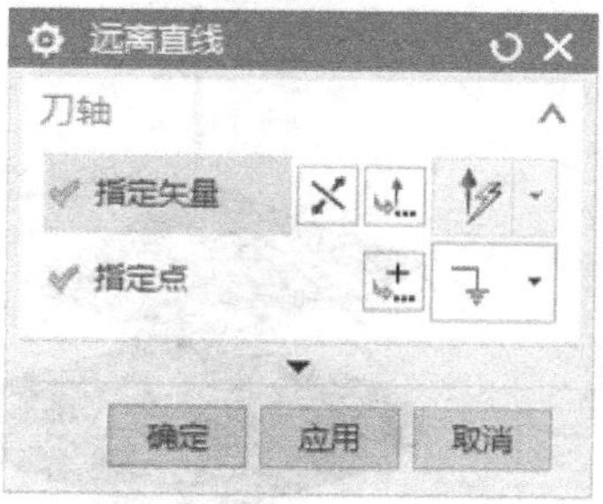

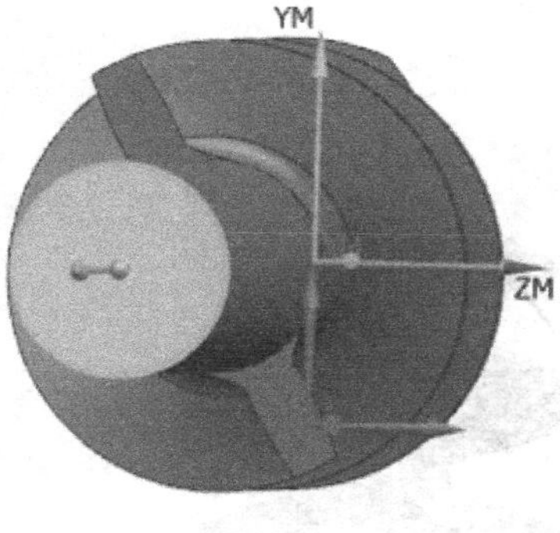

图6-38　指定矢量

（8）单击非切削移动按钮，在【转移/快速】|【安全设置选项】选择“包容圆柱体”，【安全距离】中输入“3”，如图6-39所示，单击【确定】按钮。

（9）单击进给率和速度按钮，在【主轴速度】中输入“2000”，在【进给率】|【切削】中输入“1800”，单击【确定】按钮。

（10）单击生成按钮，生成的刀具路径如图6-40所示。

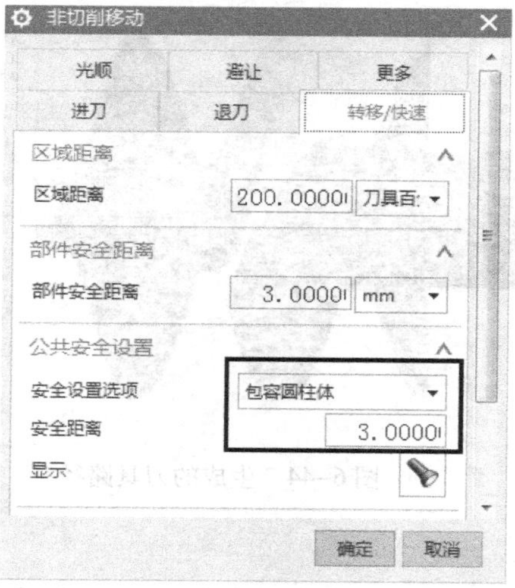

图6-39　安全设置

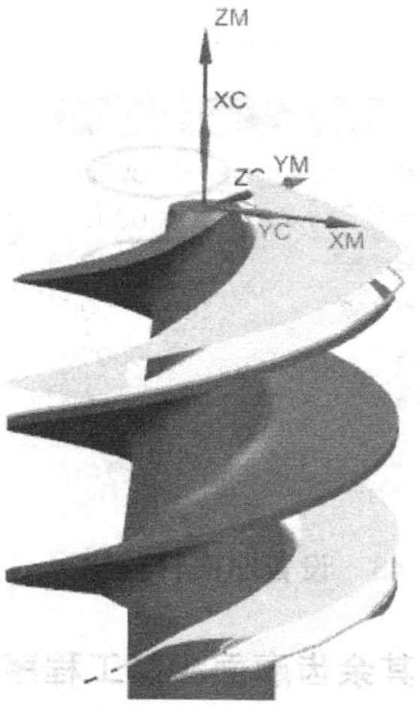

图6-40　生成的刀具路径

2. 创建B侧齿廓粗加工程序

（1）将15层设为不可见，20层设为可见。

（2）右击6B1程序，在弹出的快捷菜单中选择“复制”，右击6B程序组，在弹出的快捷菜单中选择“内部粘贴”，将程序重命名为6B2。

（3）双击6B2程序，单击【驱动方法】中的编辑按钮，在【指定驱动几何体】中重新选择如图6-41所示的面，单击【确定】按钮。

（4）单击切削方向按钮，选择如图6-42所示箭头，检查材料方向是否正确，单击【确定】按钮。

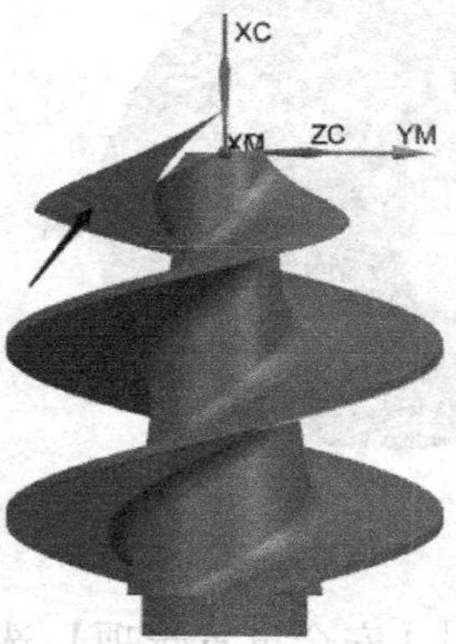

图6-41　选择驱动几何体

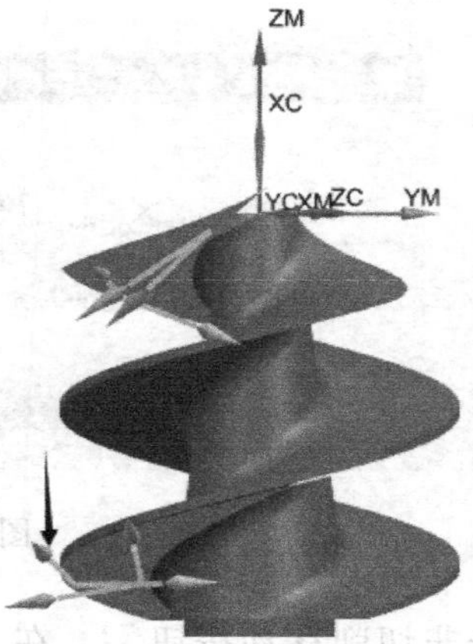

图6-42　选择切削方向

（5）在【切削区域】中单击“曲面%”，在弹出的【曲面百分比方法】对话框中按如图6-43所示设置，单击【确定】按钮。

（6）单击生成按钮，生成的刀具路径如图6-44所示。

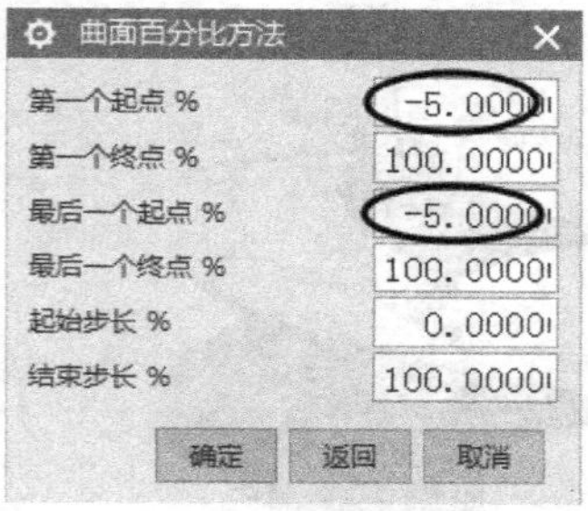

图6-43　设置曲面百分比

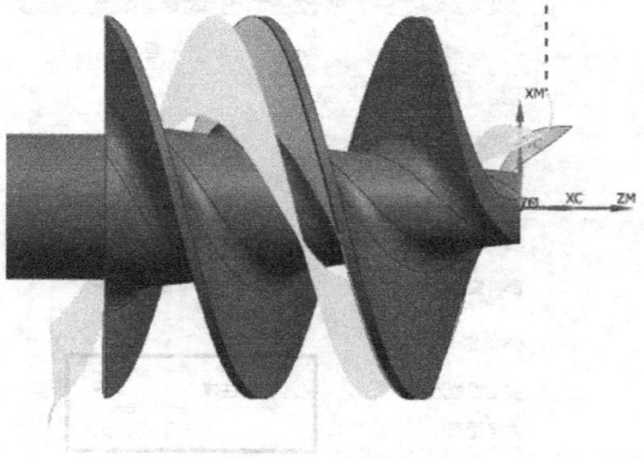

图6-44　生成的刀具路径

3. 创建其余齿廓面粗加工程序

将20层设为不可见。右击6B1、6B2程序，在弹出的快捷菜单中，单击【对象】|变换按钮，在【类型】中选择“绕直线旋转”，【直线方法】中选择“点和矢量”，在【指定点】中选择加工坐标系原点，【指定矢量】中选择“XC”，【角度】输入“180”【结果】选择“复制”，【非关联副本数】输入“1”，单击【确定】按钮，生成的刀具路径如图6-45所示，将程序分别重命名为6B3、6B4。

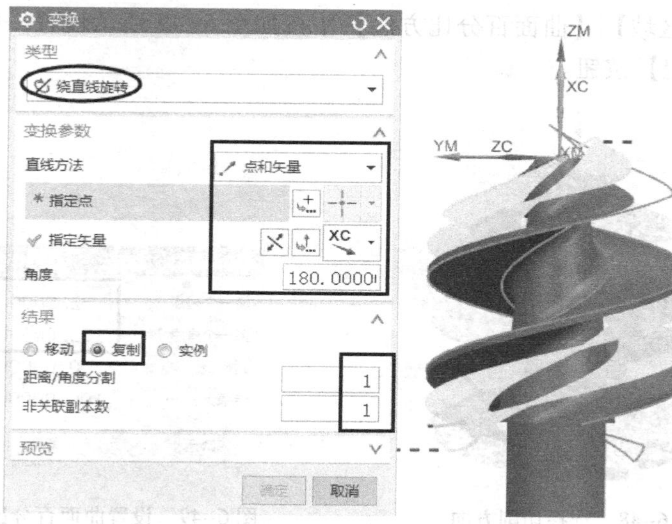

图 6-45　复制刀具路径

6.3.4　创建齿根圆粗加工程序

1. 创建齿根圆 C 粗加工程序

（1）右击 6B1 程序，在弹出的快捷菜单中选择“复制”，右击 6C 程序组，在弹出的快捷菜单中选择“内部粘贴”，将程序重命名为 6C1。

（2）双击 6C1 程序，在【几何体】|【指定部件】中单击选择或编辑几何体按钮，选择如图 6-46 所示的工件几何体的圆锥面，单击【确定】按钮。

（3）将 25 层设为可见。单击【驱动方法】中的编辑按钮，在【指定驱动几何体】中重新选择如图 6-47 所示的扫掠面，单击【确定】按钮。

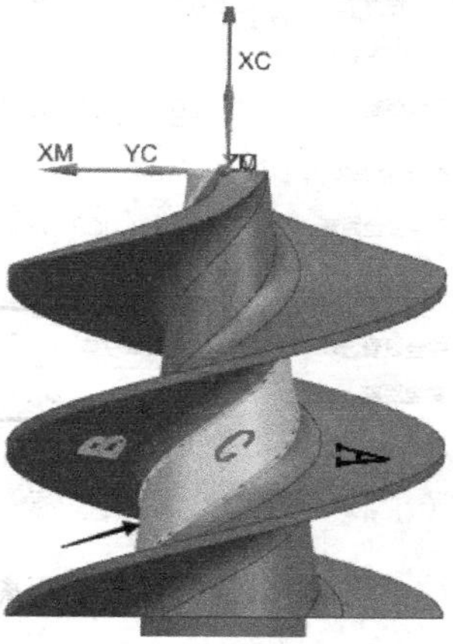

图 6-46　指定部件

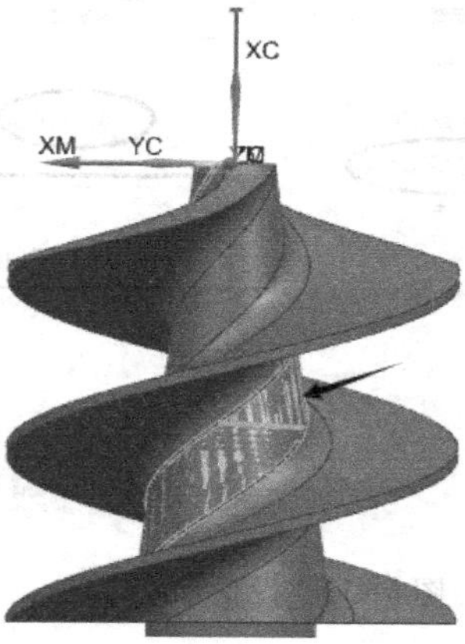

图 6-47　选择驱动几何体

（4）单击切削方向按钮，选择如图 6-48 所示箭头，检查材料方向是否正确，单击【确定】按钮。

（5）在【切削区域】|【曲面百分比方法】中按如图 6-49 所示设置，单击【确定】按钮，再次单击【确定】按钮。

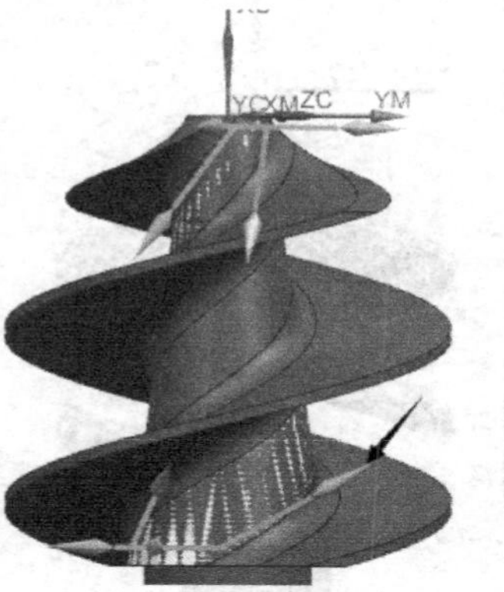

图 6-48　选择切削方向

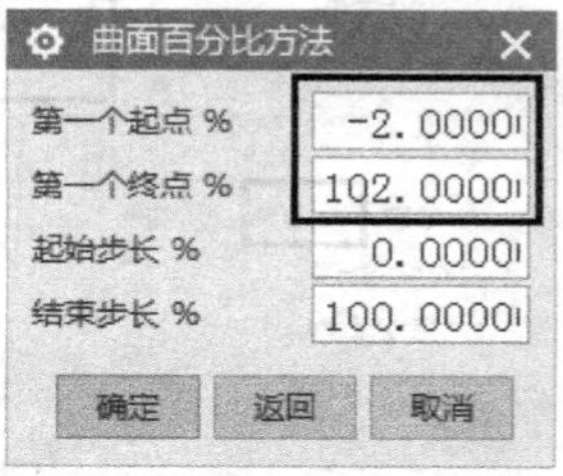

图 6-49　设置曲面百分比

（6）在【工具】|【刀具】中选择“R3”。

（7）单击切削参数按钮，在【多刀路】|【部件余量偏置】中输入“4”，勾选“多重深度切削”复选按钮，【步进方法】中选择“增量”，【增量】中输入“0.5”，如图 6-50 所示。

（8）在【余量】|【部件余量】中输入“0.3”，单击【确定】按钮。

（9）单击非切削移动按钮，在【转移/快速】|【公共安全设置】|【安全设置选项】中选择“包容圆柱体”，【安全距离】中输入“20”，其余默认，如图 6-51 所示，单击【确定】按钮。

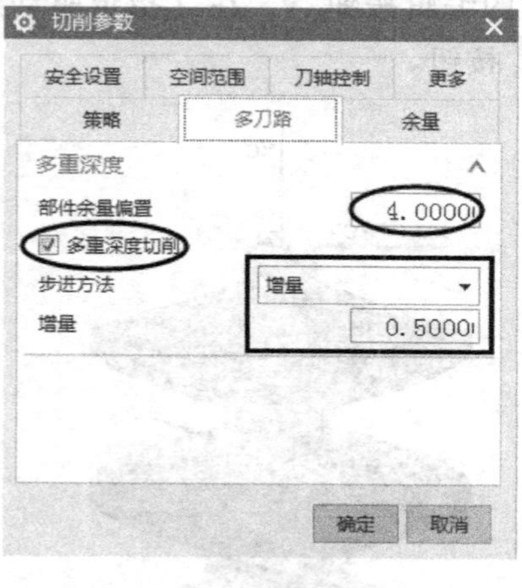

图 6-50　设置多重刀路

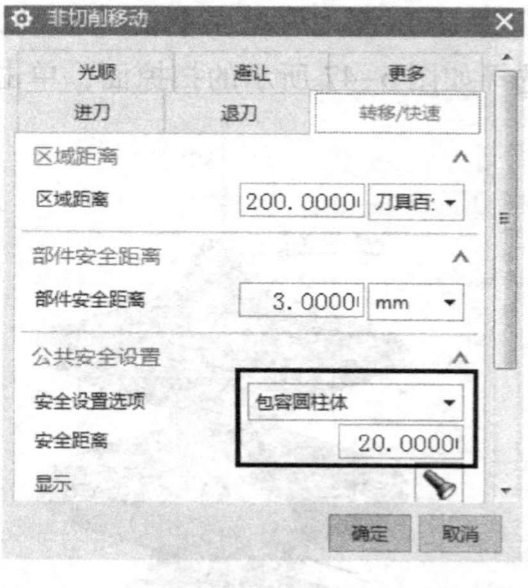

图 6-51　设置安全距离

（10）单击进给率和速度按钮，在【主轴速度】中输入“3000”，在【进给率】|【切削】中输入“1200”，单击【确定】按钮。

（11）单击生成按钮，生成的刀具路径如图 6-52 所示。

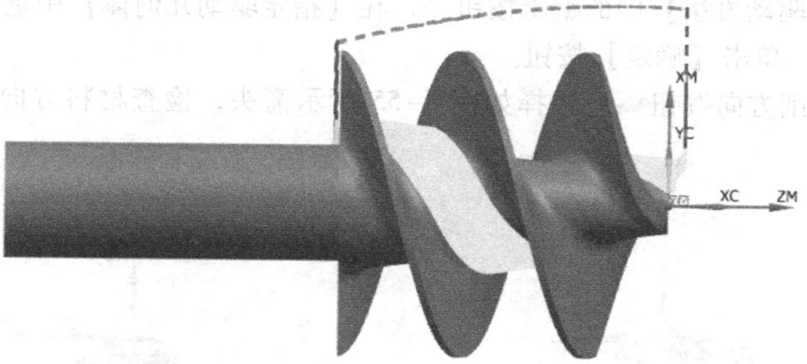

图 6-52　生成的刀具路径

2. 创建另一侧齿根圆粗加工程序

右击 6C1 程序，单击【对象】|变换按钮，在【类型】中选择“绕直线旋转”，【直线方法】选择“点和矢量”，【指定点】选择加工坐标系原点，【指定矢量】选择“XC”，【角度】输入“180”，【结果】选择“复制”，【非关联副本数】输入“1”，单击【确定】按钮，生成的刀具路径如图 6-53 所示，将程序命名为 6C2。

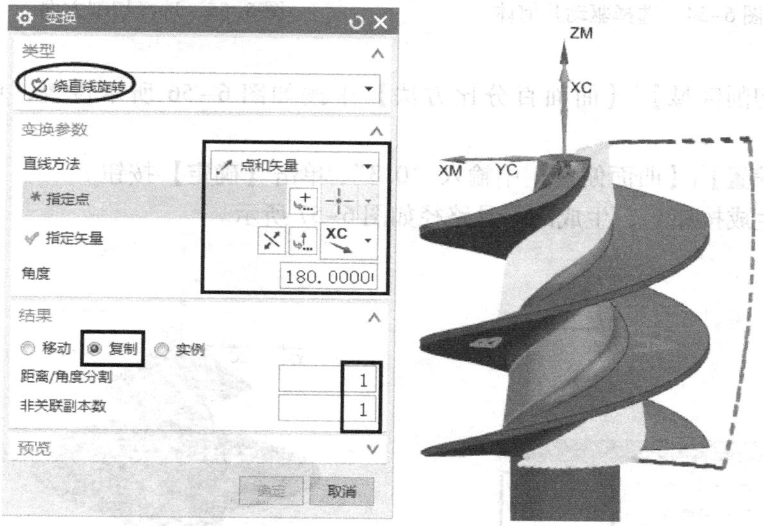

图 6-53　复制刀具路径

6.3.5　创建圆弧粗加工程序

1. 创建 A 侧圆弧粗加工程序

（1）将 25 层设为不可见。右击 6C1 程序，在弹出的快捷菜单中选择“复制”，右击 6D 程序组，在弹出的快捷菜单中选择“内部粘贴”，将程序重命名为 6D1。

（2）双击 6D1 程序，单击【几何体】|【指定部件】|选择或编辑部件几何体按钮，删除上次选择的几何体，单击【确定】按钮。

（3）单击【驱动方法】中的编辑按钮，在【指定驱动几何体】中重新选择如图 6-54 所示的圆弧曲面，单击【确定】按钮。

（4）单击切削方向按钮，选择如图 6-55 所示箭头，检查材料方向是否正确，单击【确定】按钮。

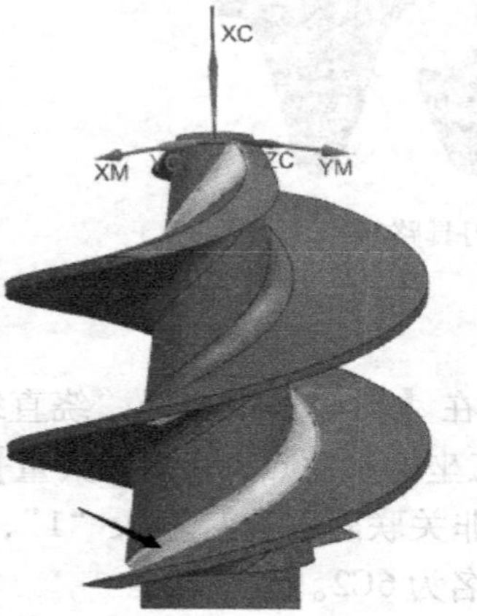

图 6-54　选择驱动几何体

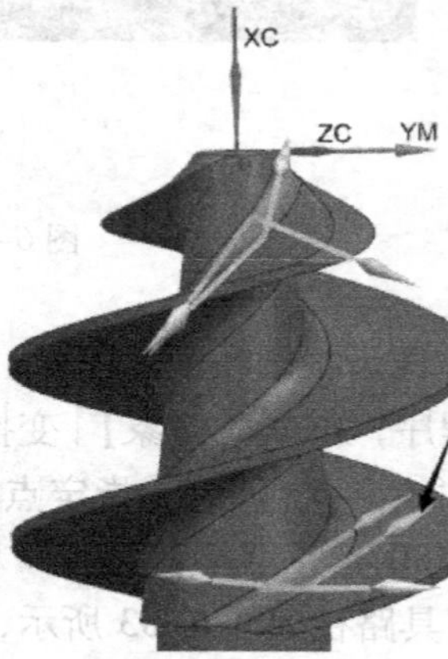

图 6-55　选择切削方向

（5）在【切削区域】|【曲面百分比方法】中按如图 6-56 所示设置，单击【确定】按钮。

（6）在【偏置】|【曲面偏置】中输入“0.3”，单击【确定】按钮。

（7）单击生成按钮，生成的刀具路径如图 6-57 所示。

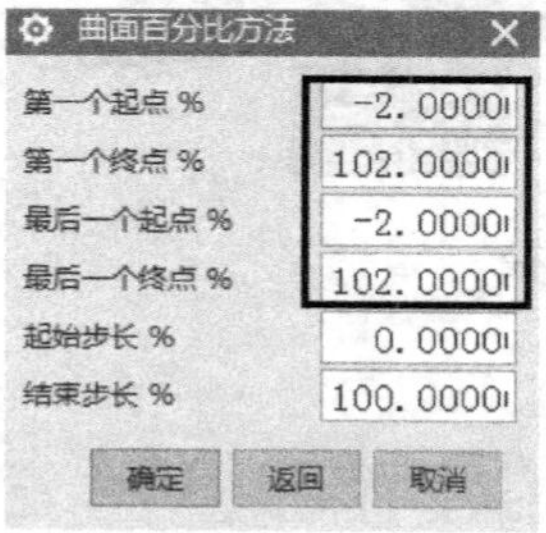

图 6-56　设置曲面百分比

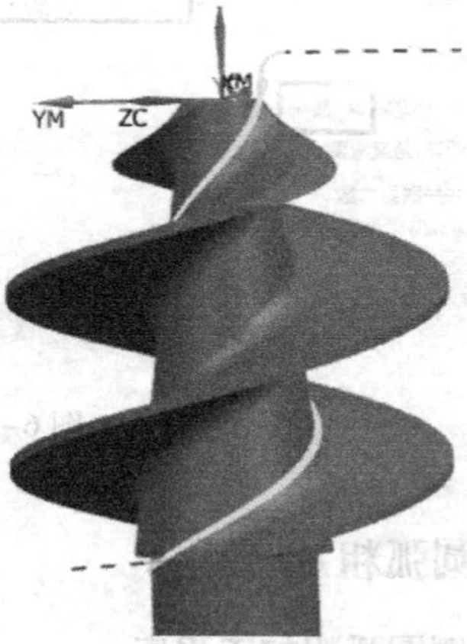

图 6-57　生成的刀具路径

2. 创建 B 侧圆弧粗加工程序

（1）右击 6D1 程序，在弹出的快捷菜单中选择“复制”，右击 6D 程序组，在弹出的快捷菜单中选择“内部粘贴”，将程序重命名为 6D2。

（2）双击 6D2 程序，单击【驱动方法】中的编辑按钮，在【驱动几何体】|【指定驱动几何体】中单击选择或编辑驱动几何体按钮，重新选择如图 6-58 所示的圆弧，单击【确定】按钮。

（3）单击切削方向按钮，选择如图 6-59 所示的箭头，单击【确定】按钮。其余默认，再次单击【确定】按钮。

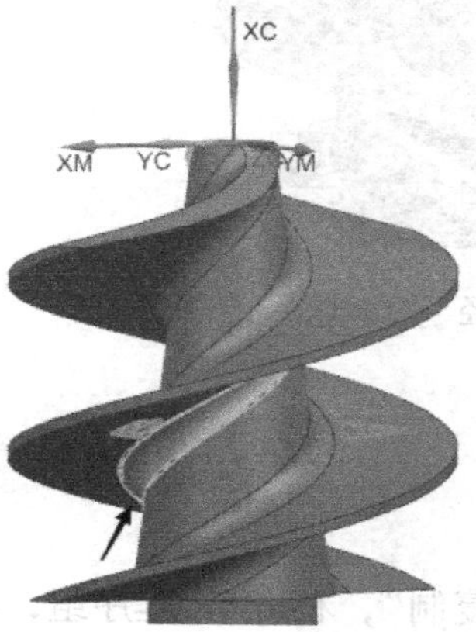

图 6-58　选择驱动几何体

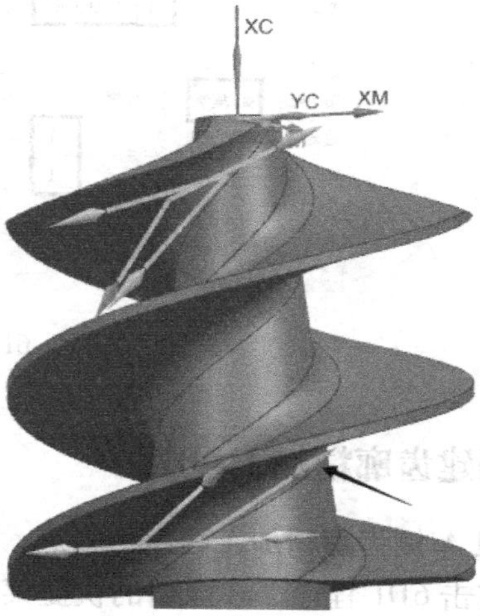

图 6-59　设置切削方向

（4）单击生成按钮，生成的刀具路径如图 6-60 所示。

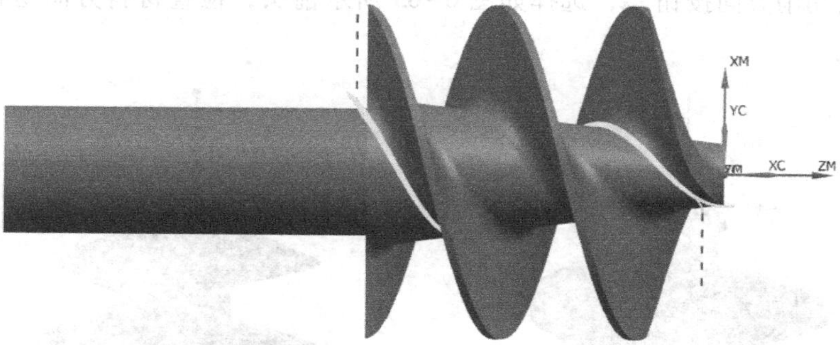

图 6-60　生成的刀具路径

3. 创建其余圆弧粗加工程序

右击 6D1、6D2 程序，单击【对象】中变换按钮，在【类型】中选择“绕点旋转”，【指定枢轴点】选择加工坐标系原点，【角度】输入“180”，【结果】选择“复制”，【非关联副本数】输入“1”，单击【确定】按钮，生成的刀具路径如图 6-61 所示，并分别命名为 6D3、6D4。

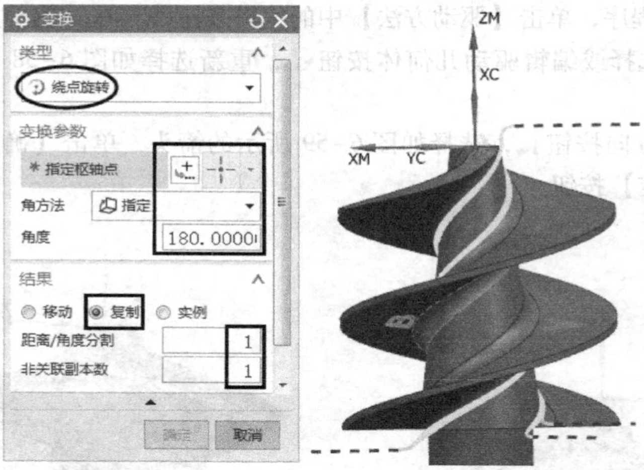

图 6-61　复制刀具路径

6.3.6　创建齿廓精加工程序

1. 创建 A 侧齿廓精加工程序

（1）右击 6D1 程序，在弹出的快捷菜单中选择“复制”，右击 6E 程序组，在弹出的快捷菜单中选择“内部粘贴”，将程序重命名为 6E1。

（2）双击 6E1 程序，单击【驱动方法】中的编辑按钮，重新选择如图 6-62 所示齿廓面，单击【确定】按钮。

（3）单击切削方向按钮，选择如图 6-63 所示箭头，检查材料方向是否正确，单击【确定】按钮。

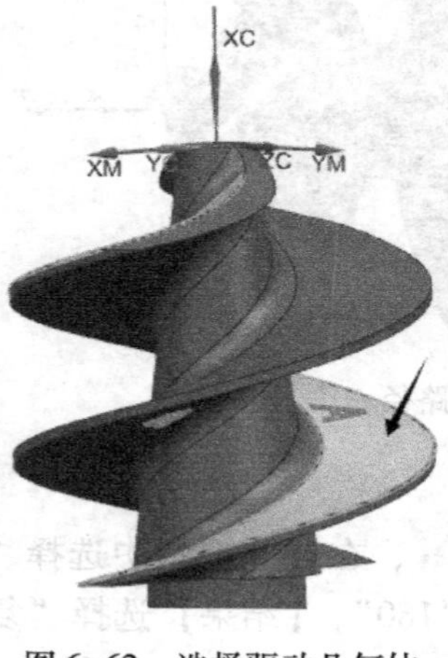

图 6-62　选择驱动几何体

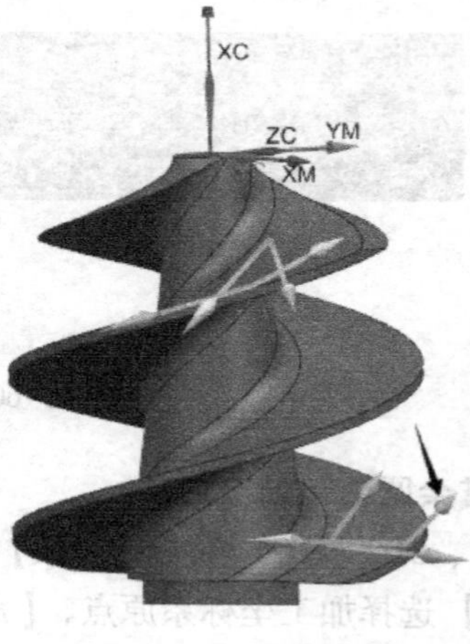

图 6-63　选择切削方向

（4）在【偏置】|【曲面偏置】中输入“0”，【驱动设置】|【最大残余高度】中输入“0.001”，单击【确定】按钮。

（5）单击进给率和速度按钮，在【主轴速度】中输入“3500”，在【进给率】|【切

削】中输入“1000”，单击【确定】按钮。

（6）单击生成按钮，生成的刀具路径如图6-64所示。

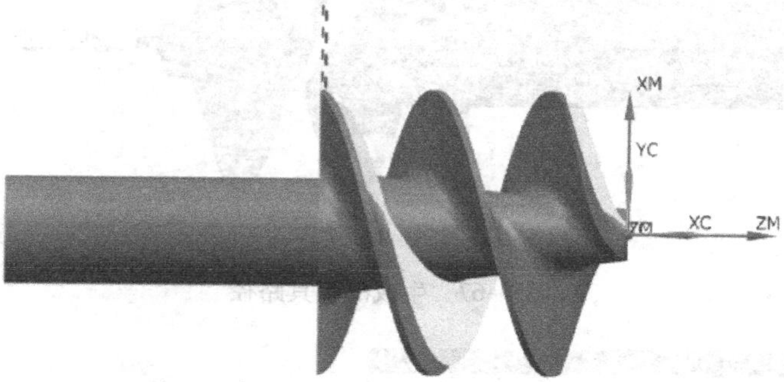

图6-64　生成刀具路径

2. 创建B侧齿廓精加工程序

（1）右击6E1程序，在弹出的快捷菜单中选择“复制”，右击6E程序组，在弹出的快捷菜单中选择“内部粘贴”，将程序重命名为6E2。

（2）双击6E2程序，单击【驱动方法】中的编辑按钮，重新选择如图6-65所示齿廓面，单击【确定】按钮。

（3）单击切削方向按钮，选择如图6-66所示箭头，检查材料方向是否正确，单击【确定】按钮。

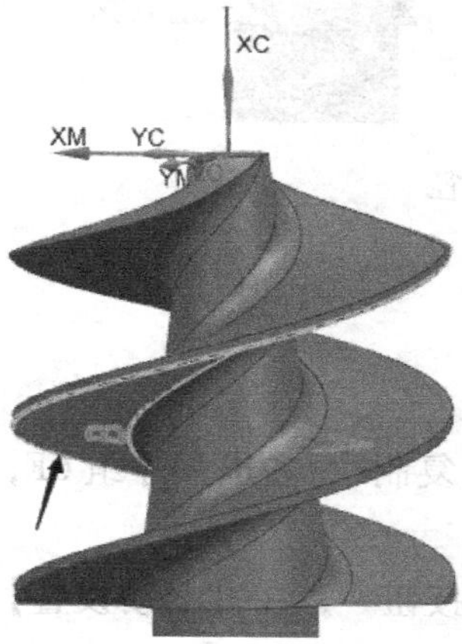

图6-65　选择驱动几何体

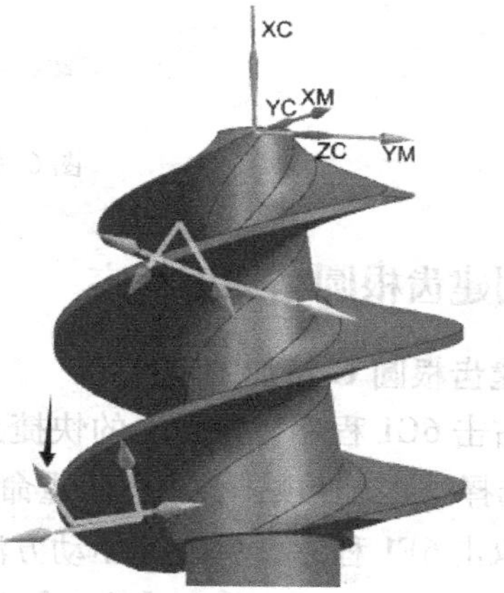

图6-66　设置切削方向

（4）单击生成按钮，生成的刀具路径如图6-67所示。

3. 创建其余齿廓精加工程序

右击6E1、6E2程序，单击【对象】|变换按钮，在【类型】中选择“绕直线旋转”，【直线方法】选择“点和矢量”，【指定点】选择加工坐标系原点，【指定矢量】选择“XC”，【角度】输入“180”，【结果】选择“复制”，【非关联副本数】输入“1”，单击【确定】按钮，生成的刀具路径如图6-68所示，将程序分别重命名为6E3、6E4。

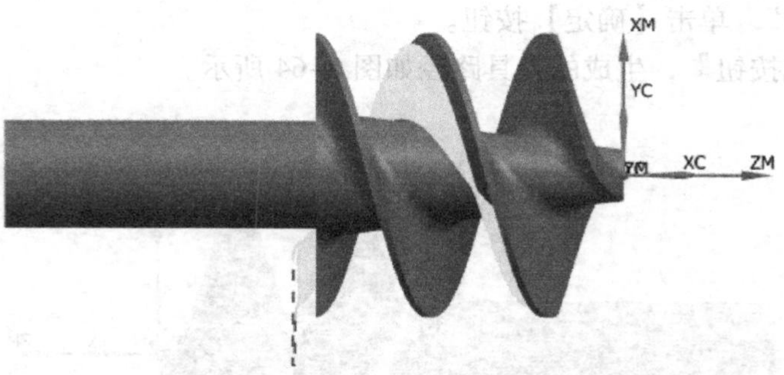

图 6-67　生成的刀具路径

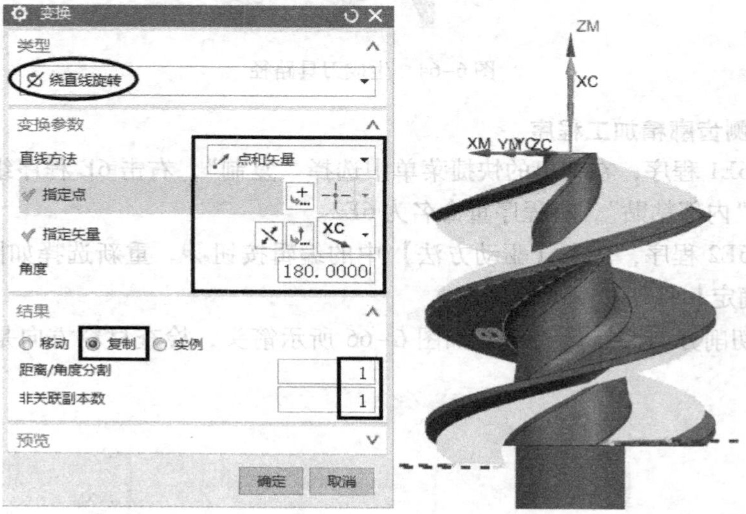

图 6-68　复制刀具路径

6.3.7　创建齿根圆精加工程序

1. 创建齿根圆 C 精加工程序

（1）右击 6C1 程序，在弹出的快捷菜单中选择“复制”，右击程序组 6F，在弹出的快捷菜单中选择“内部粘贴”，将程序重命名为 6F1。

（2）双击 6F1 程序，单击【驱动方法】中的编辑按钮，在【驱动设置】|【最大残余高度】中输入“0.001”，单击【确定】按钮。

（3）单击切削参数按钮，在【多刀路】中取消“多重深度切削”，在【余量】|【部件余量】中输入“0”，单击【确定】按钮。

（4）单击进给率和速度按钮，在【主轴速度】中输入“3500”，在【进给率】|【切削】中输入“1000”，单击【确定】按钮。

（5）单击生成按钮，生成的刀路如图 6-69 所示。

2. 创建另一侧齿根圆精加工程序

右击程序 6F1，在弹出的快捷菜单中，单击【对象】|变换按钮，在【类型】中选择

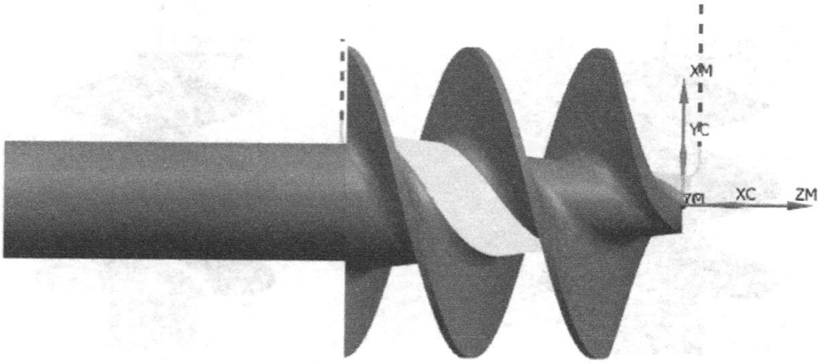

图 6-69 生成刀具路径

“绕直线旋转”，【直线方法】中选择“点和矢量”，【指定点】选择加工坐标系原点，【指定矢量】选择“XC”，【角度】输入“180”【结果】选择“复制”，【非关联副本数】输入“1”，单击【确定】按钮，生成的刀具路径如图 6-70 所示，并将程序命名为 6F2。

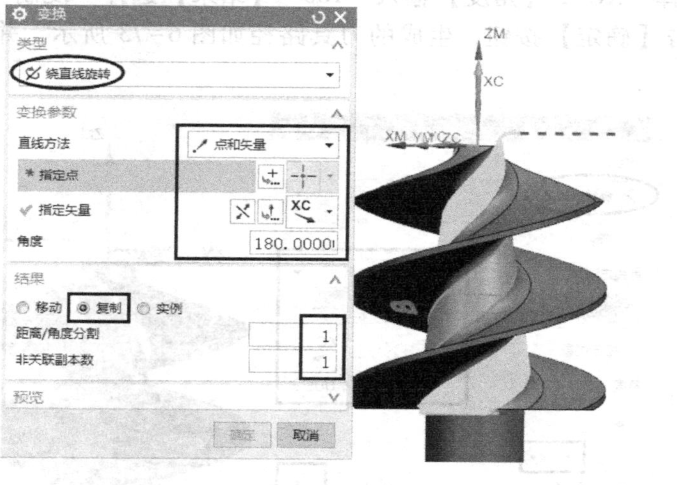

图 6-70 复制刀具路径

6.3.8 创建圆弧精加工程序

1. 创建 A、B 侧圆弧精加工程序

（1）右击 6D1、6D2 程序，在弹出的快捷菜单中选择“复制”，再右击 6G 程序组，在弹出的快捷菜单中选择“内部粘贴”，将程序重命名为 6G1、6G2。

（2）双击 6G1 程序，单击【驱动方法】中的编辑按钮，在【偏置】|【曲面偏置】中输入“0”，【驱动设置】|【最大残余高度】中输入“0.001”，单击【确定】按钮。

（3）单击进给率和速度按钮，在【主轴速度】中输入“3500”，在【进给率】|【切削】中输入“1000”，单击【确定】按钮。

（4）单击生成按钮，生成的 A 侧圆弧刀具路径如图 6-71 所示。

（5）用相同的方法，生成的 B 侧圆弧刀具路径如图 6-72 所示。

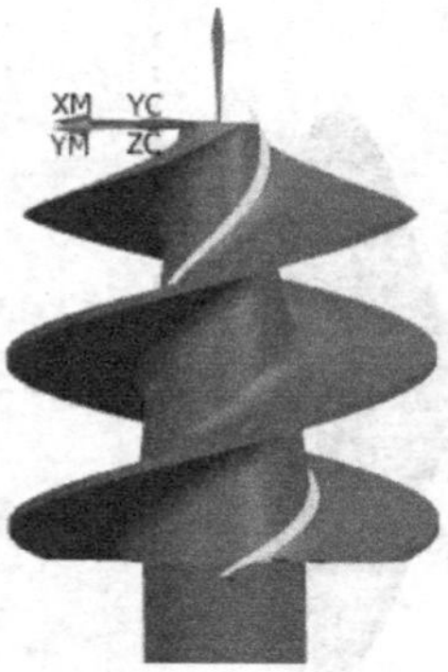

图 6-71　生成 A 侧圆弧刀具路径

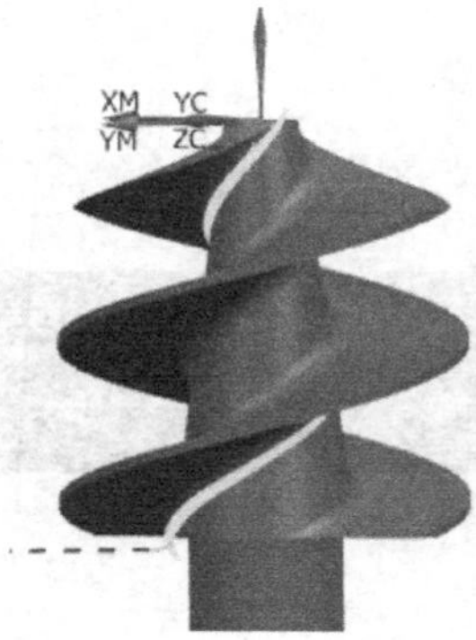

图 6-72　生成 B 侧圆弧刀具路径

2. 创建其余圆弧精加工程序

右击 6G1、6G2 程序，在弹出的快捷菜单中，单击【对象】|变换按钮，在【类型】中选择“绕直线旋转”，【直线方法】选择“点和矢量”，【指定点】选择加工坐标系原点，【指定矢量】选择“XC”，【角度】输入“180”【结果】选择“复制”，【非关联副本数】输入“1”，单击【确定】按钮，生成的刀具路径如图 6-73 所示，并将程序分别命名为 6G3、6G4。

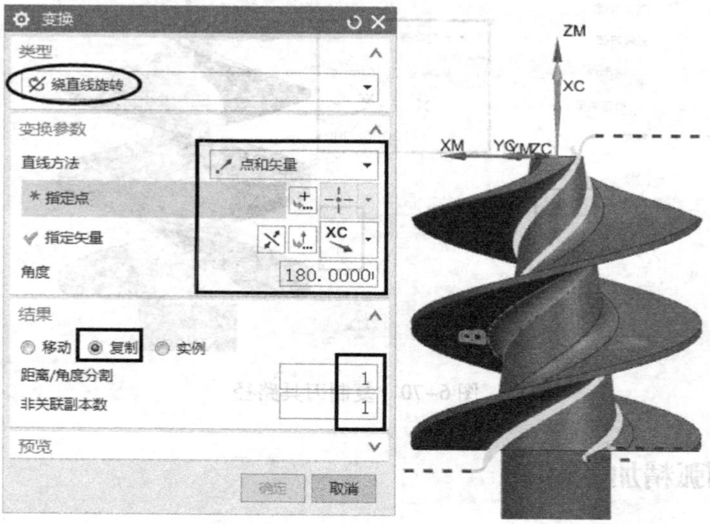

图 6-73　复制刀具路径

6.4 仿真加工

在“NC_PROGRAM”上单击鼠标右键，在弹出的快捷菜单中单击【刀轨】|确认按钮，进入【刀轨可视化】对话框，为方便模拟加工后，旋转工件观察，单击【3D 动态】按钮，其余选项默认，单击播放按钮，完成模拟加工如图 6-74 所示。

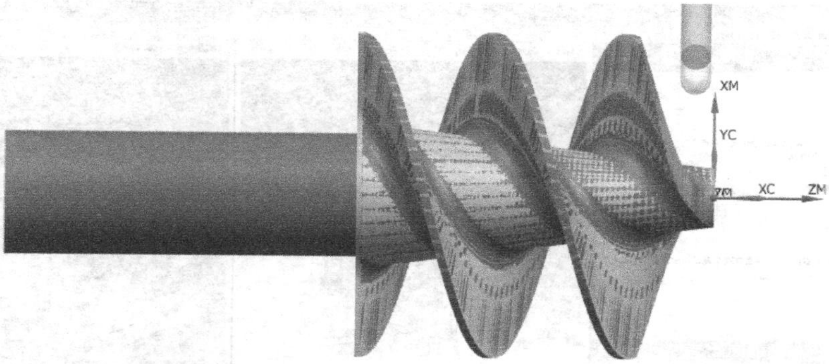

图 6-74 模拟加工

6.5 程序后处理

选择任一程序，单击鼠标右键，在弹出的快捷菜单中，选择后处理，单击浏览查找后处理器，选择预先设置好的 65XZ 和 65XZC 后处理器，在【文件名】中输入程序路径和名称，单击【确定】按钮。车削后处理 6A1，其 NC 程序如图 6-75 所示，铣削后处理 6B1，其 NC 程序如图 6-76 所示。

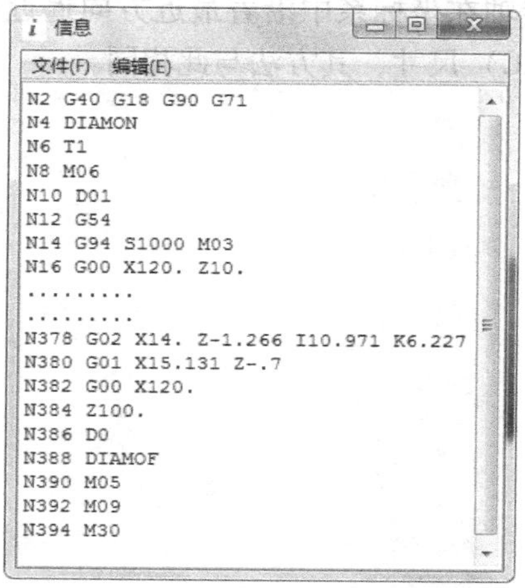


```
N2 G40 G18 G90 G71
N4 DIAMON
N6 T1
N8 M06
N10 D01
N12 G54
N14 G94 S1000 M03
N16 G00 X120. Z10.
.........
.........
N378 G02 X14. Z-1.266 I10.971 K6.227
N380 G01 X15.131 Z-.7
N382 G00 X120.
N384 Z100.
N386 D0
N388 DIAMOF
N390 M05
N392 M09
N394 M30
```

图 6-75 6A1 的 NC 程序

```
N0001 G40 G17 G94 G90 G71
N0002 T03
N0003 M06
N0004 D1
N0005 FGROUP(XC,ZC,C)
N0006 SPOS=0
N0007 G0 C0
N0008 SETMS(3)
N0009 S2500 M03
N0010 G54
N0011 G01 X66.599 Z-68.909 C=DC(316.479) F2200.
N0012 X66.286 Z-67.72 C=DC(324.66)
.........
.........
N6435 X39.767 Z-71.903 C=DC(290.2)
N6436 X40.956 Z-73.598 C=DC(282.514)
N6437 X41.328 Z-74.037 C=DC(280.675)
N6438 D0
N6439 M05 M09
N6440 M30
```

图 6-76 6B1 的 NC 程序

6.6 Vericut 程序验证

将所有程序后处理为 NC 程序，导入 Vericut7.3，结果如图 6-77 所示。

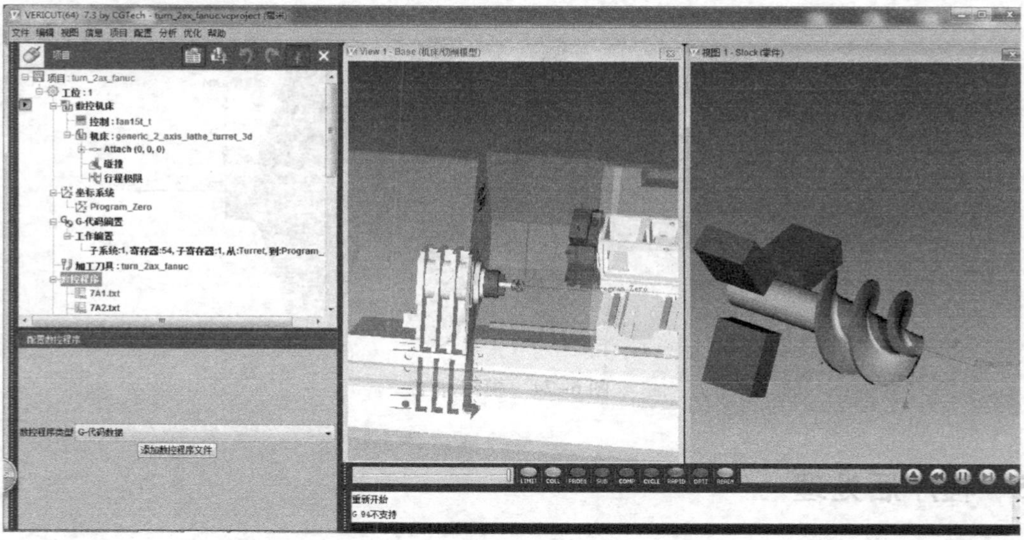

图 6–77　程序验证

【项目总结】

本案例是在没有 Y 轴的车铣复合机床上编程加工，外轮廓采用车削加工方法编程，其余用铣削加工方法编程。在制作车铣复合后处理器时，工件旋转加工，其旋转角度要求使用绝对（DC）尺寸，其特点是直接逼近终点位置，旋转轴在坐标系中沿着最近方向逼近程序指定的位置。而有的机床则要求旋转角度使用增量（IC）尺寸，其方法与此相同。

模块三　Vericut 仿真与构建后处理器

本模块主要讲解 Vericut 仿真软件的使用方法，五轴机床 UG NX 后处理器的构建方法。通过本模块的学习，学生能利用 Vericut 仿真软件完成复杂零件的程序验证，独立构建不同机床及系统的 UG NX 后处理器。

项目 7　Vericut 数控加工仿真

【教学目标】

知识目标： 掌握 Vericut 结构设置。
掌握 Vericut 机床设置。
掌握 Vericut 系统设置。
掌握 Vericut 参数设置。
掌握 Vericut 仿真过程使用操作。

能力目标： 能独立完成 Vericut 软件的各项参数设置，导入程序进行仿真加工，检验程序是否正确。

素质目标： 培养学生创新意识和团队合作意识，通过模拟加工，让学生体验学习成就感，激发学生的学习积极性。

【教学重点与难点】

- Vericut 数控车削初始设置（坐标系建立、创建刀具）的要点。
- Vericut 数控车削刀具创建注意事项。
- Vericut 车削和铣削零件多工位的设置。
- Vericut 的灵活应用。

【项目导读】

根据零件的形状和加工特点以及需求来选择仿真的机床设备，再根据不同的机床设备（数控车铣机床 XZC/XYZC、五轴联动机床 XYZAC）设置不同的参数，并且该项目涉及多工位加工的参数设置步骤。

【项目实施】

使用 Vericut 仿真软件对编程的零件进行数控车削、数控铣削、多轴数控的仿真加工，验证所编写的零件程序是否正确和达到要求，清晰直观地观看加工的整个过程。

7.1 Vericut 简介

当数控程序编制出来以后，往往还不能直接拿到机床上去加工，因为程序越复杂，出错的可能性就越大。虽然编程软件都可以直接观察刀轨的仿真过程，但其只能模拟刀具的运动，而加工过程是与整个机床的运动息息相关的，我们无法保证机床的每一步动作都是正确的，特别是刀具、各运动轴、夹具之间是不是存在碰撞或者超行程等。

为了提高数控加工的安全性，在正式加工之前往往对加工过程进行试切，但这些方法费工费料，使生产成本上升，增加了生产周期。有的时候试切一次还不行，需要进行“试切→发现错误→修改错误→再试切→再发现错误→再修改错误”的反复。而且，即便是试切，仍然存在对机床造成损伤的可能。

为解决此问题，NC 校验软件应运而生。NC 校验软件可使编程人员在计算机上模拟整个数控机床的切削环境，而不必在实际的机床上运行。使用它可节省编程时间并使数控机床空闲下来专门做零件的切削加工工作，提高了效率的同时还节省了大量人力物力，而且极大地避免了损坏零件甚至损伤机床的可能。

Vericut 可运行于 Windows 及 UNIX 平台的计算机上，具有强大的三维仿真、验证、优化等功能。它可以真实地模拟数控机床的切削环境，用户可以直观地看到整个加工过程，并能对数控程序进行优化处理。

Vericut 软件是美国 CGTECH 公司开发的数控加工仿真系统，由 NC 程序验证模块、机床运动仿真模块、优化路径模块、多轴模块、高级机床特征模块、实体比较模块和 CAD/CAM 接口等模块组成，可仿真数控车床、铣床、加工中心、线切割机床和多轴机床等多种加工设备的数控加工过程，也能进行 NC 程序优化，缩短加工时间，延长刀具寿命，改进表面质量，检查过切、欠切，防止机床出现碰撞、超行程等错误；具有真实的三维实体显示效果，可以对切削模型进行尺寸测量，并能保存切削模型供检验、后续工序切削加工；具有 CAD/CAM 接口，能实现与 UG NX、CATIA 及 MasterCAM 等软件的嵌套运行。Vericut 软件目前已广泛应用于航空航天、汽车、模具制造等行业，其最大特点是可仿真各种 CNC 系统，既能仿真刀位文件，又能仿真 CAD/CAM 后处理的 NC 程序，其整个仿真过程包含程序验证、分析、机床仿真、优化和模型输出等。从设计原型→CAM 软件编程→Vericut→切削模型→模型输出的整个机床仿真工艺流程。

Vericut 软件特点及优势如下：

(1) Vericut 是基于实体的、基于特征并记录历史的仿真，所以通过 Vericut 生成的具有历史和特征的切削模型，可以方便、准确、快速地分析尺寸，检测错误。而一般软件不是基于特征的实体仿真，模拟后的这些加工特征已经丢失，这样缺点是切削模拟精度不高，模型数据量大，模拟速度不高，甚至会越来越慢，分析测量模型不方便。

(2) Vericut 仿真是和实际生产完全匹配的，是对整个生产流程的模拟。一个零件的生产，从毛坯到粗加工到半精加工再到精加工，切削模型可以在不同机床、不同系统、不同夹具中自动转移。一般软件只是简单的单工位模拟，不支持零件整个生产流程的模拟，零件翻面或换机床时模拟操作不方便。

（3）Vericut 在程序模拟之前（预览程序），模拟过程中或模拟结束三个阶段都可以分析检测各种错误，包括：过切、碰撞、超程、旋转方向、极限切削参数（最大切削深度、最大切削宽度、最大进给速度、最大切削转速、最大材料去除率等）。而且程序窗口、图像窗口和错误信息栏窗口三个窗口相互关联，分析定位错误直接直观。

（4）Vericut 检查分析过切有曲面和实体两种方式，而且可以直接定位到特定程序行发生的过切，这样更方便更直观。

（5）模型输出。Vericut 在模拟切削过程的任何阶段，都可以将具体加工特征（孔、槽、凸台、腹板、肋等）的切削模型输出，以不同的数据标准格式保存，如 Step、IGS、ACIS、CATIA V5 等格式。Vericut 是基于特征的模拟，可以输出具有加工特征的模型供后续操作。用途：第一，与 CAM 软件结合，实现真正的基于过程模型的驱动编程；第二，利用过程切削模型，可以方便地在 CAD 软件中生产过程工艺检验测量草图；第三，可以将旧的程序转化为具有特征的实体模型，给设计或优化工艺使用。

（6）Vericut 可以产生丰富的工艺报告，如过程测量报告，结合具有特征的过程切削模型（其他模拟软件工具不具有的），分析测量，生成带有 3D 图片的表格检测报告。Vericut 还可以生成数控车间各个环节需要的三维草图和报表，为车间无图纸生产提供完美的数据和文档。

（7）Vericut 有友好的配置指令界面窗口。用户可以根据自己机床的需求，方便地自由地配置机床和系统的高级功能（特殊的 G 代码和 M 代码）和特性。Vericut 产品可以构建和模拟任何复杂的机床，可以自由的根据机床和控制系统配置任何复杂的指令，以满足用户需求。

（8）Vericut 模拟精度高，性能稳定，速度稳定。Vericut 有 FastMill 模式，可以大大提高三轴和 3 +2 固定轴铣削速度。Vericut 有 OpenGL 显示模式，可以大大提高图像操作速度。

（9）Vericut 可以优化刀具长度，并可设定安全间隙距离。无论是三轴程序还是多轴程序，Vericut 根据当前毛坯几何尺寸，结合使用的夹具，刀具刀柄计算并优化刀具长度，会将短的刀具拉长，长的刀具缩短，最后以报告列表的形式将每一把刀具优化长度列出。这样可以解决刀具长度使用不当，产生碰撞（刀具太短）或零件表面质量差（刀具太长，加工中颤刀）的问题。

（10）Vericut 可以优化进给速度，根据模拟生成过程切削模型和所使用的刀具及每步走刀轨迹，计算每步程序的切削量，并在余量大的程序行降低速度，余量小的程序行提高速度，进而修改程序，插入新的进给速度，最终创建更安全更高效的数控程序。

（11）Vericut 可以模拟任何软件生成的程序（机床直接使用的 G 代码或刀轨 APT 程序），也可以模拟手写程序，并可以模拟实际机床和控制系统子程序，这样模拟就更加和实际加工统一了。

（12）Vericut 可以模拟各种切削方式，除了一般的机械加工车、铣、镗、钻、磨外，还可以模拟拉削、插齿、滚齿，支持零件主轴与刀具主轴之间同时转动切削方式；还可以模拟机器人加工（钻铆），数控铆接等。

（13）Vericut 模拟支持各种类型的刀具，包括成型刀或 3D STEP 模型刀具。而一般软件都不支持这关键的技术。

（14）Vericut 模拟生产的切削模型可以被操作，如剖面，重新定位，输出 STP 模型格式后再进行修改等。

7.2 创建铣削模拟加工步骤

下面以旋转座零件为例介绍加工仿真步骤。

1. 项目初始化

（1）单击图标打开应用软件 Vericut7.3 进入标准的初始界面，如图 7–1 所示。

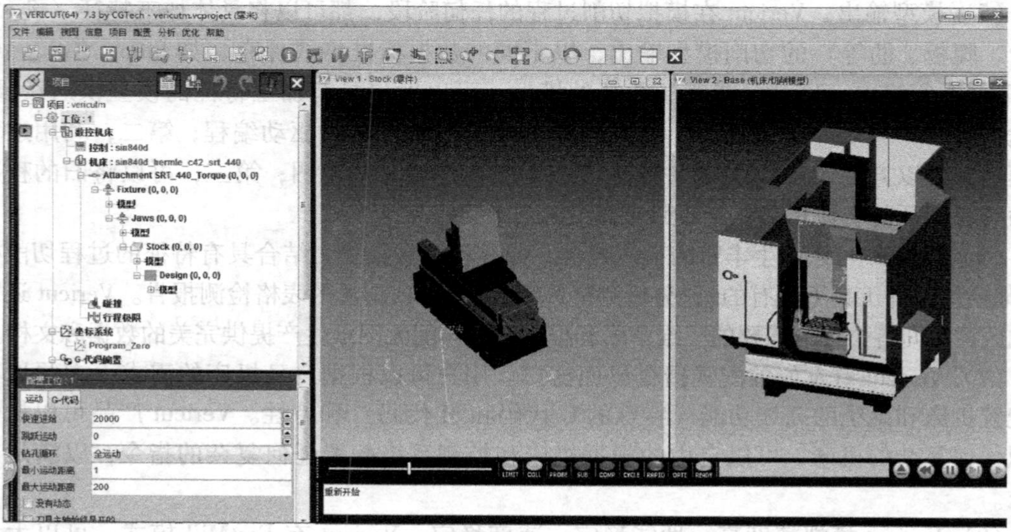

图 7–1　初始界面

（2）单击【文件】|【新建项目】，弹出如图 7–2 所示【新的 VERICUT 项目】对话框，单击【确定】按钮，即可创建新的 Vericut 项目文件。

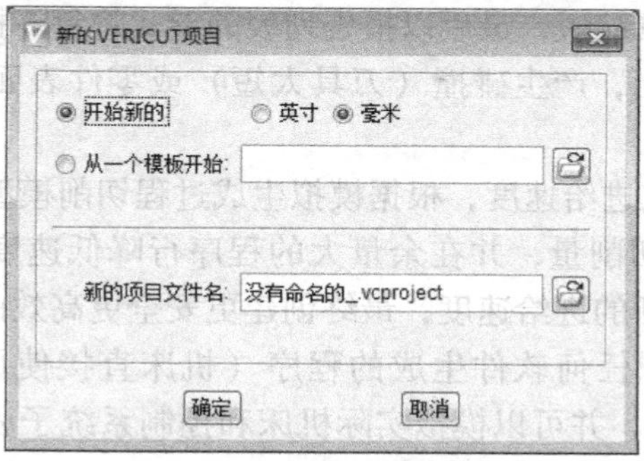

图 7–2　新建 Vericut 项目

（3）单击图 7–2 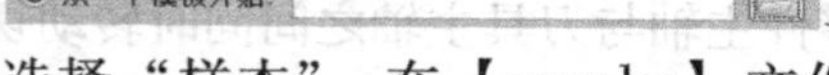 上的图标，弹出【选择模板】对话框，在【捷径】中选择“样本”，在【samples】文件夹中选择“sin840d_cycle800.tls”，单击【确定】按钮，如下图 7–3 所示。

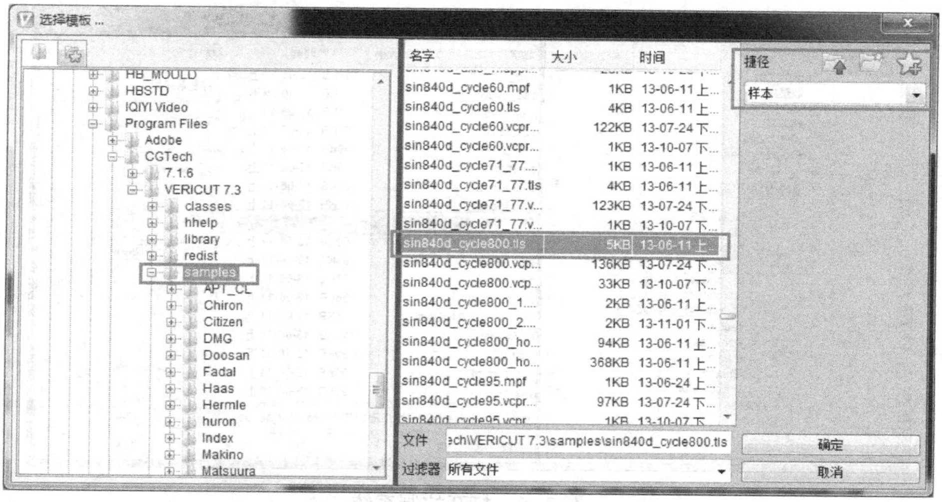

图 7-3　选择模板

（4）进入新项目界面，此时项目初始化以完成，如下图 7-4 所示。

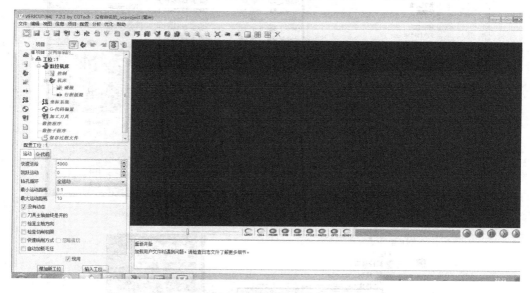

图 7-4　初始化界面建立完成

2. 建立机床模型和加载控制系统文件

（1）双击 控制 选项，弹出如图 7-5 所示的对话框，在【捷径】|【控制系统库】选择自己所需要的控制系统，在此选择“sin840d. ctl”，再单击【打开】按钮。

（2）双击“ 机床 ”选项，弹出如图 7-6 所示的对话框，在【捷径】|【控制系统库】选择自己的机床样式，在此选择“hermle_c42_srt_440. mch”，再单击【打开】按钮。

3. 安装夹具和毛坯

（1）在“Attachment SRT_440_Torque(0,0,0)”上单击鼠标右键，选择【添加】|【夹具】，如图 7-7 所示。

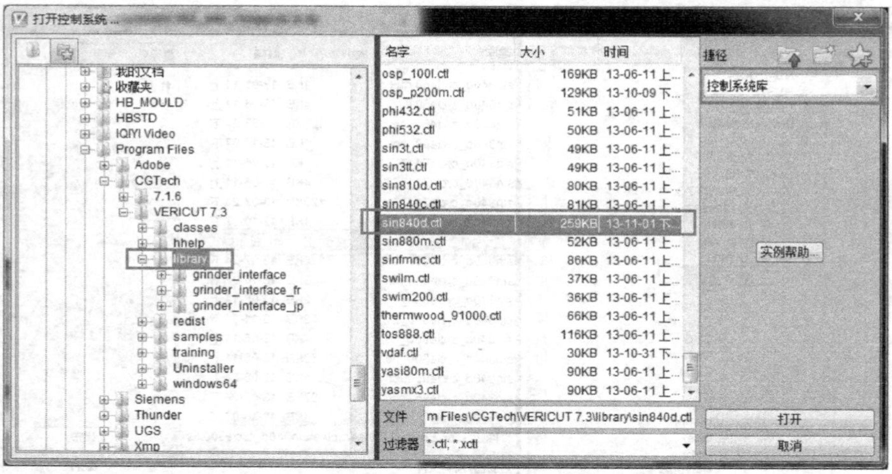

图 7-5　打开控制系统

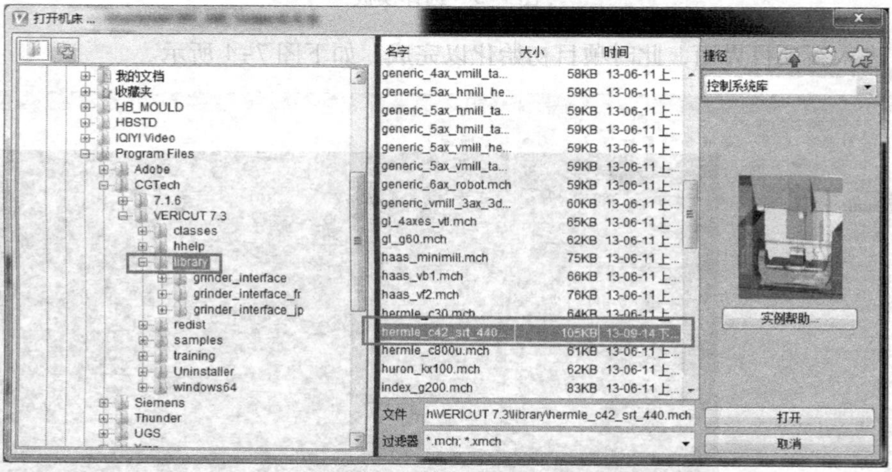

图 7-6　选择机床

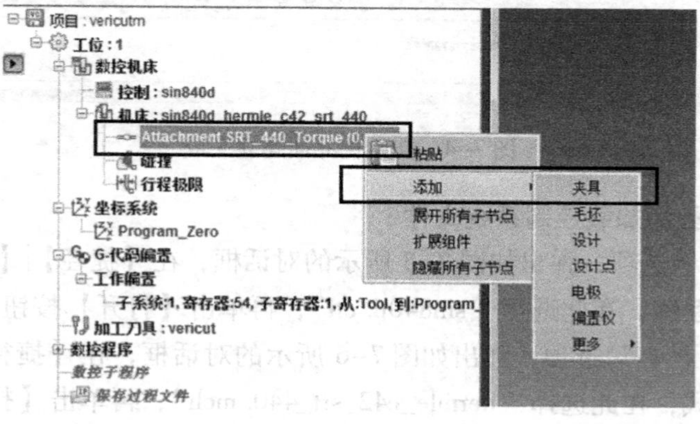

图 7-7　添加夹具

（2）在“Fixture(0,0,0)”上单击鼠标右键，选择【添加模型】|【方块】，添加固定板规格为 300 mm × 300 mm × 25 mm，如图 7-8 和图 7-9 所示。

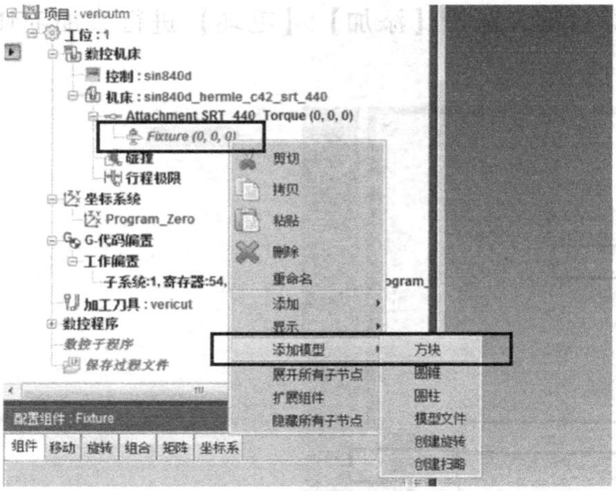

图 7-8　添加固定板

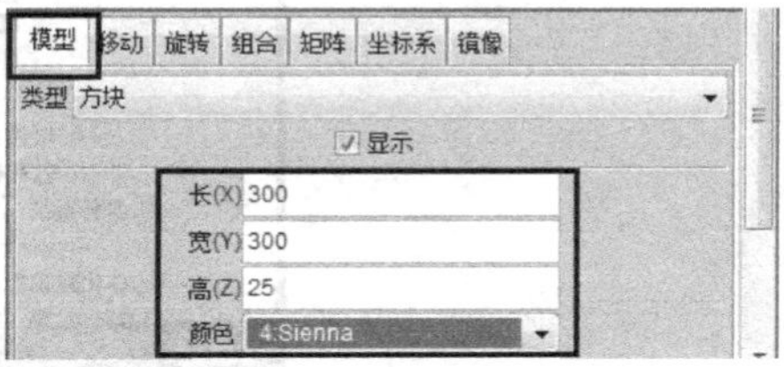

图 7-9　固定板模型

（3）在已添加的模型上单击鼠标右键，选择【添加模型】|【模型文件】，选择添加模型文件，选择已经画好的夹具体，单击【打开】按钮，如图 7-10 和图 7-11 所示。

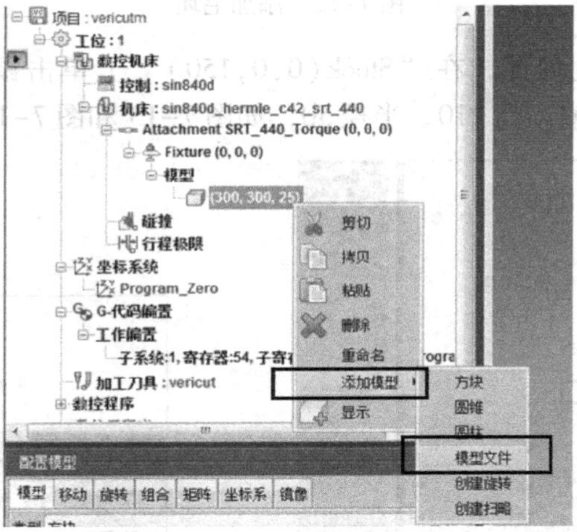

图 7-10　添加模型文件

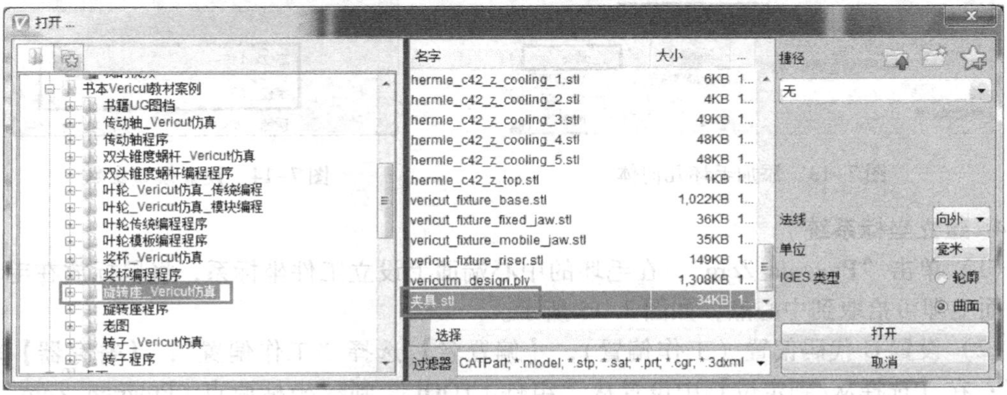

图 7-11　添加夹具

（4）在“Fixture(0,0,0)”上单击鼠标右键，选择【添加】|【毛坯】进行添加毛坯，如图 7-12 所示。

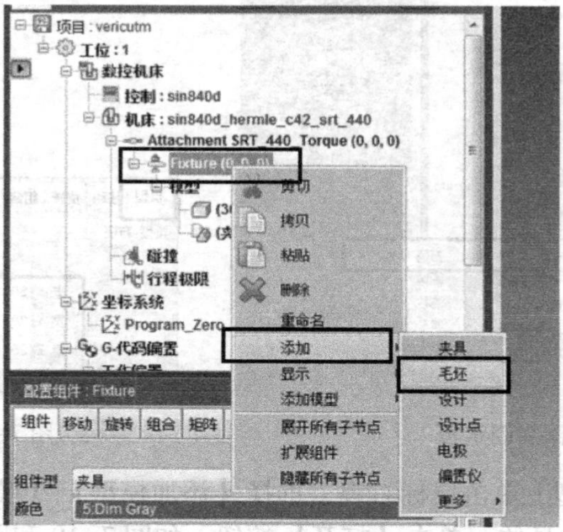

图 7-12　添加毛坯

（5）接着添加毛坯几何体，在“Stock(0,0,150)”上单击鼠标右键，选择【添加模型】|【圆柱】，圆柱模型输入高 110、半径 50，如图 7-13 和图 7-14 所示。

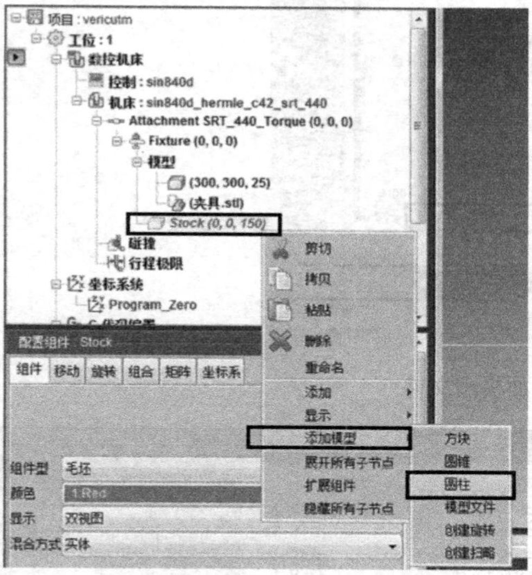

图 7-13　添加毛坯几何体

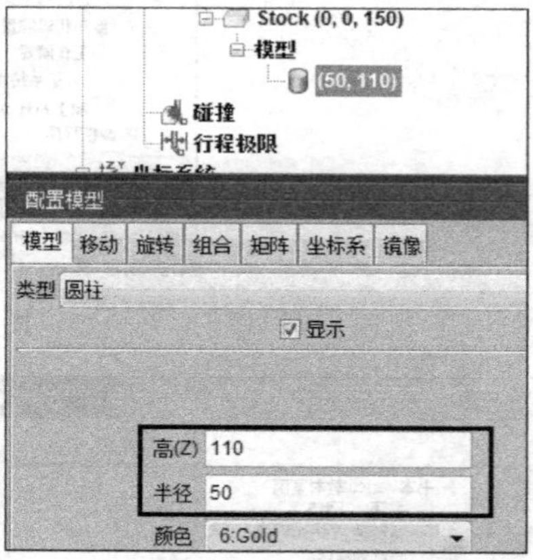

图 7-14　设置模型参数

4. 建立坐标系统

（1）单击“Program_Zero”，在毛坯的中心端面上设立工件坐标系，将鼠标放在毛坯中心表面上即可拾取到中心点，如图 7-15 所示。

（2）设置 G 代码偏置（工作偏置），【偏置名】选择“工作偏置”；【寄存器】输入“54”；在【选择从/到定位】中设置从“组件 | TOOL”到“坐标原点 | Program_Zero”。如图 7-16 所示。

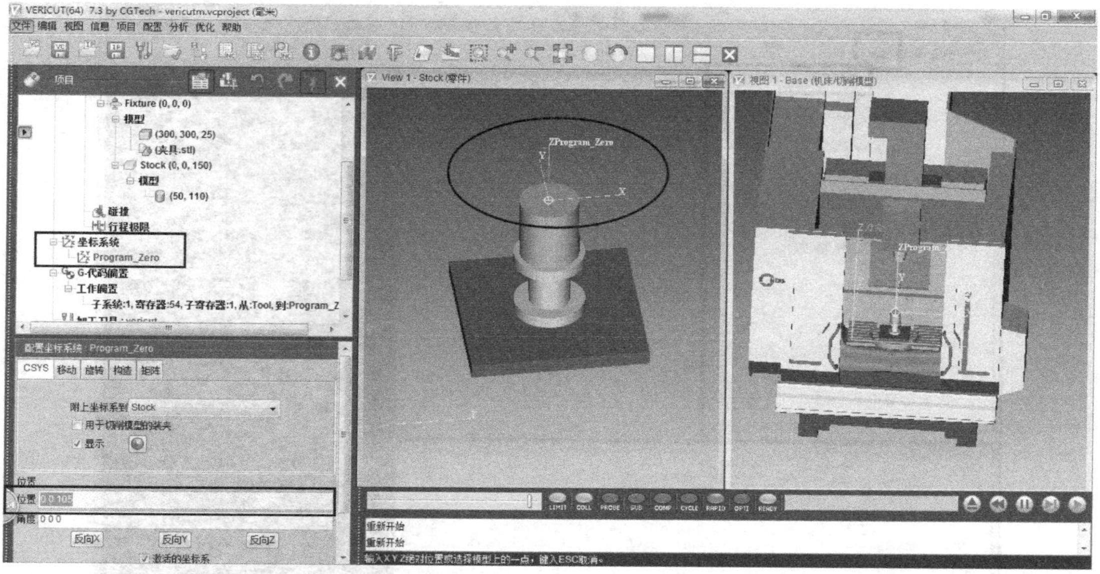

图 7-15　建立坐标系

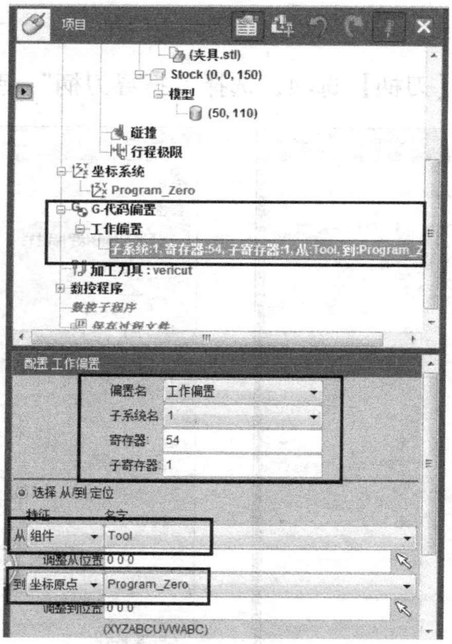

图 7-16　设置 G 代码偏置

温馨提示：【寄存器】中的“54”指的是编程设置的坐标系，也可以设为“55/56/57/58/59”，但是要对应编程所设置的坐标系。

5. 新建刀具

（1）双击“加工刀具”按钮 **加工刀具：vericut**，添加需要的刀具：ED21R0.8，ED8，ED10，R5。单击【添加】菜单选择【铣刀向导】，如图 7-17 所示。弹出的如图 7-18 所示的对话框，接着设置刀柄和切刀参数。

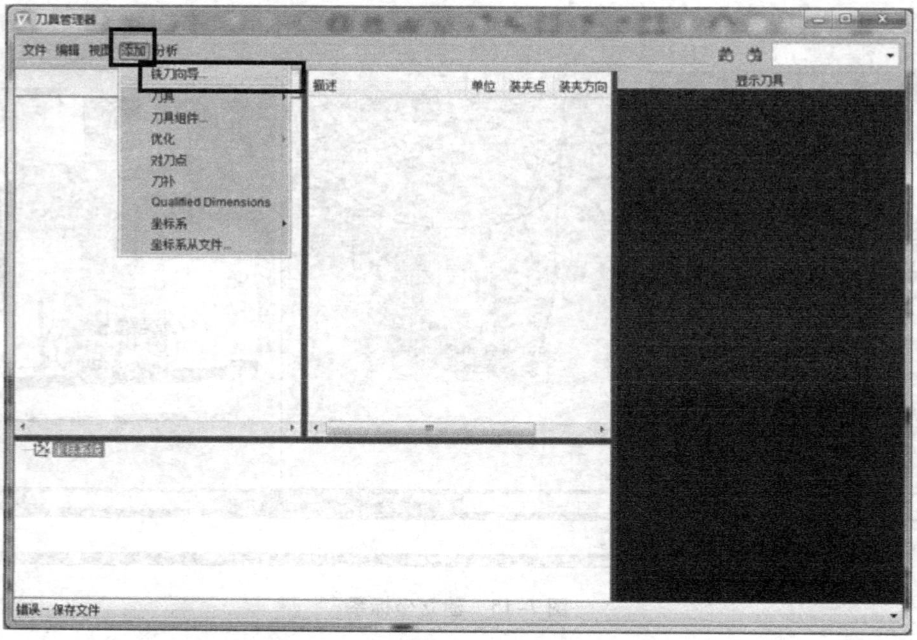

图 7-17　添加铣刀向导

（2）单击图 7-19 中的【刀柄】选项，选择“搜寻刀柄”，弹出图 7-20 所示的话框。

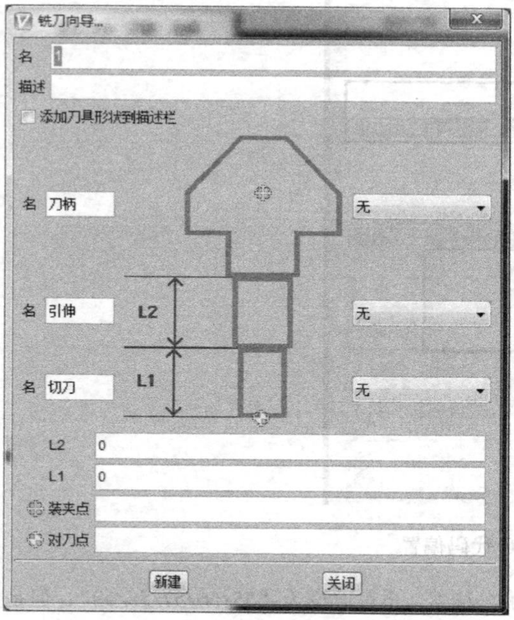

图 7-18　铣刀向导

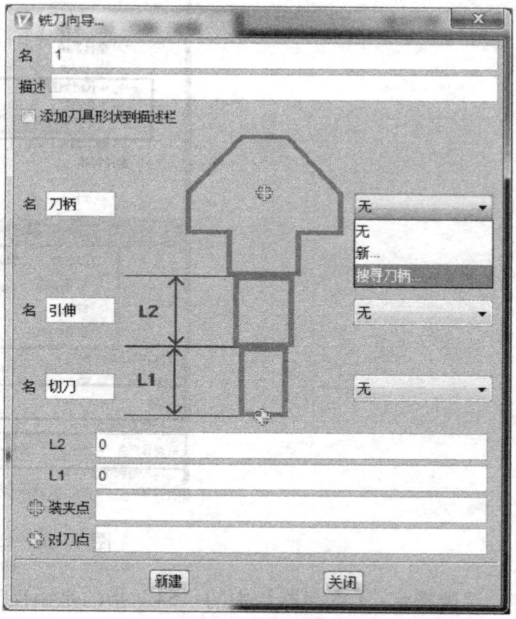

图 7-19　添加刀柄

（3）单击【搜寻刀具】对话框中的打开按钮，弹出如图 7-21 所示的对话框，在【捷径】中选择“控制系统库”，选择“vericut. tls”文件，得到图 7-22 所示的图，再单击【添加】按钮，完成添加刀柄，如图 7-23 所示。

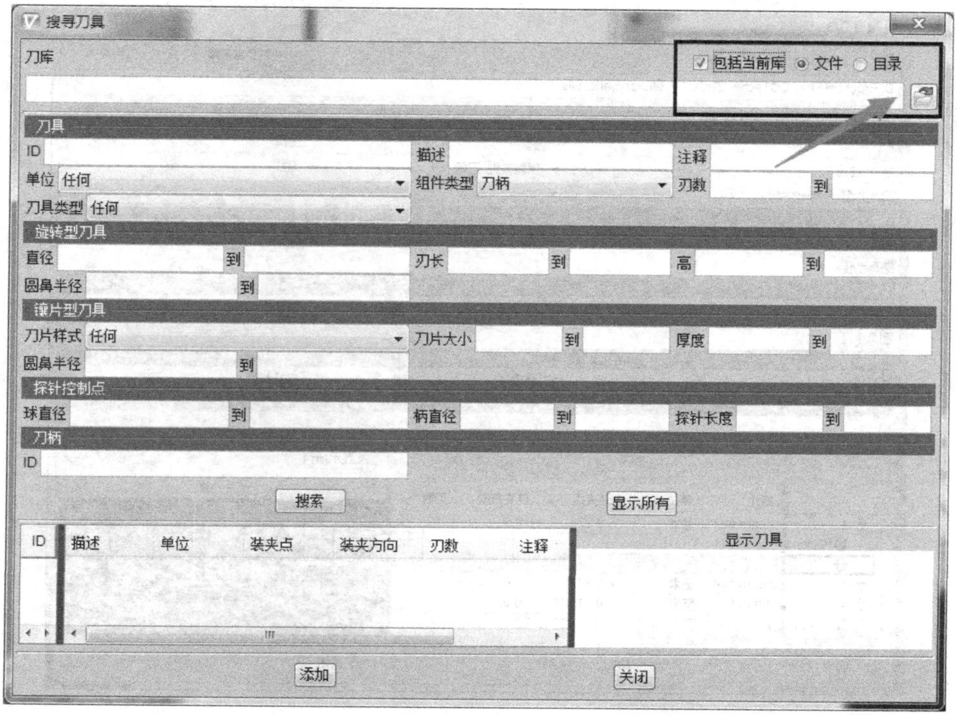

图 7-20　搜寻刀具

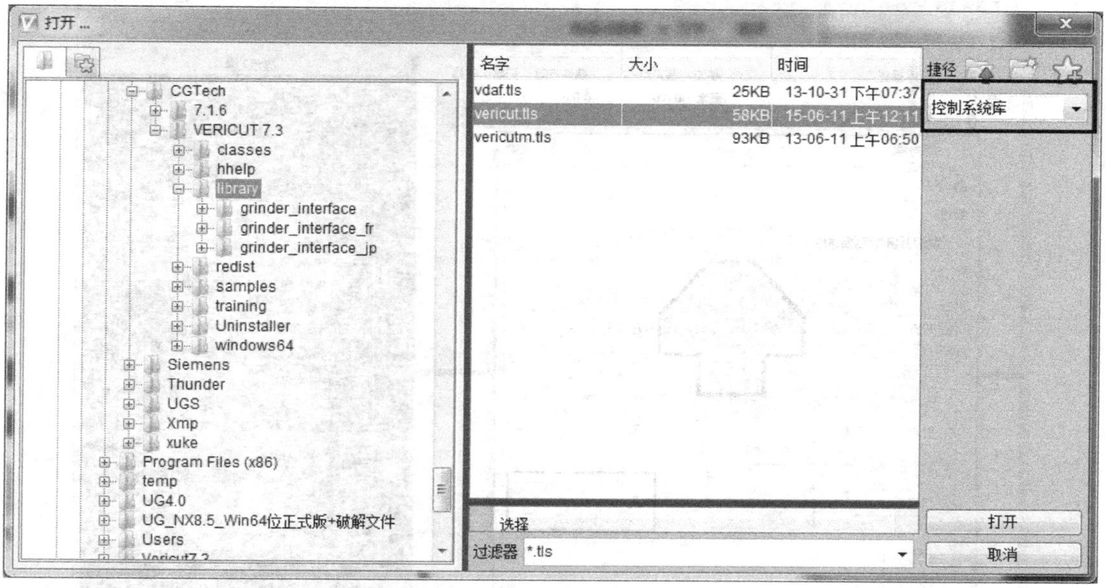

图 7-21　打开刀具文件

（4）单击图 7-23 中的【切刀】选项，选择“新的旋转型刀具”，弹出如图 7-24 所示的对话框，在【直径】中输入 21，【圆角半径】输入 0.8，【高】输入 150，【刃长】输入 60，输入我们需要的刀具参数后，单击【添加】按钮，得到图 7-25 所示的对话框。

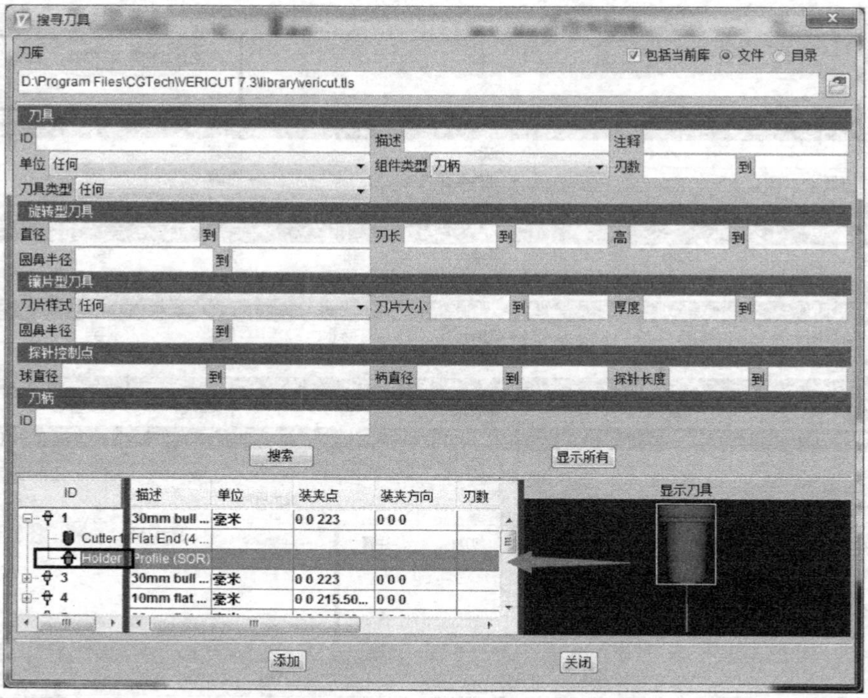

图 7–22　添加刀柄

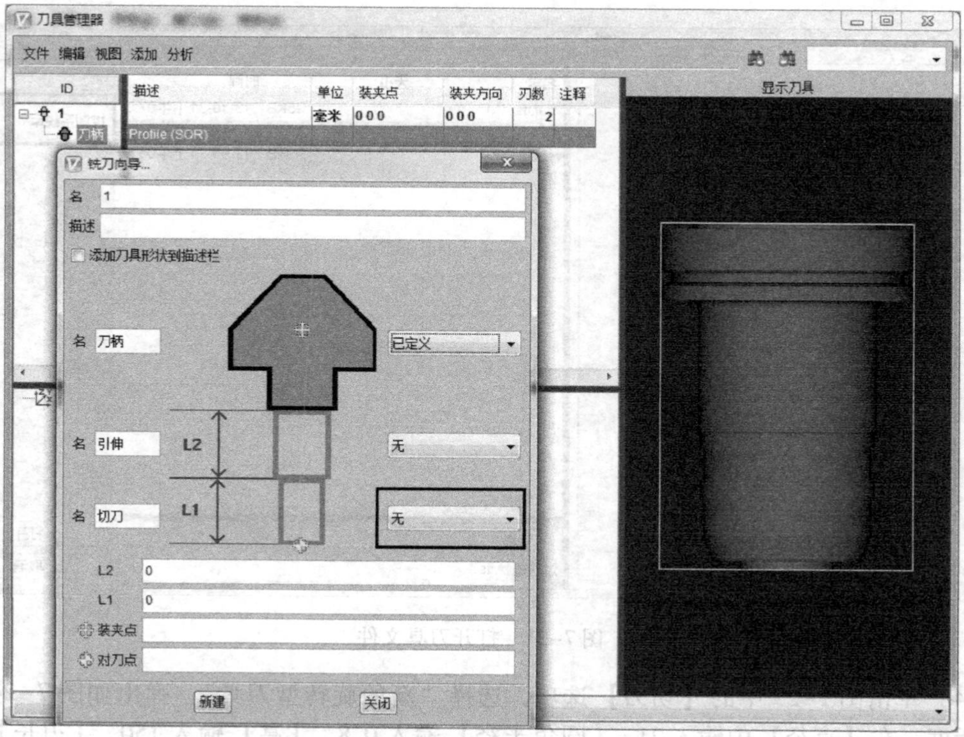

图 7–23　完成添加刀柄

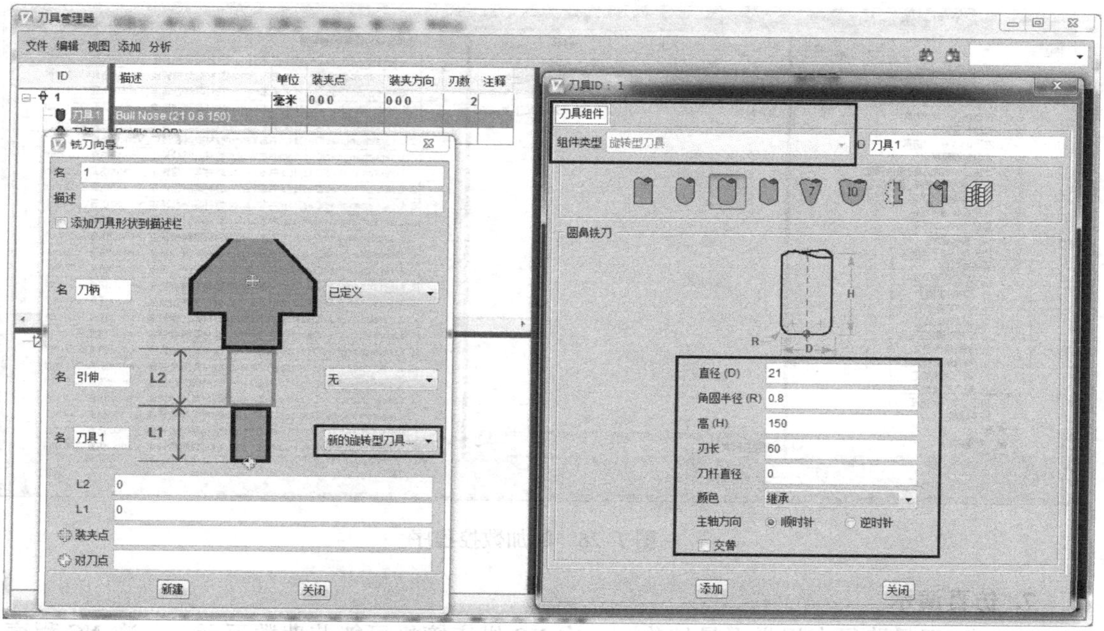

图 7-24　刀具参数设定

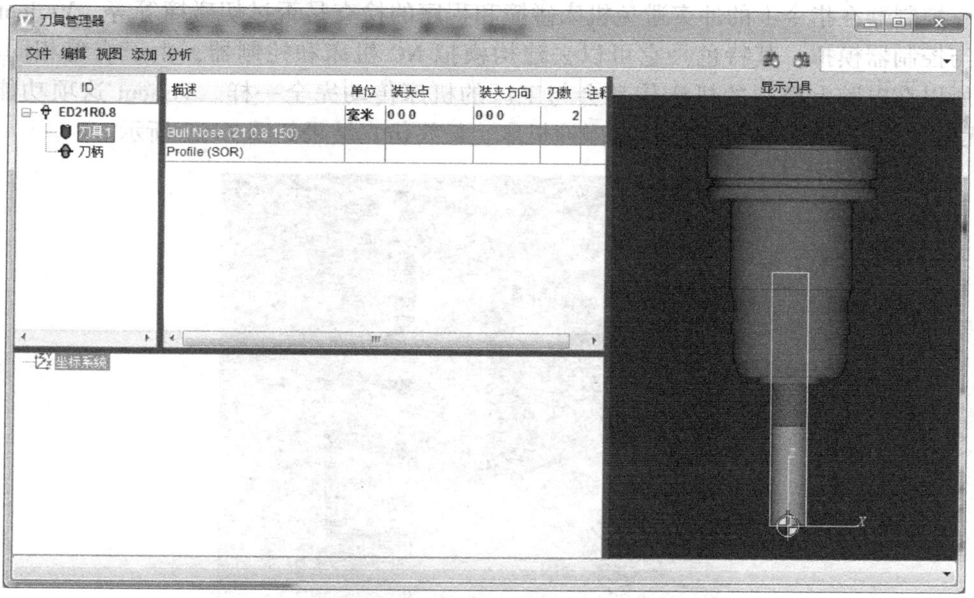

图 7-25　完成刀具参数设定

（5）同理创建剩余的刀具，最后单击【文件】|【保存】即可把创建的刀具保存到项目文件里去。

6. 添加数控加工程序

单击“数控程序”，添加我们需要加工的程序，如图 7-26 所示。

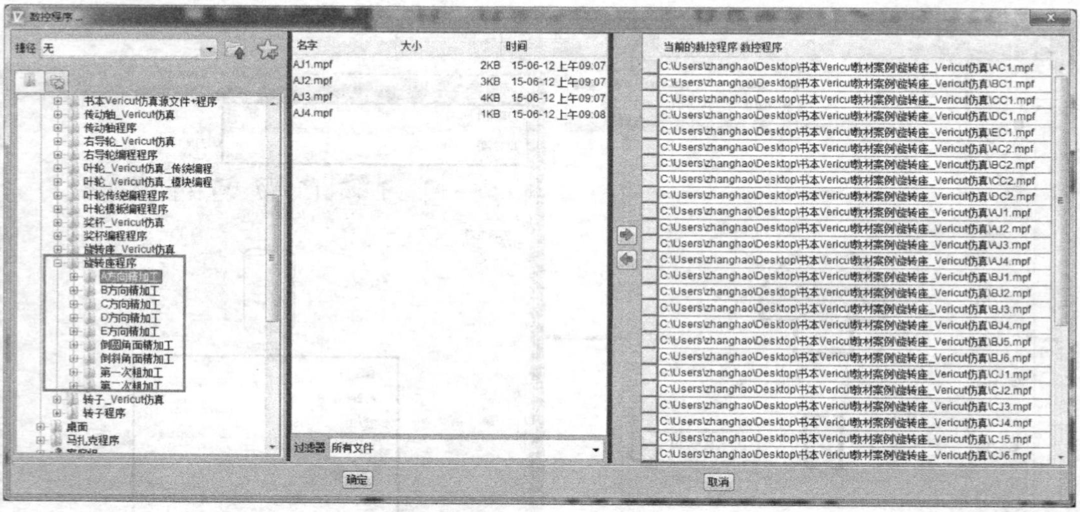

图 7-26　添加数控程序

7. 仿真演示

Vericut 刀具路径在视觉上最佳化，一次 NC 机床撞机可能花费数万元，一次 NC 程序出错零件就会报废，除了机床可能损坏外，还会延误整个产品开发计划，Vericut 可用于检测机床、控制器在指令上的冲突避免机床碰撞和程序的检查是否过切碰撞等等。Vericut 的 NC 机械与控制器模拟，其特色是它可以去建构模拟 NC 机床和控制器，由于有着相同功能驱动，所以在电脑上模拟的机床传动会与工厂的机床传动完全一样。Vericut 这项功能是 UG NX 无法比拟的，UG 仿真无法检查碰撞机床。最终仿真结果如图 7-27 所示。

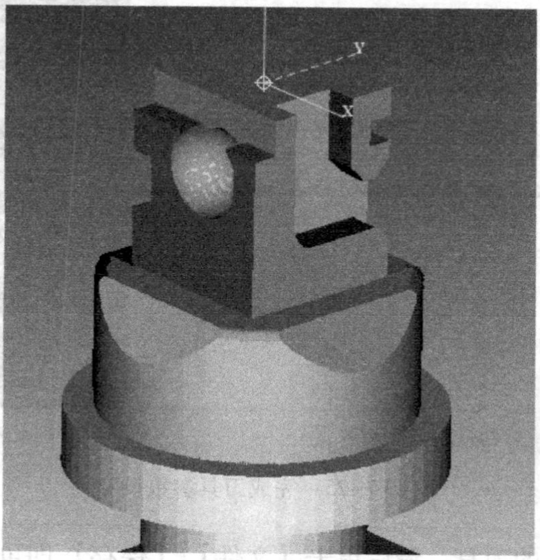

图 7-27　仿真效果图

同理可设置仿真过程，验证转子和叶轮的加工，最终的仿真结果如图 7-28 和图 7-29 所示。具体操作可参照配套资源中的操作视频完成。

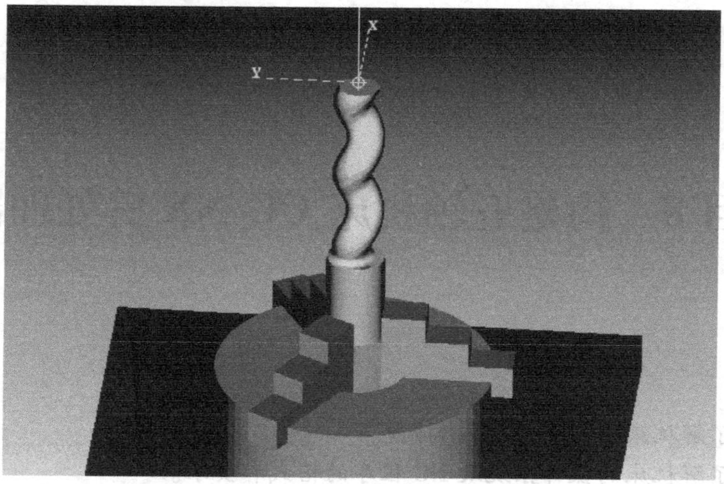

图 7-28 仿真效果图

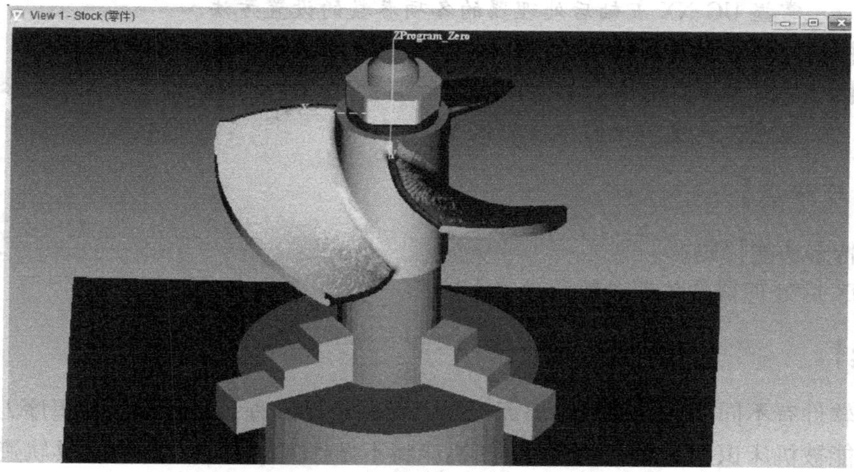

图 7-29 叶轮仿真效果图

7.3 创建车削和车铣复合模拟加工步骤

车削和车铣复合加工仿真的步骤和铣削加工仿真的步骤基本一致，只是有些参数设置的方法不一样，这里不再重复。车削和车铣复合模拟加仿真由读者参照配套资源中的视频完成。

【项目总结】

本项目详细地介绍了使用 Vericut 的仿真步骤，比如如何新建项目开始、建立机床模型和加载控制系统文件、安装毛坯、建立坐标系统、新建刀具、添加数控加工程序、仿真演示等。只有认真理解里面的参数设置，才能够灵活的使用 Vericut 来仿真各种各样的零件。

项目8　构建五轴机床 UG NX 后处理器

【教学目标】

知识目标：了解机床的各线性行程参数。

了解机床的操作系统及 NC 程序的格式和要求。

掌握机床的各功能代码指令。

掌握 UG NX 五轴后处理器的各项参数的设置方法。

能力目标：能独立构建西门子 840D 五轴后处理器。

素质目标：培养学生创新意识和团队合作协调意识，通过模拟加工，让学生体验学习成就感，激发学生的学习积极性。

【教学重点与难点】

- 机床特定功能代码。
- UG NX 后处理器的各项参数的设置方法。

【项目导读】

不同的软件有不同的后处理器，但无论是以哪种软件编程，最终都要将程序刀具轨迹源文件转换成能被机床识别的 NC 代码，否则机床将不做任何动作，这种将刀具轨迹源文件转换成 NC 代码的“特殊设置”，我们称之为后处理器。

【项目实施】

本项目以奥地利 EMCO 生产的 LM600HD 五轴双轮盘加工中心为例，构建西门子 840D 五轴后处理器。

8.1　了解机床的基本参数

不同类型机床的基本参数各不相同，在构建后处器时，要考虑机床在加工过程中刀具、工件等运行的安全因素，清楚机床 X、Y、Z 等线性轴的行程，以及机床旋转轴的旋转极限和机床的最高转速等基本参数。LM600HD 五轴双轮盘加工中心机床如图 8-1 所示，其各轴线性行程分别为 X600、Y500、Z670，旋转轴 A ±120°，C 轴可作任意角度旋转，操作系统为西门子 840D。

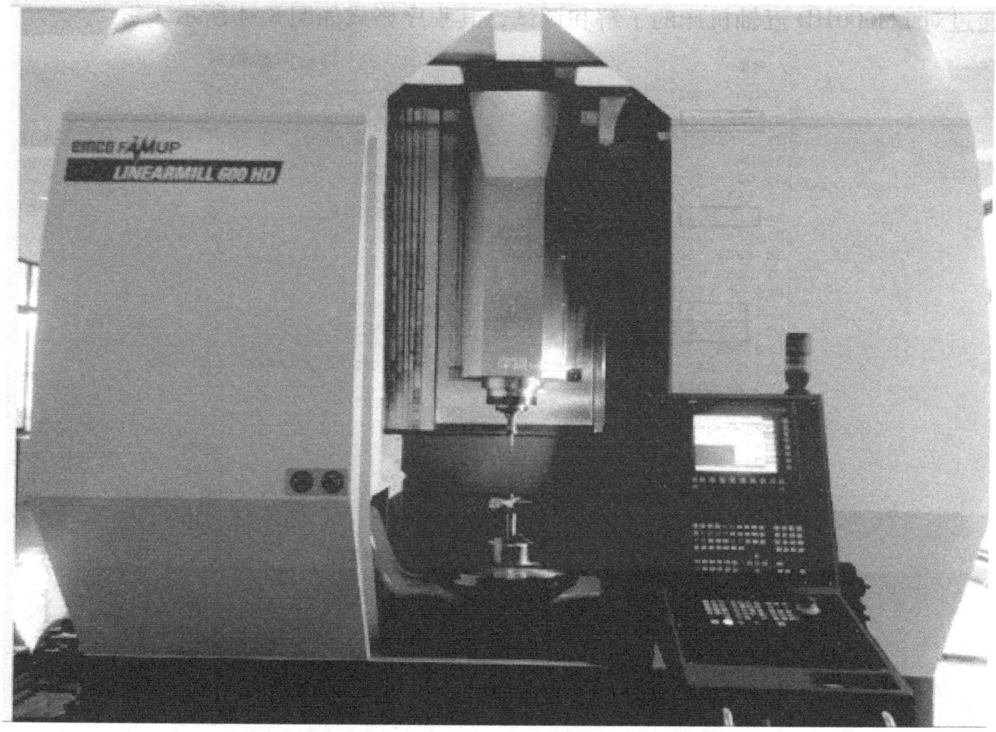

图 8-1　LM600HD 五轴机床

8.2　了解机床的程序格式

不同类型的机床和不同的操作系统，程序格式各不相同，主要表现在程序的开头和结尾部分，如图 8-2 为华中数控系统格式，图 8-3 为广数系统格式。

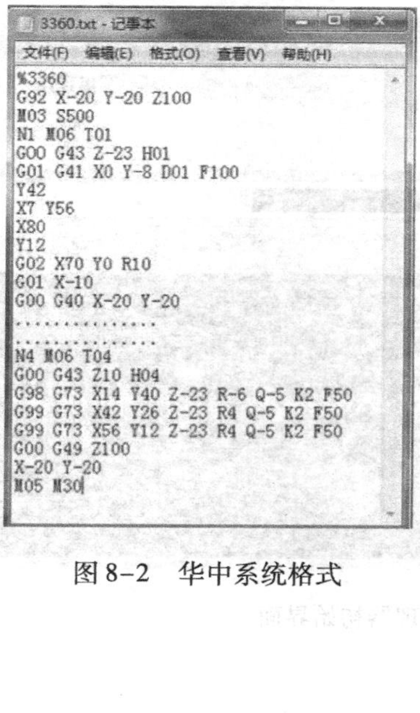

3360.txt - 记事本

文件(F)　编辑(E)　格式(O)　查看(V)　帮助(H)

```
%3360
G92 X-20 Y-20 Z100
M03 S500
N1 M06 T01
G00 G43 Z-23 H01
G01 G41 X0 Y-8 D01 F100
Y42
X7 Y56
X80
Y12
G02 X70 Y0 R10
G01 X-10
G00 G40 X-20 Y-20
...............
...............
N4 M06 T04
G00 G43 Z10 H04
G98 G73 X14 Y40 Z-23 R-6 Q-5 K2 F50
G99 G73 X42 Y26 Z-23 R4 Q-5 K2 F50
G99 G73 X56 Y12 Z-23 R4 Q-5 K2 F50
G00 G49 Z100
X-20 Y-20
M05 M30
```

图 8-2　华中系统格式

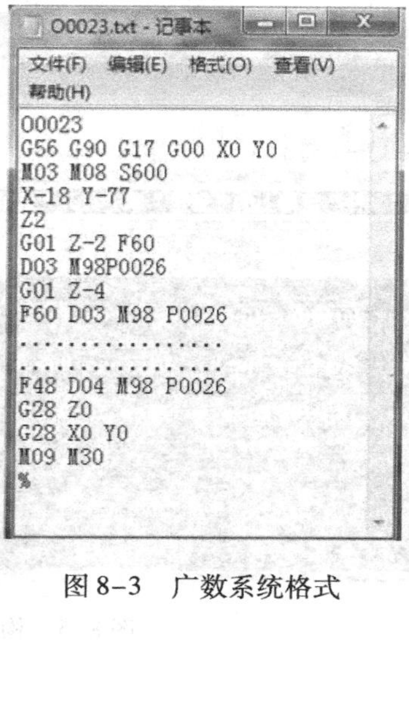

O0023.txt - 记事本

文件(F)　编辑(E)　格式(O)　查看(V)
帮助(H)

```
O0023
G56 G90 G17 G00 X0 Y0
M03 M08 S600
X-18 Y-77
Z2
G01 Z-2 F60
D03 M98P0026
G01 Z-4
F60 D03 M98 P0026
..................
..................
F48 D04 M98 P0026
G28 Z0
G28 X0 Y0
M09 M30
%
```

图 8-3　广数系统格式

通过对 LM600HD 五轴机床的了解和调试，其程序格式如图 8-4 所示。

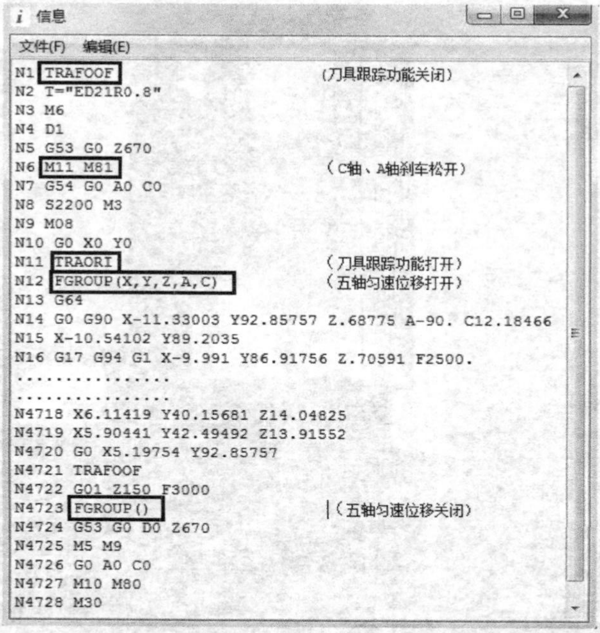

图 8-4　LM600HD 五轴机床程序格式

8.3　构建后处理器

8.3.1　设置机床基本参数

（1）在 Windows 界面中，单击【开始】|【所有程序】|【Siemens NX 10.0】|【加工】|后处理构造器按钮，进入后处理构造器界面，如图 8-5 所示。

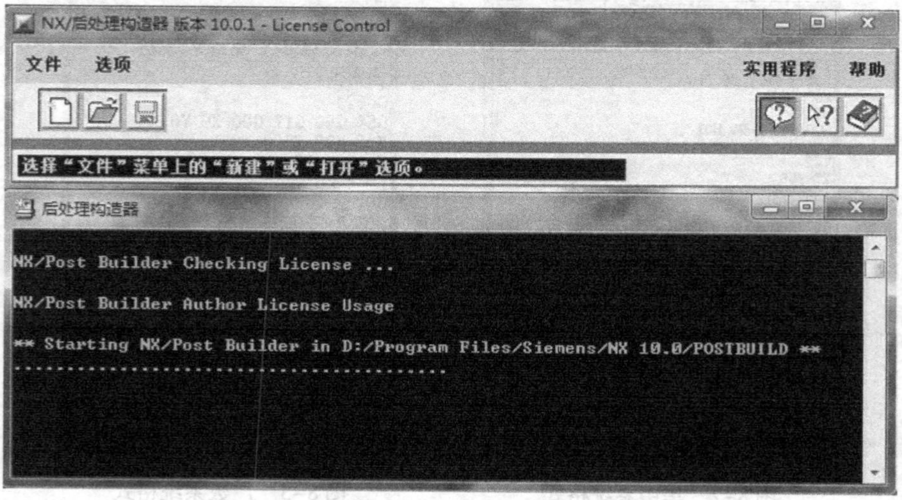

图 8-5　构建后处理器初始界面

（2）在【选项】|【语言】中选择“中文（简体）”。

（3）单击新建按钮，弹出【新建后处理器】对话框，在【后处理名称】中输入“LM600HD”，选择【主后处理】单选按钮，在【后处理输出单位】中选择“毫米”，在【机床】选项组的下拉列表框中选择“5 轴带双轮盘”，在【控制器】选项组中选择“库”单选按钮，在库下拉列边框中选择“Sinumerik_840D”，如图 8-6 所示，单击【确定】按钮。

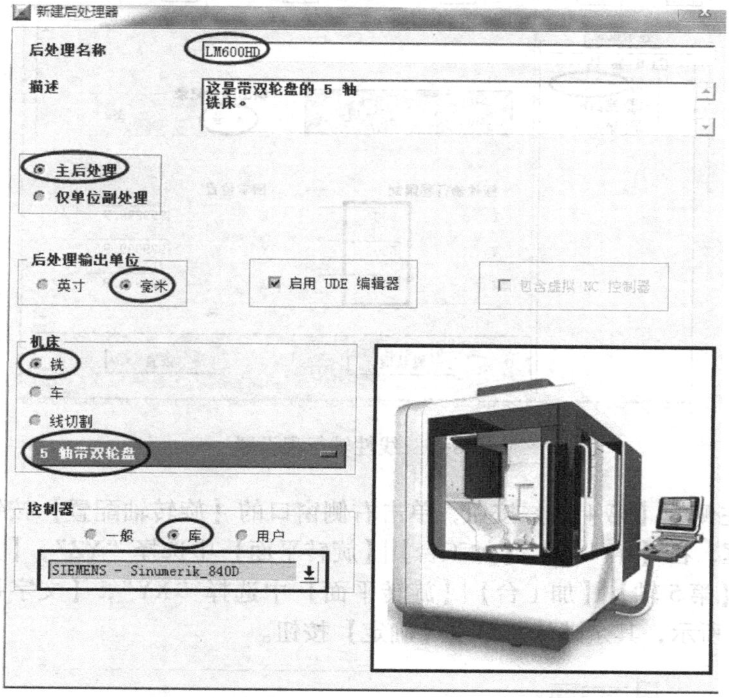

图 8-6　新建初始设置

（4）单击【显示机床】按钮，机床简图如图 8-7 所示。

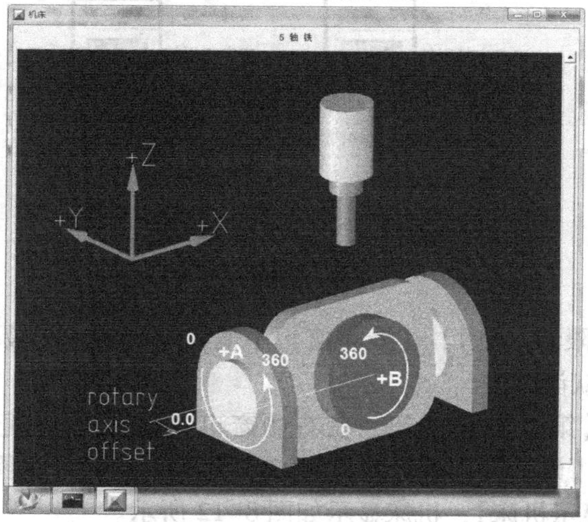

图 8-7　原始机床简图显示

（5）单击左侧的【5 轴铣】|【一般参数】按钮，在【输出圆形记录】选项组中选择“是”，【线性轴行程限制】选项组的 X、Y、Z 文本框中依次输入“600、500、670”，如图 8-8 所示。

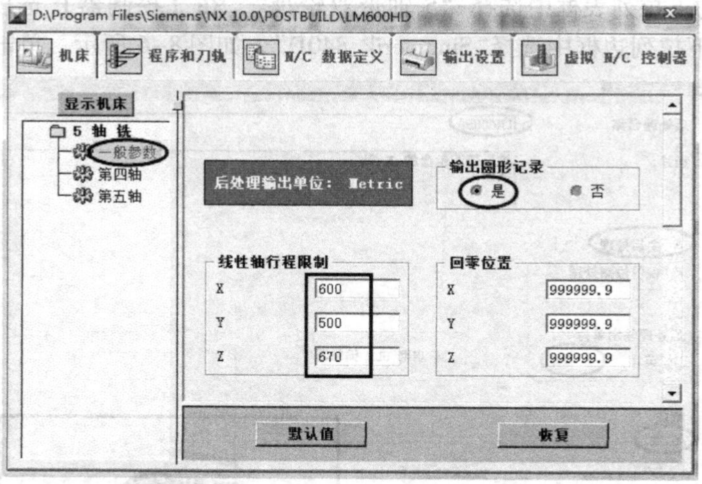

图 8-8　线性轴行程设置

（6）单击左侧的【第 4 轴】按钮，单击右侧窗口的【旋转轴配置】按钮，弹出【旋转轴配置】对话框，在【第 4 轴】|【加工台】|【旋转平面】中选择“YZ”，【文字指引线】中输入“A”。在【第 5 轴】|【加工台】|【旋转平面】中选择“XY”，【文字指引线】中输入“C”，如图 8-9 所示，其余默认，单击【确定】按钮。

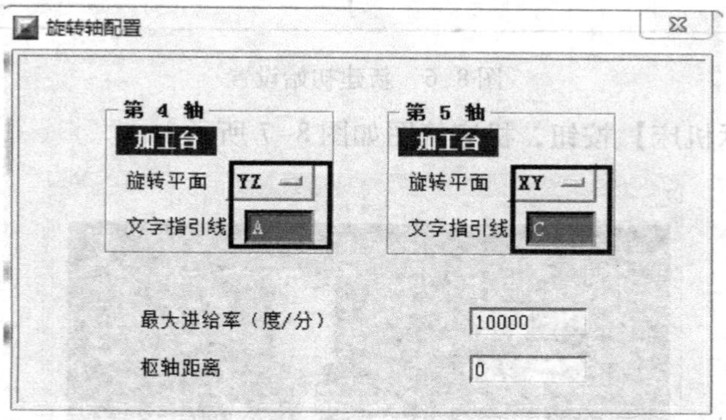

图 8-9　设置旋转轴

在右侧窗口的【轴限制（度）】|【最大值】中输入“120”，【最小值】中输入“-120”，如图 8-10 所示，其余默认。

（7）单击左侧的【第 5 轴】按钮，在右侧窗口【轴限制（度）】|【最大值】中输入“999999.999 或 360”，【最小值】中输入“-999999.999 或 0”，如图 8-11 所示。

（8）再次单击【显示机床】，机床显示如图 8-12 所示。

（9）单击【保存】按钮，保存前面的设置。

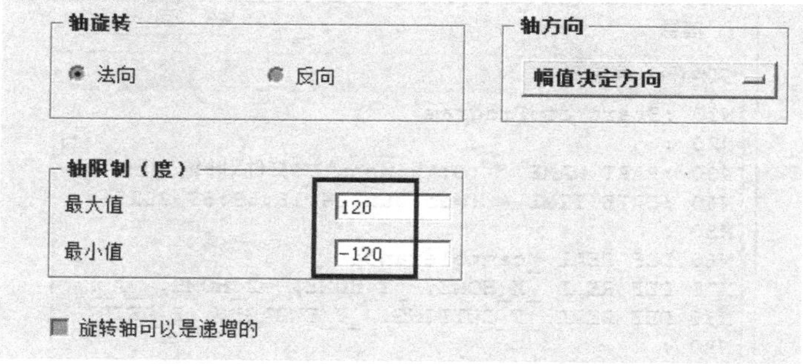

图 8-10　设置第四轴旋转极限

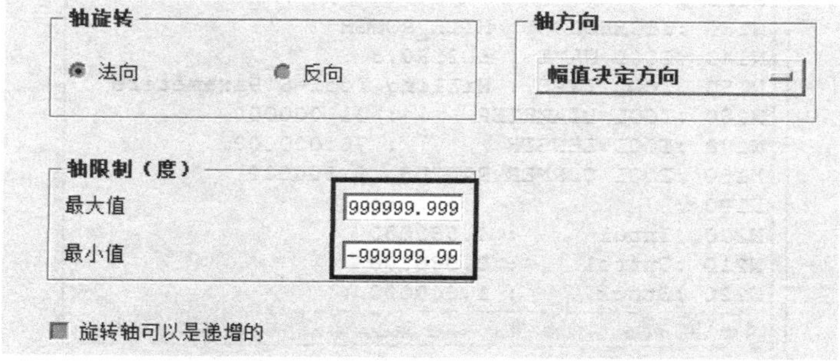

图 8-11　设置第五轴旋转极限

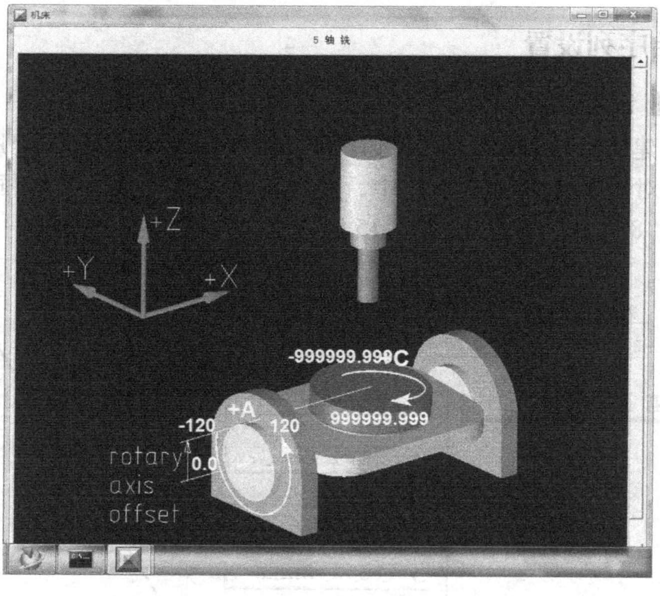

图 8-12　设置后的机床显示

（10）启动 UG NX，选择前面创建的叶轮粗加工 3A1 程序，单击鼠标右键，在弹出的快捷菜单中选择后处理，在【浏览查找后处理器】中选择刚创建的后处理器，转换成的 NC 程序如图 8-13 所示。

从以上 NC 程序段可看出，此程序较混乱，不符合机床正常运行的要求，需更改相关设置。

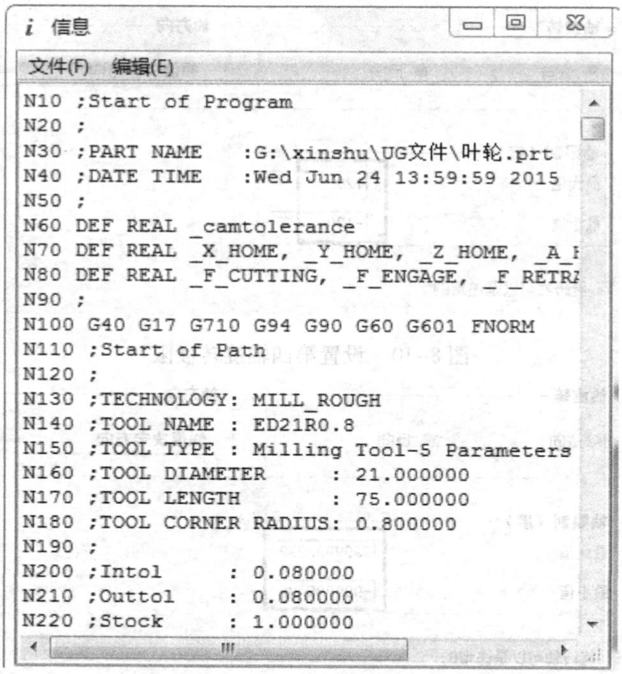

i 信息
文件(F) 编辑(E)
N10 ;Start of Program
N20 ;
N30 ;PART NAME :G:\xinshu\UG文件\叶轮.prt
N40 ;DATE TIME :Wed Jun 24 13:59:59 2015
N50 ;
N60 DEF REAL _camtolerance
N70 DEF REAL _X_HOME, _Y_HOME, _Z_HOME, _A_
N80 DEF REAL _F_CUTTING, _F_ENGAGE, _F_RETR
N90 ;
N100 G40 G17 G710 G94 G90 G60 G601 FNORM
N110 ;Start of Path
N120 ;
N130 ;TECHNOLOGY: MILL_ROUGH
N140 ;TOOL NAME : ED21R0.8
N150 ;TOOL TYPE : Milling Tool-5 Parameters
N160 ;TOOL DIAMETER : 21.000000
N170 ;TOOL LENGTH : 75.000000
N180 ;TOOL CORNER RADIUS: 0.800000
N190 ;
N200 ;Intol : 0.080000
N210 ;Outtol : 0.080000
N220 ;Stock : 1.000000

图 8-13 后处理的 NC 程序

8.3.2 操作起始序列设置

1.【刀轨开始】设置

（1）打开刚创建的后处理器，单击程序和刀轨按钮，单击【程序】|【操作起始序列】按钮，在右边对话框【刀轨开始】中，按住鼠标左键不放，将方框直接拉入回收站，删除从上至下第 6、8、10、11、13、14、15 个方框，如图 8-14 所示。

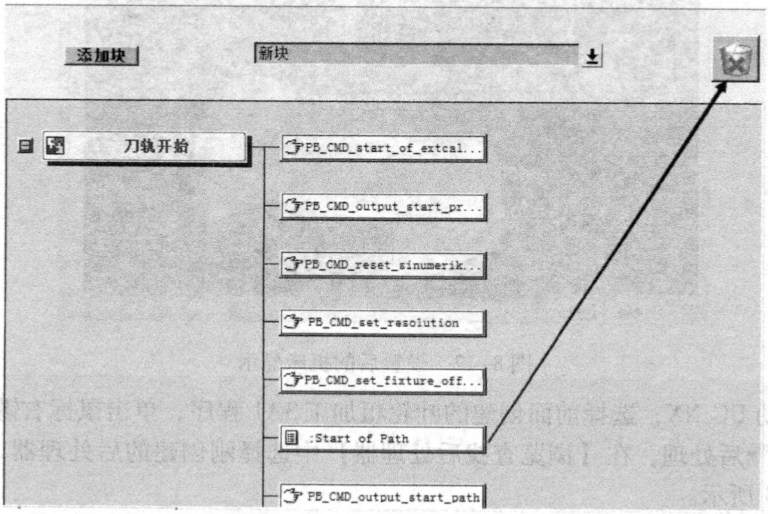

图 8-14 删除不需要输出的信息

（2）单击【刀轨开始】中的第二个方框“output_start_program”，在不需要输出的程序段前面加上“#”，如图 8-15 所示，单击【确定】按钮。

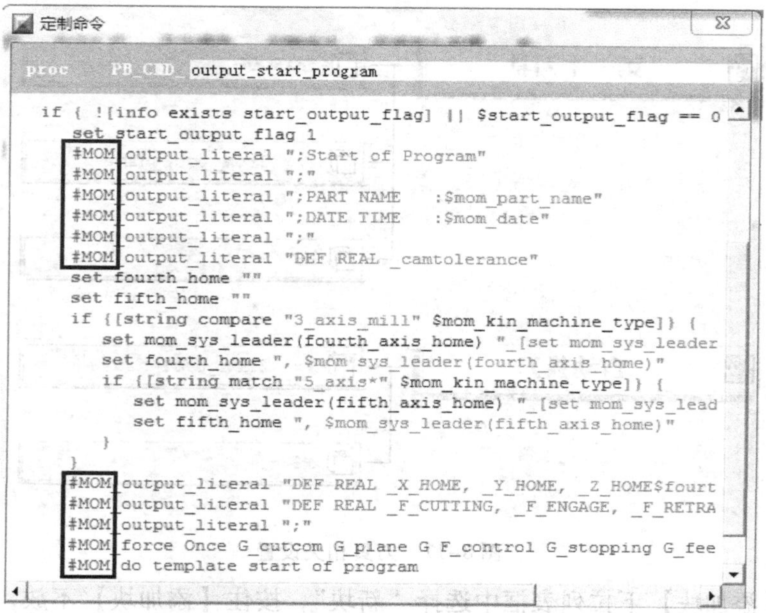

图 8-15 屏蔽不需要输出的信息

（3）单击【刀轨开始】中的第六个方框“output_start_path”，在弹出【定制命令】对话框中，将所有“MOM_output_literal”前面加上“#”，如图 8-16 所示，单击【确定】按钮。

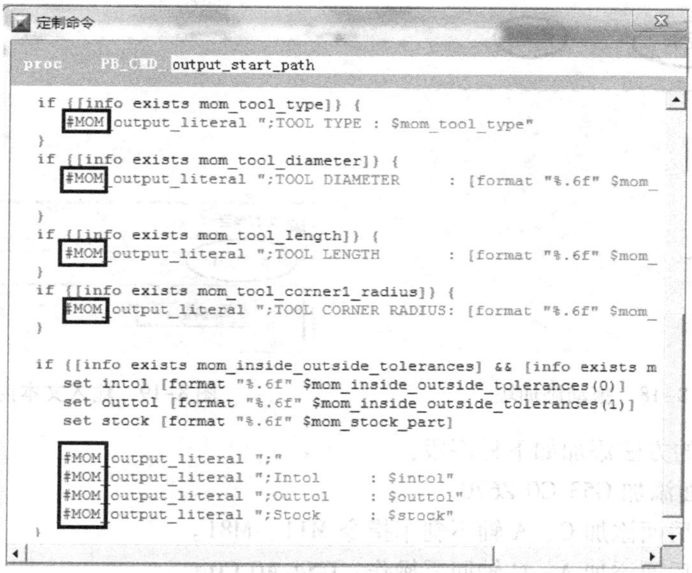

图 8-16 屏蔽日期和刀具信息

2.【第一个刀具】和【自动换刀】设置

（1）在【第一个刀具】和【自动换刀】中仅保留如图 8-17 所示内容。

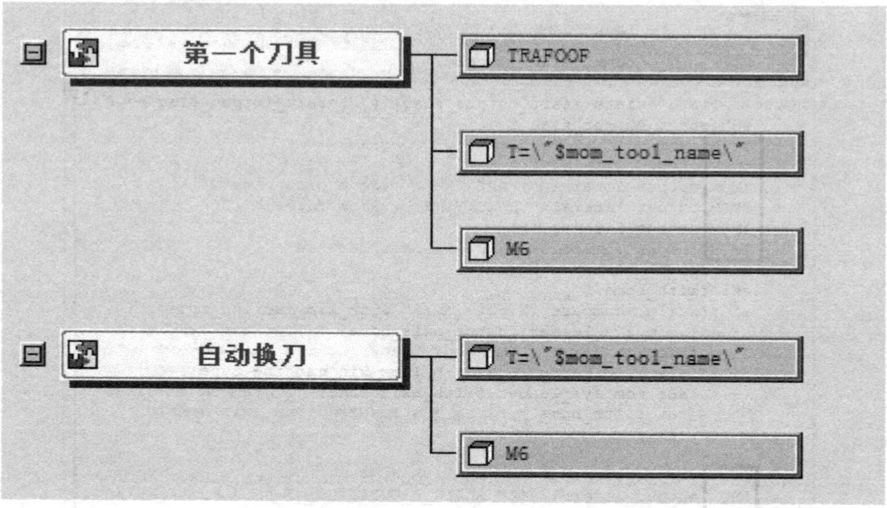

图 8-17　刀具相关设置

（2）在【添加块】下拉列表框中选择“新块”，按住【添加块】不放，将其拖至【第一个刀具】的“M6”之后，松开鼠标，弹出【块名称】对话框，在【添加文字】下拉列表框中选择“文本”，按住【添加文字】不放，将其拖至如图 8-18 所示位置，松开鼠标，弹出【文本条目】对话框，在【文本】中输入“D1”，如图 8-19 所示，单击【确定】按钮。

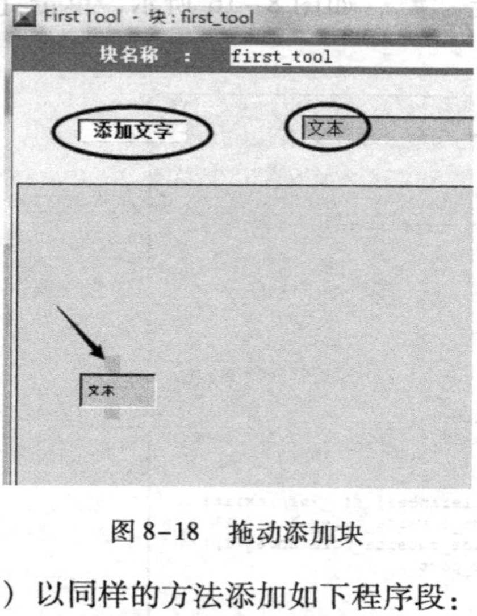

图 8-18　拖动添加块

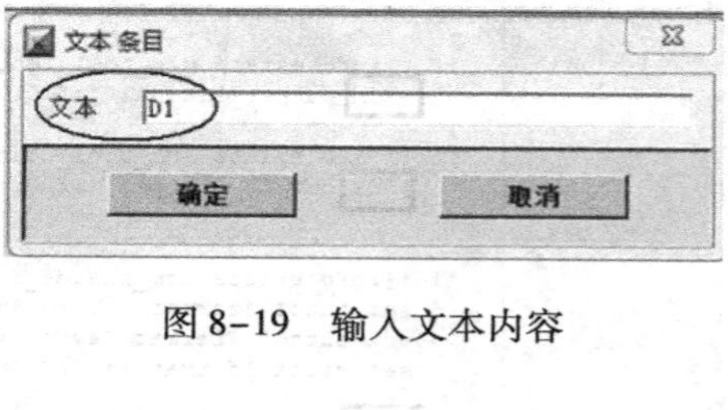

图 8-19　输入文本内容

（3）以同样的方法添加如下程序段：

① 在 D1 后面添加 G53 G0 Z670。

② 在上一段后面添加 C、A 轴不刹车指令 M11、M81。

③ 在上一段后面添加 A、C 轴回零操作：G54 A0 C0。

④ 在上一段后面添加启动主轴旋转及方向指令（此步可直接在【添加块】下拉列表框中选择）：S、M。

⑤ 在上一段后面添加切削液打开操作：M08。

⑥ 在上一段后面添加刀具移动至加工坐标系原点操作：G0 X0 Y0。

完成以上操作后如图 8-20 所示。

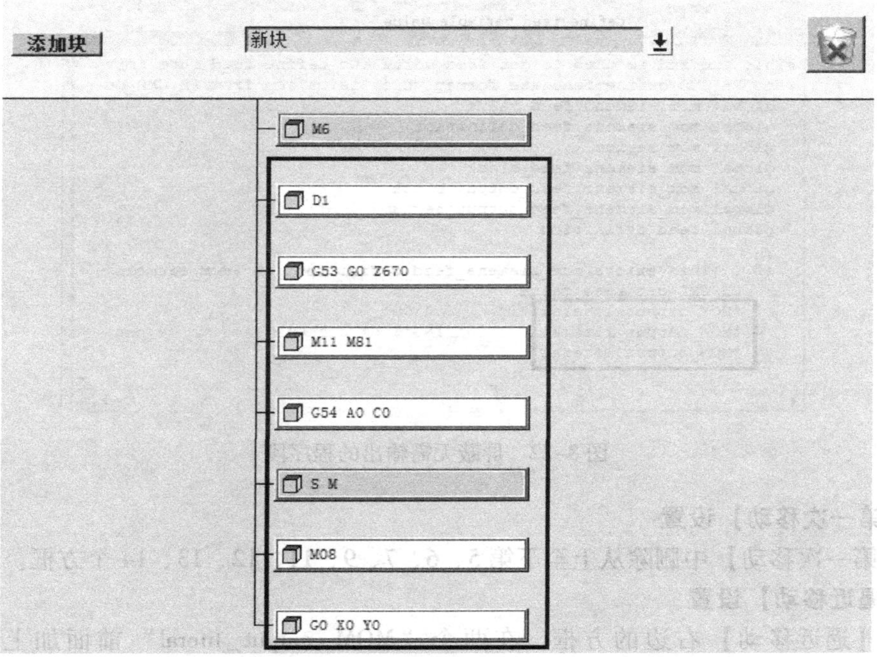

图 8-20　添加刀轨开始设置

3.【初始移动】设置

（1）在【初始移动】中删除从上至下第 5、6、8、10、11、12、13 个方框。

（2）在 TRAORI 前面添加五轴匀速位移指令 FGROUP（X，Y，Z，A，C）及连速切削指令 G64。

完成以上操作如图 8-21 所示。

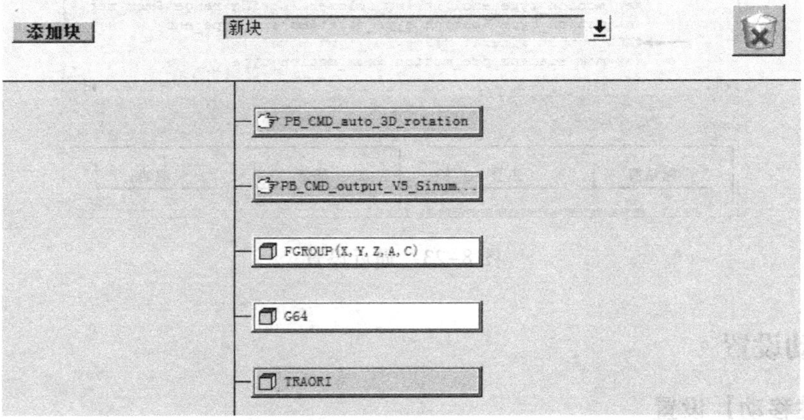

图 8-21　五轴匀速设置

(3) 单击【初始移动】中第一方框“define_feed_variable_value”，在三个“MOM_output_literal”前面加上“#”，如图 8-22 所示，单击【确定】按钮。

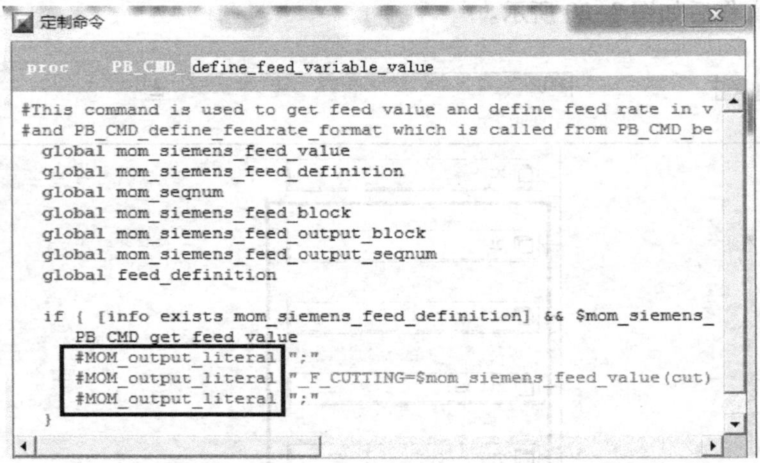

图 8-22　屏蔽无需输出的程序段

4.【第一次移动】设置

在【第一次移动】中删除从上至下第 5、6、7、9、11、12、13、14 个方框。

5.【逼近移动】设置

单击【逼近移动】右边的方框，在两个“MOM_output_literal”前面加上“#”，如图 8-23所示，单击【确定】按钮。

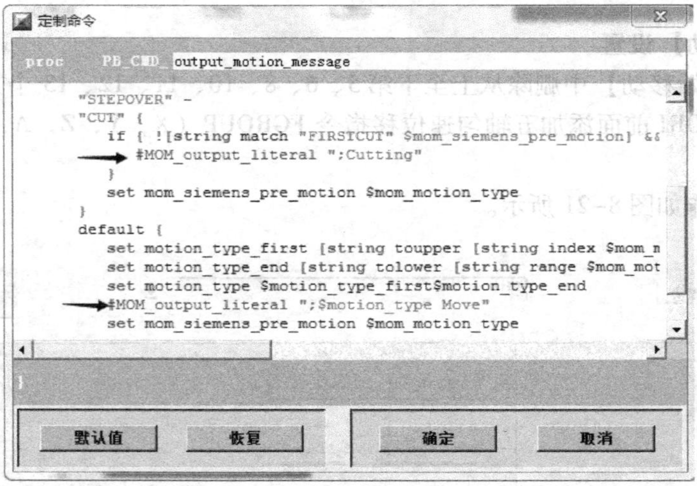

图 8-23　逼近设置

8.3.3　运动设置

1.【线性移动】设置

单击【刀轨】|【运动】|【线性移动】按钮，删除所有的 S、D、M 指令，如图 8-24 所

示，其余默认，单击【确定】按钮。

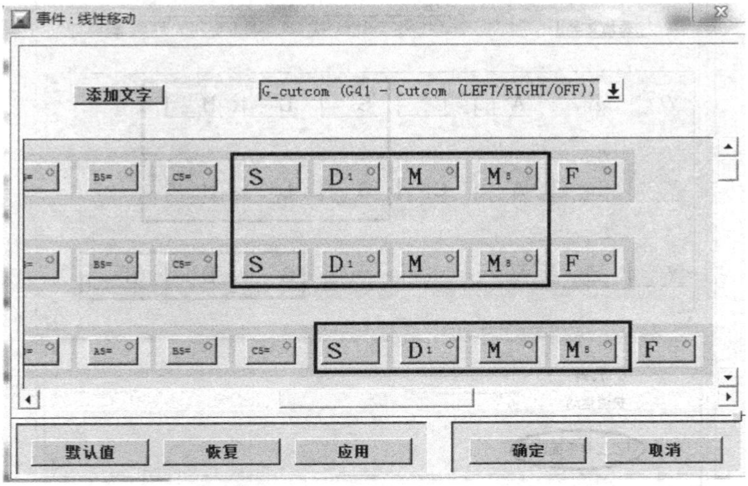

图 8-24　线性设置

2.【圆周移动】设置

单击【圆周移动】按钮，删除所有的 S 指令。在【运动 G 代码】|【顺时针（CLW）】中输入“2”，【逆时针（CCLW）】中输入“3”，【圆形记录】中选择“象限”，如图 8-25 所示，单击【确定】按钮。

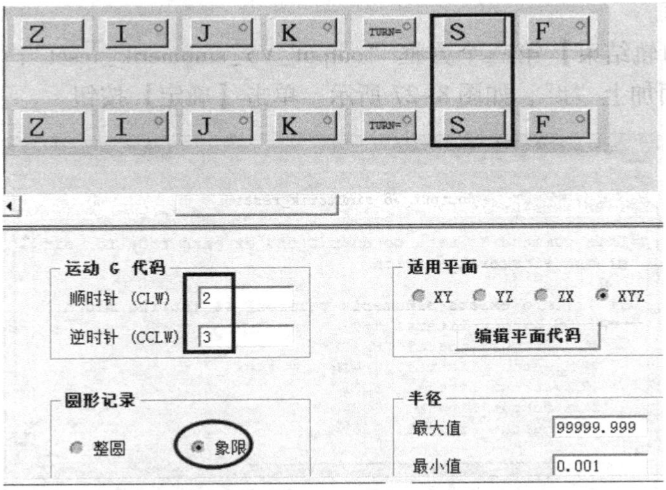

图 8-25　圆周移动设置

3.【快速移动】设置

单击【快速移动】按钮，删除所有的 S、D、M，不要勾选“工作平面更改”复选按钮，如图 8-26所示，单击【确定】按钮。

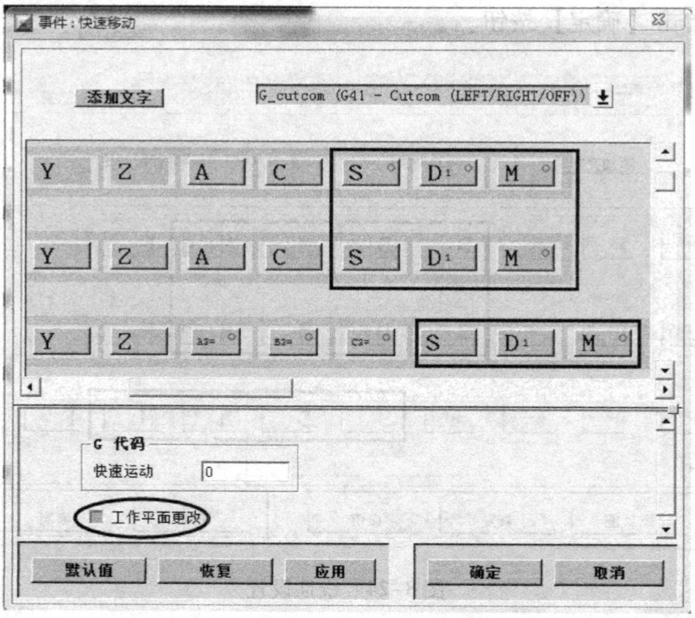

图 8-26　快速移动设置

8.3.4　操作结束序列设置

（1）单击【操作结束序列】按钮，在右边【刀轨结束】栏中，删除从上至下第 1、2、3、6、7、9 个方框。

（2）单击【刀轨结束】第三个方框“output_V5_sinumerik_reset”，在第一个“MOM_output_literal”前面加上“#”，如图 8-27 所示，单击【确定】按钮。

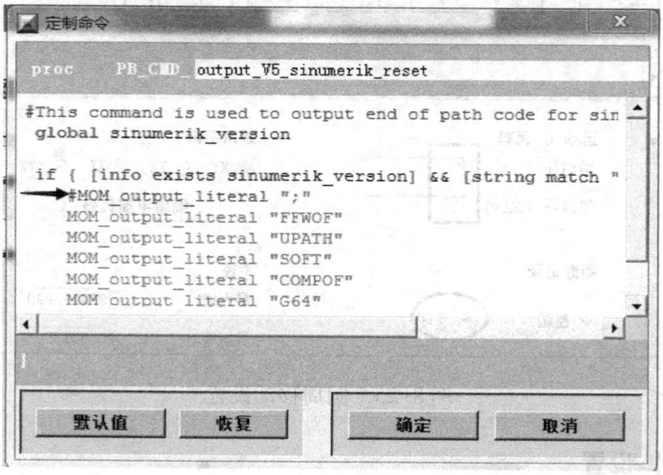

图 8-27　刀轨结束设置

（3）添加用户设置

① 按照前面讲述的方法，在 TRAFOOF 后面添加退刀安全高度：G01 Z150 F3000。

② 在前一段后面添加关闭五轴匀速运动指令：FGROUP( )。

③ 在前一段后面添加刀具退到机床坐标系 Z 轴的最高点指令：G53 G0 D0 Z670，如图 8-28所示。

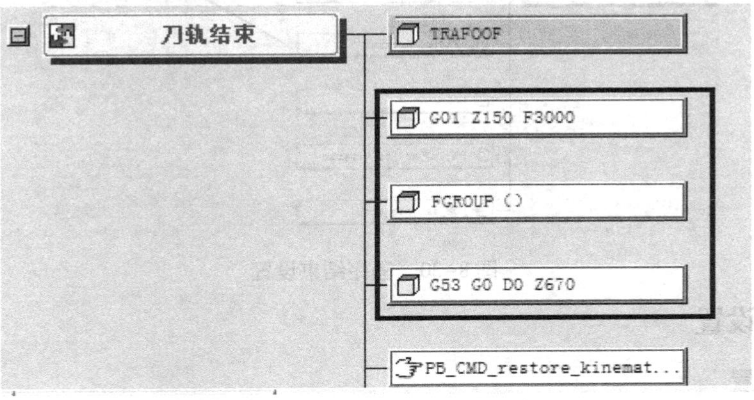

图 8-28　添加安全退刀设置

温馨提示： 五轴互相转换加工，程序结束时的刀具位置情况各不相同，尤其在加工大型螺旋桨时，表现较为明显，为了退刀安全，此处不以快速方式而采用直线插补方式退刀，其目的是可以用机床倍率开关控制退刀速度。

④ 删除 M5，在【添加块】下拉列表框中，选择 M5 M9，添加到当前位置。

⑤ 在前一段后面添加 A、C 轴回零设置：G0 A0 C0。

⑥ 在前一段后面添加 C、A 轴刹车设置：M10 M80，如图 8-29 所示。

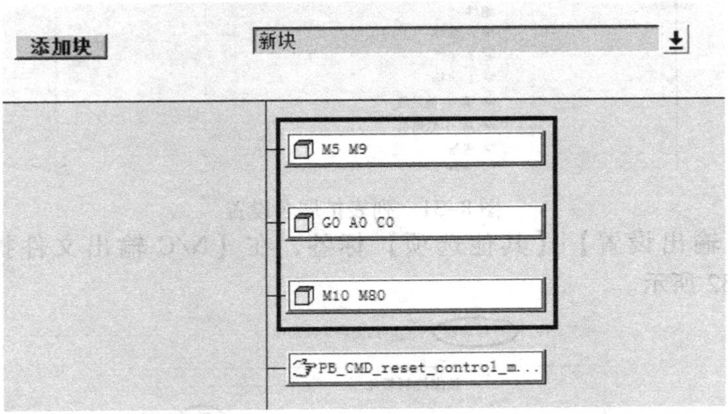

图 8-29　机床返回初始状态设置

8.3.5　程序结束序列设置

在【程序结束序列】|【程序结束】中删除从上至下第 2 个方框，如图 8-30 所示。

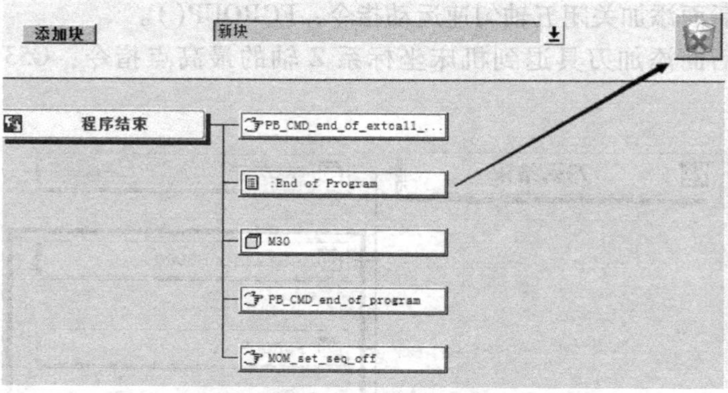

图 8-30　程序结束设置

8.3.6　其他设置

1. 输出设置

（1）单击【输出设置】|【列表文件】标签，在【列表文件扩展名】中输入“txt”，如图 8-31 所示。

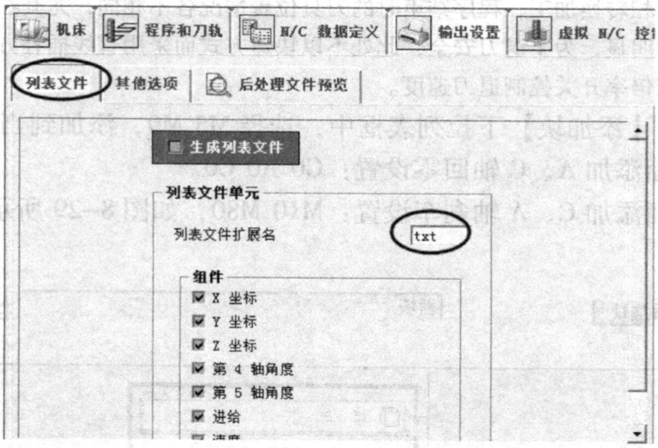

图 8-31　列表扩展名设置

（2）单击【输出设置】|【其他选项】标签，在【N/C 输出文件扩展名】中输入“mpf”，如图 8-32 所示。

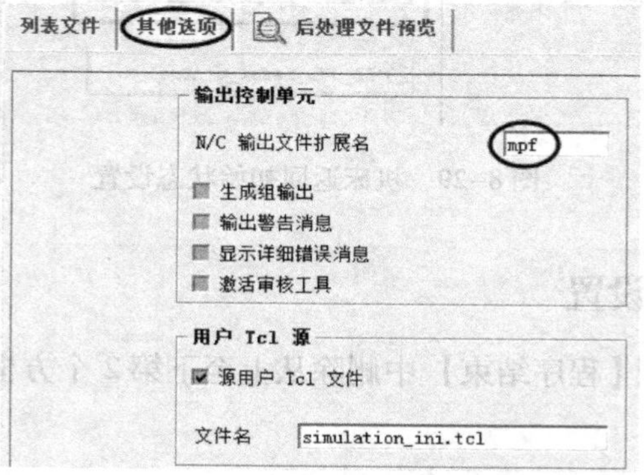

图 8-32　输出扩展名设置

2. N/C 数据定义

（1）单击【N/C 数据定义】|【其他数据单元】标签，在【序列号开始值】中输入“1”，在【序列号增量】中输入“1”，其余默认，如图 8-33 所示。

（2）五轴机床后处理器构建完成，保存以上所有设置。

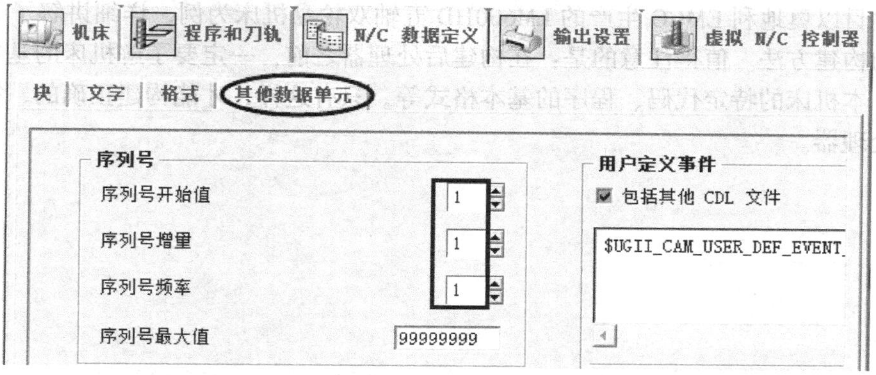

图 8-33　序列号设置

8.3.7　验证后处理器

启动 UG NX，选择前面创建的叶轮粗加工程序 3A1，单击鼠标右键，在弹出的快捷菜单中选择后处理器，单击浏览查找后处理器按钮，选择刚创建的 LM600HD 后处理器，生成的 NC 程序如图 8-34 所示。

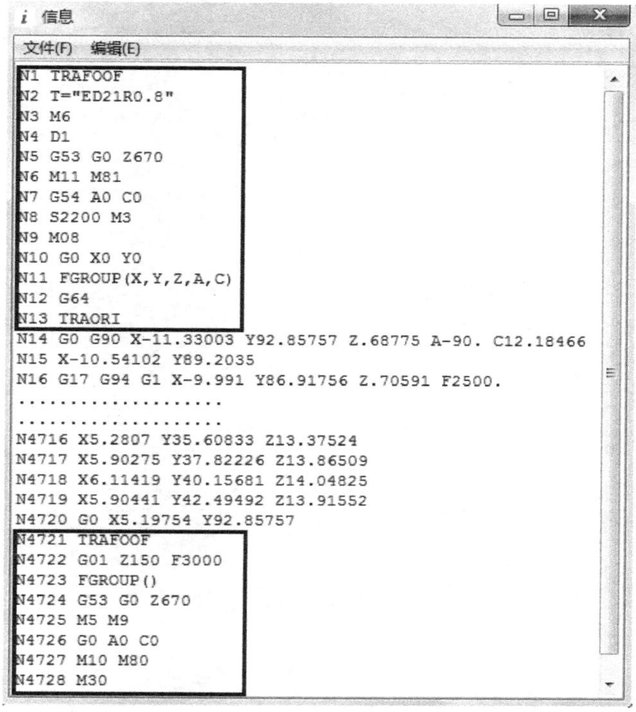

图 8-34　后置处理的 NC 程序

车铣复合机床的车削后处理器和动力头铣削后处理器的构建方法与此相同，此处不再赘述。具体操作参见配套资源中的操作视频。

【项目总结】

本项目以奥地利 EMCO 生产的 LM600HD 五轴双轮盘机床为例，详细讲解了五轴机床后处理器的构建方法。值得注意的是：在构建后处理器之前，一定要了解机床的基本参数、操作系统、本机床的特定代码、程序的基本格式等。只有这样，才能构建正确的、符合机床特点的后处理器。

参 考 文 献

[1] 寇文化．工厂数控编程技术实例特训（UG NX6 版）[M]．北京：清华大学出版社，2011.
[2] 石皋莲，季业益．多轴数控编程与加工案例教程 [M]．北京：机械工业出版社，2013.
[3] 杨胜群．VERICUT 数控加工仿真技术 [M]．2 版．北京：清华大学出版社，2013.
[4] 张磊．UG NX6 后处理技术培训教程 [M]．北京：清华大学出版社，2009.